计算机辅助设计
人才培养系列

Altium
Designer 20
印制电路板设计与制作

附微课视频

陈赜 钟小磊 ◎ 编著

人民邮电出版社
北　京

图书在版编目（CIP）数据

Altium Designer 20 印制电路板设计与制作 : 附微
课视频 / 陈赜, 钟小磊编著. -- 北京 : 人民邮电出版
社, 2023.6（2024.4重印）
　（计算机辅助设计人才培养系列）
　ISBN 978-7-115-59002-2

　Ⅰ. ①A… Ⅱ. ①陈… ②钟… Ⅲ. ①印刷电路－计算
机辅助设计－应用软件 Ⅳ. ①TN410.2

　中国版本图书馆CIP数据核字(2022)第049832号

内 容 提 要

本书以 PCB 设计与制作工艺流程为主线，详细介绍 PCB 设计工具 Altium Designer 20 的使用方法、使用技巧，以及 PCB 制作工艺等内容。本书最后还以项目的方式介绍了 PCB 设计及制作的不同工艺流程和制作方法。

本书共 13 章，主要包括 PCB 基础知识，PCB 设计工具介绍，创建原理图库与封装库，原理图设计基础，原理图的后续处理，原理图设计与绘制技巧，原理图设计进阶，PCB 设计基础，PCB 设计进阶，PCB 的后续处理，"减材制造法"制作 PCB（工业化学制板工艺与流程、机械雕刻制作工艺与流程、用激光制作设备制作 PCB 的方法），"增材制造法"制作 PCB（液态金属打印快速制作柔性、刚性和可拉伸电路工艺）和综合设计实践项目等内容。

本书所有案例都在 Altium Designer 20 设计工具中进行了验证实操，便于初学者学习与实践。关键案例在书中都有二维码，读者可以扫描二维码观看短视频进行学习。

本书可作为高等院校相关专业的教材，还可供从事电子产品开发与应用的工程技术人员学习、参考。

◆ 编　　著　陈　赜　钟小磊
　　责任编辑　孙　澍
　　责任印制　王　郁　陈　犇
◆ 人民邮电出版社出版发行　　北京市丰台区成寿寺路 11 号
　　邮编　100164　电子邮件　315@ptpress.com.cn
　　网址　https://www.ptpress.com.cn
　　大厂回族自治县聚鑫印刷有限责任公司印刷
◆ 开本：787×1092　1/16
　　印张：18.75　　　　　　　　2023 年 6 月第 1 版
　　字数：470 千字　　　　　　2024 年 4 月河北第 2 次印刷

定价：69.80 元

读者服务热线：(010)81055256　印装质量热线：(010)81055316
反盗版热线：(010)81055315
广告经营许可证：京东市监广登字 20170147 号

前　言　FOREWORD

电子技术的应用范围和规模在日益扩大。电子技术在应用中主要是以电子产品或电子系统的形式展现出来的。一个电子产品或电子系统的制造工艺主要由电子元器件的制造工艺、印制电路板的设计与制作工艺和电路装配工艺这三大工艺组成。

本书以 PCB 设计与制作为主线，以实战练习的方式，详细介绍 PCB 设计工具 Altium Designer 20 的基本功能、使用方法与使用技巧，以及 PCB 的制作方法。本书以项目的方式重点介绍 PCB 设计与制作的工艺流程与方法。

本书特点如下。

1. 结构合理。本书以 PCB 设计与制作流程为主线，介绍 PCB 设计工具的使用与技巧，以及 PCB 制作工艺等内容。

2. 技术和方法先进。本书以 Altium Designer 20 为设计工具，介绍了液态金属打印快速制作 PCB 技术，展示了刚性、柔性及可拉伸电路 PCB 的制作工艺和制作方法，同时也介绍了激光制作 PCB 的技术。

3. 理论与实践相结合。本书以应用为目标，在介绍开发工具时更注重理论的介绍，方便读者快速理解与掌握 PCB 的设计方法，实战性强，所介绍内容都可实战演练。

4. 项目式教学。本书以项目为导向，强调在实战中提升设计与制作能力。

5. 短视频辅导。本书的关键案例都有二维码，读者可以扫描二维码观看短视频进行学习。

6. 习题丰富。每章后都有习题供读者思考与练习。

全书分为 13 章，主要内容如下。

第 1 章介绍 PCB 基础知识，主要包括 PCB 的定义、PCB 的分类、PCB 的作用与优点、PCB 的发展史和覆铜板等内容。

第 2 章介绍 PCB 设计工具 Altium Designer 20，主要包括 PCB 设计软件介绍、Altium Designer 20 环境搭建、Altium Designer 的文件类型、设计 PCB 的流程等内容。

第 3 章介绍原理图库与封装库，主要包括元件库的基本知识、创建新的库文件包和原理图库、创建元件封装库、集成库的生成与维护、元件库的使用等内容。

第 4 章介绍原理图设计基础，主要包括原理图设计的一般步骤、创建原理图文件、原理图编辑环境、原理图的图纸设置、原理图图纸的缩放与移动、电路原理图的设计等内容。

第 5 章介绍原理图的后续处理，主要包括电气规则设置与编译项目、生成报表等内容。

第 6 章介绍原理图设计与绘制技巧，主要包括原理图设计与绘制技巧、"Navigator"面板与"SCH Filter"面板的使用，以及查找相似对象与批量修改元件的属性等内容。

第 7 章介绍原理图设计进阶，主要包括层次化原理图的概念与结构、层次化原理图设计方法及 PCB 多通道设计等内容。

第 8 章介绍 PCB 设计基础，主要包括 PCB 设计中的基本组件、PCB 设计方法与原则、PCB

设计流程与 PCB 设计环境工具等内容。

第 9 章介绍 PCB 设计进阶，主要包括 PCB 的规划、载入网络表、PCB 布局与 PCB 布线等内容。

第 10 章介绍 PCB 的后续处理，主要包括添加安装孔、补泪滴与铺铜、放置尺寸标注、电路板的测量、隐藏或显示网络的飞线、DRC 检查、放置和调整丝印字符及 PCB 的报表输出等内容。

第 11 章介绍"减材制造法"制作 PCB，主要包括"减材制造法"制作 PCB 概述、PCB 化学制板工艺、PCB 机械雕刻制作工艺与流程等内容。

第 12 章介绍"增材制造法"制作 PCB，主要包括液态金属 PCB 增材制造技术概述、液态金属打印控制软件介绍、柔性电路制作工艺、刚性电路制作工艺和可拉伸电路制作工艺等内容。

第 13 章介绍综合设计实践项目，主要包括声光控开关制作、机器狗制作及电子琴制作等内容。

本书是华中科技大学教材建设资助项目，从教材立项到出版，得到了学校教务处与工程实践创新中心领导的大力支持与帮助。

本书由华中科技大学工程实践创新中心的陈赜和钟小磊编著。另外，黄莹参与了书稿的文字整理与录入工作，张晴、高晨曦等参与了本书部分实验项目的编写调试与验证工作，在此对他们表示衷心的感谢。

在本书出版之际，感谢华中科技大学教务处及工程实践创新中心的老师们的支持和帮助。感谢北京梦之墨科技有限公司为本书的编写提供的大量帮助，也感谢湖南科瑞特科技有限公司给予的帮助。本书在编写过程中还参考了许多同行专家的专著和文章，也参考了网络上的相关资料，是他们的无私奉献帮助编者完成了书稿，在此一并表示深深的谢意。

本书在编写时难免有不妥之处，恳请读者批评指正。

编著者

2023 年 1 月于华工园

目 录 CONTENTS

第1章 PCB 基础知识 ………… 1

1.1 PCB 的定义 ……………………… 1

1.2 PCB 的分类 ……………………… 2

1.2.1 刚性 PCB ……………………… 2

1.2.2 柔性 PCB ……………………… 3

1.2.3 刚柔结合 PCB ………………… 3

1.3 PCB 的作用与优点 ……………… 3

1.4 PCB 的发展史 …………………… 4

1.4.1 PCB 萌芽期 …………………… 4

1.4.2 PCB 诞生期 …………………… 4

1.4.3 PCB 实用期 …………………… 5

1.4.4 PCB 的未来 …………………… 5

1.5 覆铜板 …………………………… 6

1.5.1 纸基板 ………………………… 6

1.5.2 环氧玻纤布基板 ……………… 6

1.5.3 复合基板 ……………………… 6

思考与练习 …………………………… 7

第2章 PCB 设计工具介绍 …… 9

2.1 PCB 设计软件介绍 ……………… 9

2.1.1 PCB 设计软件概述 …………… 9

2.1.2 Altium Designer 设计软件 ……10

2.2 Altium Designer 20 环境搭建 …… 11

2.2.1 安装 Altium Designer 20 ……11

2.2.2 设计工作区与项目 ……………14

2.2.3 Altium Designer 20 的窗口界面 ……16

2.2.4 Altium Designer 20 的系统设置 ……20

2.3 Altium Designer 的文件类型 ……21

2.4 设计 PCB 的流程 ……………… 22

2.4.1 PCB 设计流程概述 …………… 22

2.4.2 创建工程文件 ………………… 24

2.4.3 创建原理图文件 ……………… 24

2.4.4 设置原理图设计环境 ………… 25

2.4.5 原理图设计 …………………… 26

2.4.6 PCB 设计 ……………………… 29

2.4.7 制造文件输出 ………………… 34

2.5 项目实践——小型节能 LED 设计 ……36

2.5.1 电路原理 ……………………… 36

2.5.2 电路元器件 …………………… 37

2.5.3 设计要求 ……………………… 37

2.5.4 项目考评 ……………………… 38

思考与练习 …………………………… 38

第3章 创建原理图库与封装库 …………………… 40

3.1 元件库的基本知识 ……………… 40

3.1.1 元件符号与原理图 …………… 40

3.1.2 PCB 元件封装符号 …………… 42

3.2 创建新的库文件包和原理图库 ……45

3.2.1 绘制新元件符号的意义 ……… 45

3.2.2 绘制元件符号的流程与规则 ……45

3.2.3 制作原理图元件库基础 ……… 46

3.2.4 创建集成库工程文件与原理图库文件 ……51

3.2.5 创建新的原理图元件符号 …… 52

3.2.6 多单元集成电路元件符号制作 ……64

3.3 创建元件封装库 ……………… 68

3.3.1 元件封装制作过程 …………… 69

3.3.2 PCB 元件封装库编辑器 ……… 69

3.3.3 封装的创建和调用概述 ……… 71

3.3.4 制作元件封装的方法 ·············· 72

3.4 集成库的生成与维护 ············· 78

3.4.1 集成库的生成 ···················· 78

3.4.2 集成库的维护 ···················· 80

3.5 元件库的使用 ····················· 80

3.5.1 从 Protel99SE 中导入元件库 ······ 80

3.5.2 元件库的加载 ···················· 82

3.5.3 元件查找 ························· 84

3.6 项目实践——元件库设计 ········ 84

3.6.1 项目原理 ························· 84

3.6.2 设计要求 ························· 85

3.6.3 项目考评 ························· 85

思考与练习 ····························· 86

第 4 章 原理图设计基础 ········ 89

4.1 原理图设计的一般步骤 ·········· 89

4.2 创建原理图文件 ················· 91

4.3 原理图编辑环境 ················· 92

4.3.1 原理图主菜单 ···················· 92

4.3.2 原理图工具栏与快捷键 ·········· 93

4.4 原理图的图纸设置 ··············· 96

4.4.1 常规设置 ························· 97

4.4.2 图纸设计信息 ··················· 100

4.5 原理图图纸的缩放与移动 ······· 101

4.5.1 通过菜单缩放图纸 ·············· 101

4.5.2 通过键盘缩放图纸 ·············· 102

4.5.3 快速缩放与移动图纸 ··········· 102

4.6 电路原理图的设计 ··············· 103

4.6.1 放置元件 ························ 103

4.6.2 编辑元件属性 ··················· 104

4.6.3 调整元件位置 ··················· 107

4.6.4 元件排列与对齐 ················· 108

4.6.5 连接线路 ························ 109

4.6.6 放置输入/输出端口 ············· 111

4.6.7 放置电源/地端口 ··············· 111

4.6.8 放置忽略 ERC 检测符号 ········· 112

4.6.9 放置 PCB 布局标志 ·············· 112

4.6.10 放置字符 ······················ 114

4.6.11 自动标注元件标识符号 ········· 114

思考与练习 ···························· 116

第 5 章 原理图的后续处理 ····119

5.1 电气规则设置与编译项目 ·········119

5.1.1 设置电气连接检查规则 ·········· 119

5.1.2 编译项目 ························ 121

5.1.3 原理图修改 ····················· 121

5.2 生成报表 ························ 122

5.2.1 网络表 ························· 122

5.2.2 元件清单报表 ··················· 124

5.2.3 文件输出 ························ 125

思考与练习 ···························· 128

第 6 章 原理图设计与 绘制技巧 ·············· 129

6.1 原理图设计技巧 ················· 129

6.2 原理图绘制技巧 ················· 130

6.2.1 栅格的使用 ····················· 130

6.2.2 智能粘贴 ························ 131

6.2.3 跳转 ··························· 132

6.3 "Navigator"面板的使用 ········· 132

6.4 "SCH Filter"面板的使用 ········· 133

6.5 查找相似对象 ··················· 135

6.6 批量修改元件的属性 ············· 136

思考与练习 ···························· 137

第 7 章 原理图设计进阶 ······· 139

7.1 层次化原理图的概念与结构 ····· 139

7.1.1 基本概念 ························ 139

7.1.2 基本结构 ························ 140

7.2 层次化原理图设计方法 ·········· 141

7.2.1 "自上而下"地设计层次化原理图 ··· 141

7.2.2 "自下而上"地设计层次化原理图 ··· 146

7.2.3 层次化原理图自动标注元件符号……147
7.2.4 层次化原理图的切换……149
7.2.5 层次化原理图的 PCB 设计……149

7.3 多通道 PCB 设计……152
7.3.1 多通道原理图设计……152
7.3.2 多通道 PCB 设计……154

思考与练习……155

第 8 章 PCB 设计基础……157

8.1 PCB 设计中的基本组件……157
8.1.1 电路板……157
8.1.2 连线……158
8.1.3 焊盘……158
8.1.4 过孔……159
8.1.5 标注……159
8.1.6 文字……160
8.1.7 铺铜……160
8.1.8 安装孔……160
8.1.9 元件的封装……160
8.1.10 网络与网络表……160
8.1.11 其他……161

8.2 PCB 设计方法与原则……161
8.2.1 PCB 设计需要考虑的问题……161
8.2.2 PCB 布局原则……162
8.2.3 PCB 布线原则……164
8.2.4 布线技术规范原则……165
8.2.5 抗干扰设计原则……168
8.2.6 PCB 设计的可制造性原则……169

8.3 PCB 设计流程……171

8.4 PCB 设计环境工具介绍……173
8.4.1 创建 PCB 文件……173
8.4.2 PCB 编辑器与主菜单……173
8.4.3 PCB 工具栏与快捷键……174
8.4.4 PCB 层选项卡……175
8.4.5 PCB 状态栏……176
8.4.6 快捷工具栏……176

8.4.7 "PCB" 面板……176
思考与练习……179

第 9 章 PCB 设计进阶……181

9.1 PCB 的规划……181
9.1.1 PCB 的板形绘制……181
9.1.2 PCB 图纸参数的设置……183
9.1.3 PCB 层叠管理……185
9.1.4 PCB 的层管理……187

9.2 载入网络表……188
9.2.1 设置同步比较规则……189
9.2.2 载入网络表的准备……189
9.2.3 载入网络表与封装……189

9.3 PCB 布局……191
9.3.1 自动布局……192
9.3.2 手动布局……193
9.3.3 交互式布局……196

9.4 PCB 布线……197
9.4.1 PCB 设计规则设置……198
9.4.2 自动布线……213
9.4.3 交互式布线……218
9.4.4 手动调整布线……222

思考与练习……224

第 10 章 PCB 的后续处理……227

10.1 添加安装孔……227
10.2 补泪滴与铺铜……228
10.2.1 补泪滴……228
10.2.2 铺铜……229

10.3 放置尺寸标注……233
10.3.1 线性尺寸标注……233
10.3.2 标准标注……234

10.4 电路板的测量……235
10.4.1 测量两点之间的距离……235
10.4.2 测量图元之间的距离……235
10.4.3 测量电路板上导线的长度……235

10.5　隐藏或显示网络的飞线 ……… 236

10.6　DRC 检查 …………………… 236

10.7　放置和调整丝印字符 ……… 238

10.8　输出 PCB 报表 …………… 240

10.8.1　PCB 的网络表 …………240

10.8.2　项目报告 …………………240

思考与练习 ……………………… 242

第 11 章　"减材制造法"制作 PCB ……………243

11.1　"减材制造法"制作 PCB 概述 … 243

11.2　PCB 化学制板工艺 ……… 244

11.2.1　PCB 化学制板工艺概述 …244

11.2.2　PCB 化学制板工艺简易流程 …244

11.3　PCB 机械雕刻工艺与流程 … 246

11.3.1　数控钻铣雕一体机制作 PCB …246

11.3.2　激光雕刻机制作 PCB …………250

思考与练习 ……………………… 251

第 12 章　"增材制造法"制作 PCB ……………252

12.1　液态金属 PCB 增材制造技术概述 …………… 252

12.1.1　液态金属打印 PCB 技术的应用与特点 …………… 252

12.1.2　液态金属打印 PCB 制作系统的组成 …………… 253

12.2　液态金属打印控制软件介绍 … 253

12.2.1　SMART800 首页界面 ………253

12.2.2　打开待打印文件 …………254

12.2.3　视图操作与编辑 …………254

12.2.4　阵列设置 …………………255

12.2.5　丝印设置 …………………255

12.2.6　预览图操作 ………………255

12.2.7　打开待印刷图 ……………255

12.2.8　设置 ………………………255

12.3　柔性电路制作工艺 ……… 256

12.3.1　制板工艺 …………………256

12.3.2　焊接工艺 …………………257

12.3.3　封装工艺 …………………258

12.4　刚性电路制作工艺 ……… 259

12.4.1　制板工艺 …………………259

12.4.2　焊接工艺 …………………261

12.4.3　封装工艺 …………………262

12.5　可拉伸电路制作工艺 ……… 263

12.5.1　制板工艺 …………………263

12.5.2　焊接工艺 …………………263

12.5.3　封装工艺 …………………264

思考与练习 ……………………… 265

第 13 章　综合设计实践项目 …… 267

13.1　声光控开关制作 …………… 267

13.1.1　项目需求和设计 …………267

13.1.2　项目原理图绘制 …………268

13.1.3　PCB 设计 …………………273

13.1.4　制造文件输出 ……………276

13.1.5　PCB 制作 …………………276

13.1.6　安装与调试 ………………277

13.2　机器狗制作 ………………… 278

13.2.1　项目需求和设计 …………278

13.2.2　项目原理图绘制 …………279

13.2.3　PCB 设计 …………………282

13.2.4　项目制作 …………………283

13.3　电子琴制作 ………………… 285

13.3.1　项目需求和设计 …………285

13.3.2　项目原理图设计 …………285

13.3.3　项目原理图绘制 …………286

13.3.4　PCB 设计 …………………288

13.3.5　项目制作 …………………289

思考与练习 ……………………… 291

参考文献 ……………………… 292

第 1 章 PCB 基础知识

01

本章主要内容

　　本章将介绍 PCB 的定义与分类、PCB 的作用与优点、PCB 的发展史等内容，最后介绍覆铜板的基本知识。

本章建议教学时长

　　本章教学时长建议为 1 学时。
- ◆　PCB 的定义与发展史：0.5 学时。
- ◆　PCB 的分类、作用与优点，覆铜板的基本知识：0.5 学时。

本章教学要求

- ◆　知识点：了解 PCB 的定义、作用与发展史，熟悉 PCB 的分类与覆铜板的分类。
- ◆　重难点：PCB 的分类、覆铜板的选用方法。

1.1 PCB 的定义

　　电子技术是根据电子学原理，运用电子元器件设计和制作具有某种特定功能的电路以解决实际问题的科学。电子技术是 19 世纪末 20 世纪初发展起来的新兴技术，在 20 世纪发展最迅速，应用最广泛。电子技术的诞生已成为近代科学技术发展的一个重要标志。

　　电子技术的应用主要是以电子产品或电子系统的形式开展的。一个电子产品或电子系统主要由电子元器件制造工艺、印制电路板（Printed Circuit Board，PCB）设计与制作工艺及电路装配工艺这三大工艺组成。电子元器件制造工艺主要用于制造电子元器件与集成电路芯片；PCB 设计与制作工艺主要用于设计与制作 PCB；电路装配工艺主要用于在 PCB 上安装电子元器件、集成电路芯片及接插件等。由此可知，在电子技术应用中，除了电子元器件、集成电路及各种接插件外，PCB 也是重要的电子部件。PCB 既是电子元器件、集成电路及各种接插件的支撑体，也是电子元器件、集成电路及各种接插件电气连接的载体。

　　那么什么是 PCB 呢？PCB 就是按照预先设计的电路，在绝缘基材的表面或其内部形成印制元器件、印制线路或两者结合的导电图形，绝缘基材上没有安装电子元器件，只有布线电路图形的半成品板。图 1.1.1 所示是没有焊接元器件的 PCB。

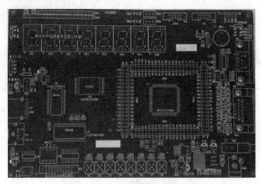

图 1.1.1　没有焊接元器件的 PCB

1.2　PCB 的分类

PCB 按机械性能可以分为刚性 PCB、柔性 PCB 和刚柔结合 PCB。刚性 PCB 是在不能弯曲的刚性基础层上构建的电路板，而柔性 PCB 是在能够弯曲、扭曲和折叠的柔性基础层上构建的电路板。

1.2.1　刚性 PCB

刚性 PCB 是由纸基（常用于单层板）或玻璃布基（常用于双层板及多层板）预浸酚醛或环氧树脂，然后在表层一面或两面粘上覆铜箔，再层压固化而成的。这种 PCB 覆铜箔板材就称为刚性 PCB。刚性 PCB 的优点是可以支撑附在着其上的电子元器件。

1. 刚性 PCB 的分类

按 PCB 的层数，刚性 PCB 可以分为单层板、双层板和多层板。

（1）单层板（Single-Sided Board）是只有一面有导电铜箔，另一面没有导电铜箔，导线只出现在其中一面的 PCB。因此，单层板也叫作单面板。

在使用单层板时，通常在没有导电铜箔的一面安插元器件。将元器件引脚通过插孔穿到有导电铜箔的一面，导电铜箔将元器件引脚连接起来就可以构成电路或电子设备。如果单层板上有贴片元器件需要安装，那么贴片元器件和导线为同一面。

由于单层板只有一面有导电铜箔，所以单层板在设计线路上有许多严格的限制（例如布线不能交叉）。因此，只有比较简易的电路才使用单层板。

（2）双层板（Double-Sided Boards）是双面走线的 PCB，因此，双层板也叫双面板。双层板包括顶层（Top Layer）和底层（Bottom Layer）两个层。与单层板不同，双层板的两层都有导电铜箔。双层板的每层都可以直接焊接元器件，两层可以通过元器件的引脚连接，也可以通过过孔连接。

因为双层板的面积比单层板大一倍，而且可以通过过孔将导线引到另一面，所以双层板解决了单层板中布线交错的问题，它更适合用在比单层板更复杂的电路上。

（3）多层板（Multi-Layer Boards）是具有多个导电层的电路板。它除了具有与双层板一样的顶层和底层外，内部还有导电层。

电源或接地层一般放在内部，顶层和底层通过过孔与内部的导电层相连接。多层板一般是由多个双层板压合制作而成的，它适用于复杂的电路系统。

多层板的层数一般是指独立的布线层的层数，但是在特殊情况下会加入空层来控制板厚。多层板的层数通常是偶数，并且包含最外侧的两层，如 4 层、6 层、8 层等。

多层板的优点是密度高，体积较小，质量小，稳定性较好。多层板增加了设计的灵活性，但是它也有一些不足，如造价高、生产时间长、检测困难等。多层板是电子技术向高速度、多功能、大容量、小体积方向发展的必然产物。随着电子技术的不断发展，尤其是大规模和超大规模集成电路的广泛和深入应用，多层板正向高密度、高精度、高层数的方向迅速发展。

尽管多层板在理论上可以做到近 100 层，但考虑到性价比，大部分主机板采用 4～8 层结构。PCB 中的各层都紧密地结合在一起，一般不太容易看出实际层数，不过如果仔细观察主机板，还是可以看出来的。

2. 刚性 PCB 的结构组成

一块完整的刚性 PCB 主要包括绝缘基板、铜箔、阻焊层、字符层和孔等部分。下面具体介绍刚性 PCB 的各组成部分。

（1）绝缘基板一般有纸基、玻璃纤维布基、复合基和特殊材料基（如陶瓷、金属基等）这四大类。

（2）铜箔是制造覆铜板的关键材料，它具有较高的电导率和良好的焊接性。利用黏合剂使铜箔牢固地粘在基板上形成覆铜板。覆铜板的铜箔面为电路板的主体，它由裸露的焊盘和被阻焊油墨覆盖的铜箔电路组成，焊盘用于焊接电子元器件。

（3）阻焊层由阻焊油墨覆盖在铜箔上形成，用于保护铜箔电路。

（4）字符层在阻焊层上面，该层用于印制元器件符号与标号，字符层上的元器件符号与标号便于在 PCB 上安装元器件和维修时进行电路识别。

（5）孔有两种：一种为过孔，主要用于不同层面的铜箔电路的连接；另一种为安装孔，主要用于基板加工、元器件安装（俗称焊盘）和产品装配。

将电子元器件安装在 PCB 上所采用的技术主要有通孔插装技术和贴装技术。通孔插装技术主要用于通孔元器件与通孔接插件的安装；贴装技术主要用于贴片元器件及贴装接插件的安装。

1.2.2 柔性 PCB

柔性 PCB 是由柔性基材制成的印制电路板，其优点是可以弯曲，便于电子元器件等部件的组装。柔性 PCB 在航天、军事、移动通信、笔记本电脑、计算机外设、个人数字助理、数码相机等领域或产品上得到广泛的应用。

1.2.3 刚柔结合 PCB

刚柔结合 PCB 是指一块印制电路板上包含一个或多个刚性区和柔性区，由刚性 PCB 和柔性 PCB 层压在一起组成。刚柔结合 PCB 的优点是既可以提供刚性 PCB 的支撑功能，又具有柔性 PCB 的弯曲特性，能够满足三维组装的需求。

1.3 PCB 的作用与优点

PCB 的主要作用有如下几点。

（1）PCB 提供了电子产品或电子系统所需的电子元器件固定、装配的机械支撑。

（2）PCB 实现了电子元器件之间的布线和电气连接或电气绝缘。

（3）PCB 为自动焊接提供阻焊图形，为电子元器件的装配（贴装、插装）、检查、维修提供识别字符和图形。

总之，PCB 的主要功能是支撑元器件和让元器件互连，即具有支撑和互连两大作用。

现在，PCB 已经极其广泛地应用在电子产品、电子系统的生产制造中。PCB 之所以能得到越来越广泛的应用，是因为它有如下独特优点。

（1）几十年来，PCB 的高密度特点能够随着集成电路集成度的提高和安装技术的进步而一起发展。

（2）PCB 的主要功能是支撑电路元器件和让电路元器件互连。通过一系列检查、测试和老化试验等工作，可保证 PCB 长期且可靠地工作，PCB 使用寿命一般为 20 年左右。

（3）对 PCB 的各种性能要求（如电气、物理、化学、机械等要求），人们可以通过设计标准化、规范化等来满足，可以缩短设计时间，提高设计效率。

（4）人们采用现代化管理，可进行标准化、规模化、自动化的生产，保证产品质量的一致性。

（5）人们为 PCB 建立了比较完整的测试方法和测试标准，可以利用各种测试设备与仪器来检测并鉴定 PCB 产品的合格性和使用寿命。

（6）使用 PCB 产品既便于电子元器件进行标准化组装，又便于进行自动化、规模化的批量生产。同时，PCB 和电子元器件还可组装形成更大的部件和系统，甚至整机。

（7）由于 PCB 产品和电子元器件组装部件是以标准化设计与规模化生产的，因此这些部件也是标准化的。一旦系统发生故障，人们就可以快速、方便、灵活地进行更换，迅速恢复系统工作。

1.4　PCB 的发展史

在 PCB 出现之前，电子元器件的互连都是依靠导线直接连接组成完整的线路。导线连接不便于设计、装配、运输和维修。

20 世纪初，人们为了简化电子产品的制作，减少电子元器件之间的连接导线，降低制作成本，开始钻研以印制的方式取代导线的方法。PCB 的发展史分为如下几个时期。

1.4.1　PCB 萌芽期

1925 年，美国的查尔斯·杜卡斯（Charles Ducas）发明了在绝缘基板上印制出线路图案的技术，然后以电镀的方式成功地制作出作为配线的导体。由于电镀工艺是在绝缘基板表面添加导电材料，故被称为"增材制造法"。

1.4.2　PCB 诞生期

1936 年，奥地利人保罗·爱斯勒（Paul Eisler）发明了刻蚀箔膜技术，首先提出了"印制电路"概念。这标志着 PCB 技术的诞生。但因为当时的电子元器件发热量大，它们与基板难以配合使用，所以没有实际应用。尽管如此，刻蚀箔膜技术还是使印制电路技术向前迈进了一大步，奠定了 PCB 制作的技术基础。

1.4.3 PCB 实用期

1941 年，美国研制出在滑石上漆上铜膏作为配线，以制作近接信管（Proximity Fuze）。近接信管，亦称近爆引信或近发引信。近接信管是一种根据目标距离决定是否引爆的雷管。1943 年，美国人将该技术大量用于军用收音机内。

1948 年，美国正式认可刻蚀箔膜技术，并将这个技术用于商业领域。

1950 年，日本研制出在玻璃基板上以银漆作为导线制作 PCB 的方法，同时还研制出在纸制酚醛基板上以铜箔作为导线制作 PCB 的方法。

1951 年，聚酰亚胺的出现使树脂的耐热性进一步加强，从而生产出了聚酰亚胺基板。

1953 年，美国 Motorola 公司研制出电镀贯穿孔法这一双层板制作方法。这个制作方法也应用到了后期的多层板制作上。

自 20 世纪 50 年代起，由于发热量较低的晶体管大量取代真空管，PCB 技术才开始被广泛采用。铜箔蚀刻法也成为 PCB 制造技术的主流，开始用于生产单层板。

20 世纪 60 年代，孔金属化双面 PCB 实现了大规模生产。自从 Motorola 公司的单层板问世后，人们开始研制多层板制作工艺。多层板的出现，使导线与基板面积之比得到进一步提高。

1960 年，V.达尔格林（V. Dahlgreen）将印有电路的金属箔膜贴在热可塑性的塑胶中，制造出软性 PCB。

1961 年，美国的哈泽尔廷公司（Hazeltine corporation）参考电镀贯穿孔法，制作出多层板。

20 世纪 70 年代，多层板迅速发展，并不断向高精度、高密度、细线小孔、高可靠性、低成本和自动化连续生产的方向发展。

20 世纪 80 年代，表面贴装印制板（Surface Mounted Printed Board, SMB）逐渐替代插装式 PCB，成为主流。

20 世纪 90 年代末期，积层法的出现开创了一个高密度互连（High Density Interconnector, HDI）的多层板制造技术新时期。积层法制造多层板的工艺迅速发展，被大量使用，而且一直延续至现在。

小知识　　　　HDI 板是高密度互连板，是使用微盲埋孔技术的一种线路分布密度比较高的电路板。HDI 是专为小容量用户设计的紧凑型产品。

1.4.4 PCB 的未来

随着表面贴装技术（Surface Mounted Technology, SMT）的不断发展，以及新一代表面贴装元件（Surface Mounted Devices, SMD）的不断推出，如塑料四侧引脚扁平封装（Plastic Quad Flat Package, PQFP）、方形扁平无引脚封装（Quad Flat No-leadPackage, QFN）、芯片级封装（Chip Scale Package, CSP）、球栅阵列封装（Ball Grid Array, BGA）、微型球栅阵列封装（Micro Ball Grid Array Package, MBGA）等不同封装的芯片，电子产品更加智能化、小型化，因此推动了 PCB 工业技术的重大改革和进步。

自 1991 年 IBM 公司首先成功发明表面积层电路（Surface Laminar Circuit, SLC）技术以来，世界各国、各大集团也相继开发出了各种各样的高密度互连微孔板。这些加工技术的迅猛发展，促使 PCB 的设计逐渐向多层、高密度布线的方向发展。多层板以其设计灵活、稳定可靠的电气性能和优越的经济性能，现已广泛应用于电子产品的生产制造中。

对于 PCB 制造技术的衡量与评价，国内外对未来 PCB 生产制造技术发展动向的论述基本是一致的，即向高密度、高精度、细孔径、细导线、细间距、高可靠、多层化、高速传输、轻量和薄型方向发展；在生产上同时向提高生产率、降低成本、减少污染、适应多品种和小批量生产方向发展。印制电路的技术发展水平，一般以 PCB 上的线宽、孔径、板厚/孔径比等技术参数作为参考。

1.5 覆铜板

覆铜板的全称为覆铜板层压板，它是由木浆纸或玻纤布等作为增强材料，并用树脂进行浸泡，单面或双面覆以铜箔，经热压而成的一种板材。

覆铜板是电子制造工业的基础材料，它主要用于加工制造 PCB。作为 PCB 的重要基础材料，覆铜板承担着导电、绝缘、支撑和信号传输四大功能，并对 PCB 的性能、可加工性、制造成本、可靠性等指标起着决定性作用。不同的应用场景及不同的处理环节对覆铜板的性能指标提出了不同的要求。一般而言，覆铜板必须满足 PCB 加工、元器件安装和整机产品运行 3 个环节的综合性能需求。覆铜板按材质不同，可分为纸基板、环氧玻纤布基板和复合基板（CEM 系列等）三大类。

1.5.1 纸基板

按照 PCB 所采用的不同树脂胶黏合剂，纸基板可分为酚醛纸基板、环氧纸基板、聚酯纸基板等类型，其中酚醛纸基板使用得最广泛。酚醛纸基板俗称有纸板、胶板、V0 板、阻燃板、红字覆铜板、94V0、电视板、彩电板等，它是以酚醛树脂为黏合剂，以木浆纤维纸为增强材料的绝缘层压材料。酚醛纸基覆铜板的工作温度较低，耐湿度和耐热性与环氧玻纤布基板相比略低。

酚醛纸基覆铜板最常用的产品型号为 FR-1（阻燃型）和 XPC（非阻燃型）两种。单面覆铜板可以轻易从板材后面字符的颜色判断其型号：一般红字为 FR-1（阻燃型），蓝字为 XPC（非阻燃型）。该类型板材相对其他类型板材更便宜。

1.5.2 环氧玻纤布基板

环氧玻纤布基板俗称环氧板、玻纤板、纤维板和 FR-4 等。环氧玻纤布基板是以环氧树脂作为黏合剂，以电子级玻璃纤维布作为增强材料的一类基板。它的工作温度较高，本身性能受环境影响小；在加工工艺上，比其他树脂的玻纤布基板更具优越性。这类产品主要用于双面 PCB，常用厚度为 1.5mm。

1.5.3 复合基板

复合基板主要指 CEM-1 和 CEM-3 复合基覆铜板。以木浆纤维纸或棉浆纤维纸作为芯材增强材料，以玻璃纤维布作为表层增强材料，两者都浸以阻燃环氧树脂制成的覆铜板，称为 CEM-1。而以玻璃纤维纸作为芯材增强材料，以玻璃纤维布作为表层增强材料，两者都浸以阻燃环氧树脂制成的覆铜板，称为 CEM-3。这两类覆铜板是目前最常见的复合基覆铜板。由于材料结构上的缘故，CEM-1、CEM-3 和另一种 22F 材料制成的 PCB 均被称为半玻纤板。用 CEM-1、CEM-3 代替 FR-4 基板制作双面 PCB 的技术，目前已在世界上得到广泛应用。

此外，不同 PCB 基板材料的阻燃特性各不相同。按照美国保险商实验所（Underwriter Laboratories Inc，UL）标准规定的板材燃烧性的等级，可将基板材料划分为 4 类，即 UL-94 V0 级、V1 级、V2 级和 HB 级。按照 UL 标准，达到阻燃 HB 级的覆铜板被称为非阻燃类板，俗称 HB 板，它不防火，因此无法做成电源板。达到 UL 标准中的阻燃特性最佳等级（UL-94 V0 级）的覆铜板被称为阻燃类板/防火板，俗称 V0 板。价格上防火板比 HB 板高，FR-1 和 FR-2 材料的纸基板为 V0 板。玻纤板和半玻纤板也为 V0 板。

随着电子技术的发展和不断进步，人们对 PCB 的基板材料不断提出新要求，从而促进了覆铜板标准的不断发展。PCB 的分类如表 1.5.1 所示。

表 1.5.1　PCB 的分类

材质/分类	名称	代码	特征	用途
纸基板/刚性覆铜薄板	酚醛树脂覆铜箔板	FR-1	经济性，阻燃	安全低档消费品
		FR-2	高电性，阻燃（冷冲）	安全消费设备
		XXXPC	高电性（冷冲），非阻燃	消费类设备
		XPC	经济性（冷冲），非阻燃	消费类设备
	环氧树脂覆铜箔板	FR-3	高电性，阻燃	调谐器、消费品
玻纤布基板/刚性覆铜薄板	环氧树脂覆铜箔板	FR-4	机电性能良，耐燃材料，阻燃	工业设备
	环氧树脂覆铜箔板	FR-5	机电性能优，耐热性更好，阻燃	高档装备设备
	聚酰亚胺树脂覆铜箔板	GPY	机电性能优，耐热性更好，阻燃	高档装备设备
	聚四氟乙烯树脂覆铜箔板	GR	机电性能优，耐热性、耐湿性好	高频微波通信设备
环氧树脂类/复合材料基板	纸（芯）-玻璃布（面）-环氧树脂覆铜箔板	CEM-1，CEM-2	CEM-1 阻燃，CEM-2 非阻燃	消费品和工业电子产品
	玻璃毡（芯）-玻璃布（面）-环氧树脂覆铜箔板	CEM-3	阻燃	家用计算机、汽车和家庭娱乐产品
聚酯树脂类/复合材料基板	玻璃毡（芯）-玻璃布（面）-聚酯树脂覆铜箔板	CEM-7	耐碱性优，绝缘性能优	工业设备
	玻璃纤维（芯）-玻璃布（面）-聚酯树脂覆铜板	—	—	工业设备
柔性板	聚酯基板	—	电性能良，价低，耐热性差	仪表、办公设备
	聚酰亚胺基板	—	电性能良，耐热	各种电子设备

小知识

刚性 PCB 的常见厚度有 0.2mm、0.4mm、0.6mm、0.8mm、1.0mm、1.2mm、1.6mm、2.0mm 等。柔性 PCB 的常见厚度为 0.2mm，要焊零件的地方会在其背后加上加厚层，加厚层的厚度为 0.2~0.4mm 不等。了解这些内容的目的是在结构工程师设计时给他们提供一个参考空间。

刚性 PCB 的常见材料包括酚醛纸质层压板、环氧纸质层压板、聚酯玻璃毡层压板、环氧玻璃布层压板等。柔性 PCB 的常见材料包括聚酯薄膜、聚酰亚胺薄膜、氟化乙丙烯薄膜等。

思考与练习

1. 电子产品或电子系统的制造主要有哪几大工艺？
2. 简述 PCB 的定义。

3. 简要说明 PCB 的作用与主要优点。

4. 简述 PCB 的发展史。

5. 哪位科学家在哪一年发明了蚀刻箔膜技术？该技术有什么特点？

6. 什么是刚性 PCB？刚性 PCB 的优点是什么？

7. 简述刚性 PCB 的组成。

8. 简述柔性 PCB 的优点与应用领域。

9. 什么是多层板？

10. 什么是覆铜板？

11. 覆铜板按材质不同可分为哪几大类？

12. 酚醛纸基覆铜板最常用的产品型号为哪两种？如何判断单面覆铜板的型号？

13. 环氧玻纤布基板与酚醛纸基覆铜板相比有什么优点？环氧玻纤布基板的俗称有哪些？

14. 复合基板主要有哪两种？它们有什么不同？

15. 按照 UL 标准规定的板材燃烧性的等级，可将基板材料划分为哪几类？

16. 刚性 PCB 的常见厚度有哪些？刚性 PCB 的常见材料有哪些？

17. 在哪个年代孔金属化双面 PCB 实现了大规模生产？

18. 在哪一年，由哪个科学家，利用什么技术制造出了柔性 PCB？

19. 从哪个年代开始，表面贴装 PCB 逐渐替代插装式 PCB 而成为主流？

20. 谈谈 PCB 的未来发展。

第 2 章　PCB 设计工具介绍

本章主要内容

本章将介绍 Altium Designer 20 及其安装方法、环境搭建与系统设置、主要工作面板、文件类型等内容，最后以一个设计项目为例详细介绍 PCB 设计的完整流程。

本章建议教学时长

本章教学时长建议为 1 学时。

◆ PCB 设计软件工具与工作面板：0.5 学时。

◆ Altium Designer 20 系统设置与 PCB 设计流程：0.25 学时。

◆ 项目实践：0.25 学时。

本章教学要求

◆ 知识点：了解 PCB 设计的相关软件工具，熟悉 Altium Designer 20 的功能、环境建立方法、项目与工作区的概念和作用及各个工作面板的作用，了解 PCB 设计流程。

◆ 重难点：Altium Designer 20 项目与工作面板的作用。

2.1　PCB 设计软件介绍

2.1.1　PCB 设计软件概述

从手动绘制 PCB 到现在利用具有超大规模的元器件库及强大的自动布局、布线等功能的设计软件进行 PCB 设计，PCB 设计软件极大地提高了 PCB 的设计效率。

PCB 设计软件一般包含原理图设计和 PCB 设计两大模块，有一些较复杂、先进的 PCB 设计软件可能还包含电路仿真分析模块。电路仿真分析主要包括信号完整性分析（Signal Integrity Analysis，SIA）、电源完整性分析（Power Integrity Analysis，PIA）、电磁兼容性（Electromagnetic Compatibility，EMC）、面向制造的设计（Design For Manufacturing，DFM）等内容。有的设计软件可能还包含计算机辅助制造（Computer Aided Manufacturing，CAM）工程软件、抄板软件等。

目前能够同时进行原理图、PCB 设计的工具软件有很多，例如，比较流行的有 Altium（Protel）、Candence、Mentor 等公司的电子设计自动化（Electronic Design Automation，EDA）软件工具。网上有很多相关的参考资料介绍了这些软件的使用方法。读者可以登录相关 EDA 软件供应商网站，下载一些 Demo 版或申请试用版安装使用。

2.1.2　Altium Designer 设计软件

Protel 国际有限公司由尼克·马丁（Nick Martin）于 1985 年创立于澳大利亚塔斯马尼亚州霍巴特。最初该公司推出的 DOS 环境下的 PCB 设计工具在澳大利亚被电子业界广泛接受。

1986 年，Protel 国际有限公司通过经销商将设计软件包出口到美国和欧洲，并开始扩大其产品范围，包括原理图输入、PCB 自动布线和自动 PCB 器件布局等软件。

20 世纪 80 年代后期，Windows 平台在处理性能和可靠性上取得很大进步，但是当时却很少有用于 Windows 平台的 EDA 软件。因此在 1991 年，Protel 国际有限公司发布了世界上第一个基于 Windows 平台的 PCB 设计系统，即 Advanced PCB。

1997 年，Protel 国际有限公司把所有核心 EDA 软件工具集中到一个软件包中，从而实现了从设计概念到生产的无缝集成。因此，Protel 国际有限公司发布了专为 Windows NT 平台构建的 Protel 98，这是首个将 5 种核心 EDA 工具集成于一体的产品，这 5 种核心 EDA 工具包括原理图输入、可编程逻辑器件（Programmable Logic Device，PLD）设计、仿真、板卡设计和自动布线。1999 年，该公司又发布了 Protel 99 和第二个版本 Protel 99 SE，这些版本提供了更高的设计流程自动化程度，进一步集成了各种设计工具，并引进了"设计浏览器"平台。

2001 年，Protel 国际有限公司改名为 Altium 公司，整合了多家 EDA 软件公司。从发布 Protel DXP/DXP 2004 开始，Altium 公司提供了全新的现场可编程门阵列（Field Programmable Gate Array，FPGA）设计功能。

从 2006 年起，Altium 公司陆续推出 Altium Designer 6.0 及以后的版本，将设计流程、集成化 PCB 设计、可编程逻辑器件设计和基于处理器设计的嵌入式软件开发功能整合在一起。2006 年以后发布的版本以年份进行命名。Altium Designer 6.8 添加了三维 PCB 可视化和导航技术，通过该功能，设计师可以随时查看板卡的精确成型，以及与设计团队的其他成员共享信息。在发布 Altium Designer 10 时，Altium 公司同时推出基于互联网的 AltiumVaults 和 AltiumLive。AltiumVaults 构成了 Altium 智能数据管理技术的核心，它存储并管理电子设计数据；AltiumLive 搭建了适用于下载、交易和共享电子设计内容的在线环境。

2009—2019 年，Altium Designer 每年都发布新版本，并不断升级，体现了 Altium 公司全新的产品开发理念，更加贴近工程师的应用需求，更加符合未来电子设计发展的趋势要求。

2020 年，Altium 公司发布了 Altium Designer 20 版本。该版本全面升级了 UI 交互，在原有特性基础上进一步创新，主要新增功能有：任意角度布线功能；走线的平滑处理功能；交互式属性面板功能，通过更新的属性面板可以完全清晰地操控设计对象和功能；原理图视觉效果功能，使用此功能可以平滑缩放、平移、甚至极大地加快了复制和粘贴的速度；原理图动态数据模型功能；基于时间的匹配长度功能；新的原理图增强功能；爬电距离规则功能；返回路径检查功能。

总之，Altium Designer 系列是个庞大的 EDA 软件，它包含电路原理图绘制、模拟电路与数字电路混合信号仿真、多层 PCB 设计（包含 PCB 自动布线）、可编程逻辑器件设计、图表生成、电子表格生成、支持宏操作等功能，并具有 Client/Server（客户端/服务器）体系结构，同时还兼容一些其他设计软件的文件格式，如 OrCAD、PSpice 和 Excel 等，其多层 PCB 的自动布线可实现高密度 PCB 的 100%布通率。

2.2　Altium Designer 20 环境搭建

注意

在本书中，关于鼠标操作的几点说明如下。

（1）双击表示连续两次快速单击鼠标左键。

（2）单击表示单击鼠标左键一次。

（3）右击表示单击鼠标右键一次。

2.2.1　安装 Altium Designer 20

Altium Designer 20 只支持 Windows x64 系统，已经明确不再支持 Windows x86 系统，同时需要配备性能更加强大的计算机硬件。

1. 硬件环境需求

Altium Designer 20 运行达到最佳性能的硬件环境需求，推荐系统配置如下。

（1）Windows 7 及以上操作系统，必须是 64 位系统。

（2）英特尔®酷睿™2 双核/四核，2.66GHz 或更高频率的处理器。

（3）2GB 以上内存。

（4）10GB 以上硬盘剩余空间（系统安装+用户文件）。

（5）双显示器，至少 1680 像素×1050 像素（宽屏）屏幕分辨率。

（6）NVIDIA 公司的 GeForce 80003 系列显卡，使用 1GB 显存以上的显卡或同等级显卡。

（7）USB 2.0 的端口（如果连接 NanoBoard -NB2）。

（8）Adobe Reader 8 或更高版本。

（9）DVD 驱动器。

（10）Internet 连接，以接收更新和获取在线技术支持。

2. 安装 Altium Designer 20

用户可以登录 Altium Designer 官方网站，获得 Altium Designer 20 免费的测试版本或试用版本，可以在试用之后再购买 Altium Designer 20 正版软件。

（1）解压安装文件压缩包，打开 Altium Designer 2020 文件夹，右击 Altium Designer 20Setup.exe，在弹出的菜单中执行"以管理员身份运行"命令，开始安装，如图 2.2.1 所示。屏幕出现图 2.2.2 所示的"Welcome to Altium Designer Installer"界面。

图 2.2.1　Altium Designer 2020 文件夹

图 2.2.2　"Welcome to Altium Designer Installer"界面

（2）单击"Next"按钮，出现图 2.2.3 所示的"License Agreement"界面，勾选"I accept the agreement"复选框，再单击"Next"按钮，出现图 2.2.4 所示的"Select Design Functionality"界面。

图 2.2.3 "License Agreement"界面

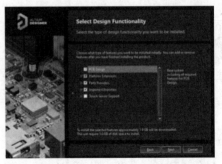

图 2.2.4 "Select Design Functionality"界面

（3）在图 2.2.4 所示的界面中选择需要安装的功能选项，即勾选需要安装的功能的复选框，然后单击"Next"按钮，出现图 2.2.5 所示的"Destination Folders"界面。在该界面中，可以用默认安装路径进行安装，也可以自定义路径进行安装，这里采用默认安装路径进行安装。单击"Next"按钮，出现图 2.2.6 所示的"Ready To Install"界面。

图 2.2.5 "Destination Folders"界面

图 2.2.6 "Ready To Install"界面

（4）单击"Next"按钮，出现图 2.2.7 所示的"Installing Altium Designer"界面，程序开始自动安装。

（5）安装完成后，在弹出的界面中取消勾选"Run Altium Designer"复选框，单击"Finish"按钮，完成安装。

3. 启动 Altium Designer 20 软件

Altium Designer 20 安装完成后，需要注册 License，注册成功后，就可以使用该软件。

如果 Altium Designer 20 安装完成后，桌面没有出现快捷方式图标，则可单击桌面左下角的"开始"按钮，在开

图 2.2.7 "Installing Altium Designer"界面

始菜单中找到"Altium Designer 20"软件图标并将其拖到桌面，就可以创建桌面快捷方式。

启动 Altium Designer 20 的方法是：在桌面上找到"▇"快捷方式图标，双击该图标就可以启动该软件，或单击桌面左下角的"开始"按钮，在所有程序中执行"Altium"→"Altium Designer 20"命令，启动该软件，启动过程界面如图 2.2.8 所示。

图 2.2.8　Altium Designer 20 启动过程界面

4. Altium Designer 20 汉化

在 Altium Designer 20 工作界面中，单击右上角的设置系统参数按钮"⚙"，弹出图 2.2.9 所示的"Preferences"对话框。

图 2.2.9　"Preferences"对话框

在图 2.2.9 所示的对话框中，勾选"Use localized resources"复选框，此时右下角的灰色"Apply"按钮会变为黑色，单击它，然后单击"OK"按钮。

关闭 Altium Designer 20，再重启 Altium Designer 20，完成汉化。

说明　在汉化的菜单或窗口界面中，有些菜单名称或窗口界面的文字描述可能与其他教材中未经汉化翻译的名称有些出入，所以在使用该软件菜单或文字出现歧义时，以未汉化的英文菜单或窗口界面中的英文为主。例如，"Project"被汉化为"工程"，有的教材可能将其翻译为"项目"等。

说明　（1）Altium Designer 20 启动后，系统默认采用黑色主题（Altium Dark Gray）模式，我们也可以切换到白色主题（Altium Light Gray）模式。

（2）在本书中，为了出版印刷的需要，采用"Altium Light Gray"模式。设置方法如下。

① 在图 2.2.9 所示的 "Preferences" 对话框的左边栏中单击 "View" 选项，此时右边会弹出图 2.2.10 所示的 "System-View" 界面。

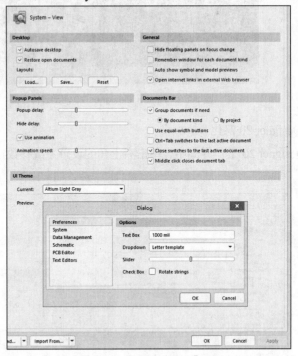

图 2.2.10 "System-View" 界面

② 在 "UI Theme" 区域下面的 "Current" 下拉列表中，选中 "Altium Light Gray" 模式。

③ 重新启动 Altium Designer 20，就切换到了白色主题（Altium Light Gray）模式。

2.2.2 设计工作区与项目

1. 设计工作区（Workspace）

设计工作区又名工作空间，它比项目高一个层级，可以通过设计工作区连接相关项目，轻松地访问目前正在开发的某种产品相关的所有项目。

在 Altium Designer 20 中，一个项目是在一个设计工作区中运行的，一个设计工作区可以有多个项目。启动 Altium Designer 20 后，在 "Projects"（项目）面板中，系统将自动建立一个设计工作区，默认的设计工作区名称为 "Project Group 1.DsnWrk"。一般情况下，启动 Altium Designer 20 后，系统会自动打开上次建立的设计工作区和工程文件，如图 2.2.11 所示，这里采用默认的设计工作区名称，即 "Project Group 1.DsnWrk"。

在图 2.2.11 所示的 "Projects" 面板中，右击 "Projects Group 1.DsnWrk"，弹出图 2.2.12 所示的菜单。用户可以执行菜单中相应的命令，完成相关操作。例如，向设计工作区中添加新项目或添加已经存在的项目文件，也可以将 "Projects Group 1.DsnWrk" 重命名为其他名字。

新建一个设计工作区的方法是：执行 "文件（F）"（File）→ "新的…（N）"（New）→ "设计工作区（W）…"（Workspace）命令（快捷键：F，N，W），出现图 2.2.13 所示的新建设计工作区界面。

图 2.2.11　"Projects"面板

图 2.2.12　弹出的菜单

图 2.2.13　新建设计工作区界面

2. 项目（Project）

项目是 Altium Designer 工作的核心，所有设计工作都是以项目展开的。项目又名工程，用来包含完成目标的所有文件，然后将所有文件结合起来以输出目标文件。一个项目中可以包含多个原理图、PCB 文件、网表、各种报表文件及保留在项目中的所有库或模型等项目设计中所需的一切文件。它们都是一个个项目中的具体成员。

Altium Designer 20 的项目是从创建一个工程开始的。一个项目文件类似于 Windows 系统中的"文件夹"，在项目文件中可以执行对文件的各种操作，如新建、打开、关闭、复制与删除等。但需注意的是，项目文件只起到管理的作用，在保存文件时，项目中的各个文件仍然是以单个文件的形式保存的。

在图 2.2.11 所示的"Projects"面板中，项目名称为"lightdemo0001.PrjPcb"，项目中包含"Source Documents""Libraries""Components""Nets" 4 个文件夹。

"Source Documents"文件夹中包含 1 个原理图文件"Sheet1.SchDoc"和 2 个 PCB 文件"PCB1.PcbDoc"和"PCB3.PcbDoc"。

"Libraries"中包含"PCB Library Documents"和"Schematic Library Documents" 2 个子文件夹。"PCB Library Documents"中包含一个"light.PcbLib"封装库，"Schematic Library Documents"中包含一个"light.SCHLIB"元件符号库文件。

"Components"和"Nets"分别用于显示原理图中所使用的元件种类（数量）和网络。

将原理图、库文件等文档添加到项目时，项目文件中将会加入每个文档的链接。这些文档可以存储在网络的任何位置，无须与项目文件放置于同一文件夹中。但是，为了管理方便，最好将这些文档存储在项目文件所在目录或子目录之下。如果这些文档存储在项目文件所在目录或子目录之外，则在"Projects"面板中，这些文档图标上会显示小箭头标记"　"。例如，在图 2.2.11 所示的"Projects"面板中，"Libraries"目录下的两个库文件"light.PcbLib"和"light.SCHLIB"名左侧的图标上就显示了小箭头标记，这是因为这两个库文件没有存放在"D:\light20210316\lightdemo0001"（项目文件目录）下，而是存放在"D:\light20210316"目录下。

Altium Designer 20 在建立项目文件时，会自动建立一个与项目文件同名的项目文件夹，在图 2.2.11 所示的"Projects"面板中，项目名称与子文件夹名称都为"lightdemo0001"。

如果同一个项目中包含了多个原理图，那么这些原理图必须是为该项目服务的，而且各个原理图中的元器件标识符号不能同名。在同一个项目中如果需要包含多个原理图，建议使用层次化原理图设计方法进行设计。

2.2.3　Altium Designer 20 的窗口界面

启动 Altium Designer 20，进入该软件的设计主页面，如图 2.2.14 所示。其中，面板切换按钮包括弹出式面板、面板转换和弹出式菜单 3 个按钮组。用户可以使用该页面进行项目文件的操作，如创建新项目、打开文件、配置设计环境等。

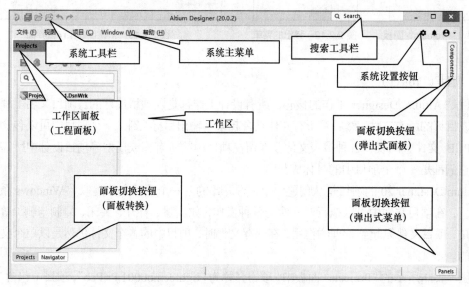

图 2.2.14　Altium Designer 20 设计主页面

1. 系统主菜单（System Menu）

Altium Designer 20 的系统主菜单中有"文件（F）"（File）、"视图（V）"（View）、"项目（C）"（Project）、"Window（W）"和"帮助（H）"（Help）等基本操作菜单。用户执行这些菜单内的命令可以新建各类项目文件，启动对应的设计模块。当设计模块被启动后，主菜单将会自动更新，以匹配设计模块。

（1）"文件（F）"（File）：主要用于文件的管理，通常包括文件的新建、打开、保存等功能。

（2）"视图（V）"（View）：主要用于工作区的工具栏、工作区面板、状态栏和命令状态的显示或隐藏等的管理，一般用于调节工作区中的控制工具栏、工作区面板、状态栏和命令状态的显示状态。

"视图（V）"（View）在有的计算机上显示为"查看（V）"。

（3）"项目（C）"（Project）：主要用于项目文件的编译、添加文件到项目或从项目中移走文件等。

（4）"Window（W）"：主要用于窗口的排列方式的管理。

（5）"帮助（H）"（Help）：主要用于打开帮助文件。

2. **工作区面板**（Workspace Panel）

Altium Designer 20 为用户提供了大量的工作区面板，这些面板主要分为两种类型，一种是系统型面板，另一种是编辑器面板。系统型面板在任何时候都可以使用，如"Projects"面板等。编辑器面板只有在相应的文件打开时才能使用，如元件库编辑面板等。

工作区面板有两种显示方式：自动隐藏显示和停靠显示。

每个面板的右上角都有 3 个图标按钮。按钮"▼"可以在打开的各种面板之间进行切换操作；按钮"📌"或"📌"可以改变面板的显示方式；按钮"✕"用于关闭当前面板。

第一次打开 Altium Designer 20，可以看到该软件的一些默认的工作区面板，如"Projects"面板等。下面介绍 Altium Designer 20 原理图及 PCB 设计中常用的一些主要工作区面板。如果熟悉了这些工作区面板，用这个软件进行设计就会更加得心应手。

（1）"Projects"（项目）面板。"Projects"面板即项目面板，用于管理项目中的所有设计文件。图 2.2.15 所示的是"Projects"面板。打开的工程、文件都会显示在工程面板中。在"Projects"面板中，我们可以关闭、保存工程，也可以进行新建、添加、移除原理图或 PCB 文件的操作。

将鼠标指针移到工程名上并右击，此时会弹出图 2.2.16 所示的菜单。执行相应的命令，即可实现对应的功能。例如，执行"添加新的...到工程（N）"命令，就可以向工程中添加原理图文件、PCB 文件等；执行"Close Project"命令，则可以关闭工程文件；执行"Save"命令，则保存工程文件。

图 2.2.15 "Projects"面板

图 2.2.16 工程面板操作菜单

（2）"SCH Filter"（SCH 过滤器）面板。图 2.2.17 所示是"SCH Filter"面板，SCH 过滤器用于在原理图中寻找目标对象，搜索到的对象或元件以选中的状态显示在 SCH 图中。通过面板右上角的箭头按钮"▼"，还可以展开和隐藏子面板。

（3）"Navigator"（导航）面板。图 2.2.18 所示是"Navigator"面板。在对工程或工程中的文件进行编译操作后，可以使用"Navigator"面板浏览编译后的各种信息，如元件、电气连接和网络表等。用户利用"Navigator"面板可以方便地对设计文件中的各种对象进行查找、编辑和修改等操作。

图 2.2.17 "SCH Filter"面板

图 2.2.18 "Navigator"面板

（4）"Messages"（信息）面板。工程编译后，如果有错误，系统会自动弹出图 2.2.19 所示的"Messages"面板。如果编译后没有错误或只有警告，系统不会自动弹出"Messages"面板，如果需要打开"Messages"面板，单击右下角的"Panels"面板切换按钮，在弹出的菜单中执行"Messages"命令即可。

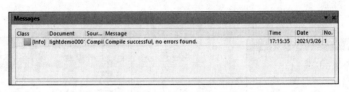

图 2.2.19 "Messages"面板

"Messages"面板中列出了工程项目原理图中的所有错误和编译信息。PCB 做 DRC 规则检查时也会弹出该信息面板，有警告和错误信息时都会在"Messages"面板中显示出来。如果有警告和错误信息，要及时检查原理图和 PCB 的问题，并及时纠错。

（5）"Storage Manager"（存储管理）面板。图 2.2.20 所示的是"Storage Manager"面板。该面板显示了工程和文件的存储路径、文件打开修改及保存的时间记录等。

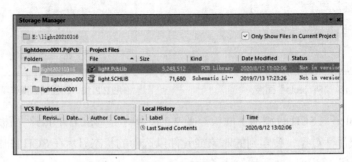

图 2.2.20 "Storage Manager"面板

（6）"Properties"（属性）面板。自 Altium Designer 18 版本以后，大家会发现部分快捷键功能不能使用了，在原来的菜单中也找不到原来的菜单选项了，使用起来会感觉很不顺手，甚至会怀疑

Altium Designer 18 及以后的版本是不是把对应的功能删掉了。其实，Altium Designer 18 及以后的版本并没有删掉以前好用的功能，只是改变了操作方法而已。

　　Altium Designer 18 及以后的版本，如果使用有问题，可以单击"Panels"按钮，在弹出的菜单中执行"Properties"命令，一般都会发现自己要找的功能已经集成在"Properties"面板中。因此，在从以前的版本过渡到 Altium Designer 18 及以后版本的使用过程中，一定要习惯使用"Properties"面板。这是 Altium Designer 18 及以后版本新增的重大功能。但是，要注意"Properties"面板中的内容会随着打开的对象不同而发生变化。图 2.2.21 所示为"Properties"原理图图纸参数设置面板。

　　（7）"SCH Library"面板（原理图库面板）。图 2.2.22 所示为"SCH Library"面板。在原理图文件编辑环境下，可以通过该面板来管理集成元器件库，也可以通过该面板在原理图文件上放置元器件的原理图符号。

　　（8）"PCB Library"面板（元器件封装库面板）。"PCB Library"面板如图 2.2.23 所示。该面板提供操作 PCB 元器件封装的各种功能，如新建器件、编辑器件属性、复制与粘贴选定器件或更新开发 PCB 的器件封装。

图 2.2.21　"Properties"面板

图 2.2.22　"SCH Library"面板

图 2.2.23　"PCB Library"面板

　　上面简要介绍了常用面板及其主要作用，那么如何打开和关闭这些面板呢？又如何移动面板的位置呢？当整个面板被关闭后，又如何打开面板呢？

　　（1）打开和关闭面板

　　可以通过执行系统主菜单中的"视图（<u>V</u>）"（Views）→"面板"（Panels）中的相关菜单命令来打开和关闭相应的工作面板，也可以单击面板右上角"▼ ⌐ ×"中的"×"按钮关闭面板。还有一种方式是单击右下角的"Panels"按钮，在弹出的菜单中关闭和打开相应的工作面板。

　　例如，将鼠标指针移到"Panels"按钮上单击，此时会出现图 2.2.24 所示的菜单，执行需要的面板菜单命令，如单击"Projects"，即可打开"Projects"面板。

　　（2）移动面板

　　要移动面板，只需将鼠标指针放在需要移动的面板的标题栏上，

图 2.2.24　右下角的快捷菜单

按住鼠标左键，拖动鼠标指针就可以移动工作面板到需要的位置。拖动面板时，工作区中间会出现4个箭头，拖动鼠标指针到箭头的位置后松开鼠标，面板就会被移动到蓝色标注的区域。

（3）如何初始化工具栏与工作面板？

初学者容易把面板或工具误关闭。找回的方法是：执行"视图（V）"→"工具栏（T）"命令，在弹出的菜单中将要打开的工具左侧的复选框勾选，即可打开相应的工具栏。选择"面板"，在弹出的菜单中执行相应的命令就会打开对应的面板。

左下角的状态栏和命令行用于显示当前的工作状态和正在执行的命令。它们的打开和关闭同样可以通过执行"视图（V）"（Views）菜单中的相应命令来实现。

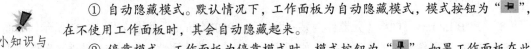

小知识与说明

（1）说明：在以后的表述中，勾选复选框即表示复选框中有"√"。

（2）Altium Designer 的工作区面板有两种显示模式。

① 自动隐藏模式。默认情况下，工作面板为自动隐藏模式，模式按钮为"⊣"，在不使用工作面板时，其会自动隐藏起来。

② 停靠模式。工作面板为停靠模式时，模式按钮为"⊣"。如果工作面板在此模式下，该面板会一直显示在 Altium Designer 主窗口的左边。

我们可以单击"⊣"或"⊣"按钮，切换工作面板的显示模式。建议将面板设置为自动隐藏模式，以便提供足够大的工作区界面。

3. 工具栏

系统工具栏位于系统主菜单上方，由快捷工具按钮组成，如图 2.2.25 所示，单击此处按钮等同于执行相应菜单命令，该工具栏按钮可以关闭 Altium Designer 20、打开与保存文件。其他工具栏包括有关设计文件和有关项目文件的工具栏，当设计模块被

图 2.2.25 系统工具栏

启动后，工具栏将会自动更新，以匹配设计模块，这些工具栏在之后相应的章节中会进行介绍。

4. 工作区面板切换按钮

工作区面板的切换主要通过右下角的"Panels"按钮进行。工作区面板还可以通过每个面板右上角的"▼"按钮进行切换。

5. 工作区

工作区位于 Altium Designer 20 界面的中间，它是用户编辑各种文档的区域。在无编辑对象打开的情况下，工作区将显示为空白页。

6. 搜索工具栏

搜索工具栏位于 Altium Designer 20 界面的右上方，用户可以搜索需要的内容，如文件、命令等。

2.2.4 Altium Designer 20 的系统设置

启动 Altium Designer 20 后，单击右上角的"✿"按钮，可以打开图 2.2.26 所示的"优选项"（Preferences）对话框。

"优选项"对话框由左右两部分组成：左侧是树型列表，显示所有的选项标题；右侧是选项设置，显示左侧树型列表中选中的选项设置页面的内容。

图 2.2.26　"优选项"对话框

Altium Designer 20 将绝大部分参数设置整合到一个"优选项"对话框中，其中包含"System"（系统设置）、"Data Managment"（数据管理）、"Schematic"（原理图编辑）、"PCB Editor"（PCB 编辑器）、"Text Editors"（文本编辑器）、"Scripting System"（脚本系统）、"CAM Editor"（CAM 编辑器）、"Simulation"（仿真）、"Draftsman"（绘图员）、"Multi-board Schematic"（多层板原理图）和"Multi-board Assembly"（多层板组装图）共 11 个选项组，用户可以分别针对系统和功能模块进行设置。

在入门阶段，除一些确实需要修改的参数外，其他设置最好使用软件的默认设置，等到以后逐步掌握了软件的使用，为了提高效率，可以改变相关的设置。

2.3　Altium Designer 的文件类型

在设计过程中，一般要先建立一个项目文件（也叫工程文件），该文件扩展名为".Prj***"，其中"***"由所建项目的类型决定，例如，在进行 PCB 设计时，工程文件的扩展名为.PrjPcb。项目文件只是定义项目中各个文件之间的关系，并不包含各个文件的详细设计。

在 PCB 设计过程中，先要建立一个 PCB 项目文件，有了 PCB 项目文件，通过这个联系的纽带，同一项目中的不同文件无需保存在同一文件夹中。建立的原理图、PCB 等文件都以分立文件的形式保存在计算机中。在查看文件时，可以通过打开 PCB 项目文件的方式查看与项目相关的所有文件，也可以将项目中的单个文件以自由文件的形式单独打开。

为了便于管理和查阅，建议在开始某一项设计时，先为该项目单独创建一个文件夹，将所有与该项设计有关的文件都存放在该文件夹中，在该文件夹中存放项目文件夹，注意项目文件夹必须与该项目文件（即工程文件）同名。

"Projects"面板中打开的项目文件可以生成一个项目组，因此也就有了项目组文件，即设计工作区文件。它们不必保存在同一路径下，可以方便地打开、一次调用前次工作环境和工作文档。项目组的文件扩展名为".DsnWrk"。

还有一些其他文件类型可用于各种不同需要的设计任务中，下面列出了一些常用的文件类型，如表 2.3.1 所示。

表 2.3.1　常用的文件类型

序号	扩展名	用途
1	.SchDoc	原理图文件的扩展名
2	.PcbDoc	PCB 文件的扩展名
3	.SchLib	原理图元件库文件的扩展名
4	.PcbLib	PCB 元件封装库文件的扩展名
5	.OUTJOB	项目输出文件的扩展名
6	.CAM	CAM 文件的扩展名
7	.DML	电路仿真模型文件的扩展名
8	.Nsx	电路仿真网络表文件的扩展名
9	.ckt	电路仿真子电路模型文件的扩展名
10	.EDIF	EDIF 文件的扩展名
11	.EDIFLIB	EDIF 库文件的扩展名
12	.NET	ProtelD 的网络表文件的扩展名
13	.Txt	文本文件的扩展名
14	.lib	元件的信号完整性模型库文件的扩展名
15	.sdf	仿真的波形文件的扩展名
16	.DsnWrk	项目组的文件（或设计工作区文件）的扩展名

此外，Altium Designer 20 还支持许多第三方软件的文件格式，我们可以利用"文件（F）"（File）中的"导入向导"（Import）命令来进行外部文件的交换。对于系统运行过程中产生的一些报告文件，则可以使用通用的报表软件打开。

2.4　设计 PCB 的流程

2.4.1　PCB 设计流程概述

利用 Altium Designer 20 设计 PCB 的流程如图 2.4.1 所示。

流程主要包含启动 Altium Designer 20、创建工程文件、创建原理图设计文件、原理图工作环境设置（如果设计需要，还包含元件库与封装库的加载）、绘制原理图、编译原理图与错误检查、创建 PCB 设计文件、设置 PCB 设计环境与图纸、导入网络表、PCB 设计及制造文件输出等。

为了使读者能全面、快速了解 PCB 设计流程，下面以声控 LED 电路为例介绍 PCB 设计的全部流程。声控 LED 电路如图 2.4.2 所示。

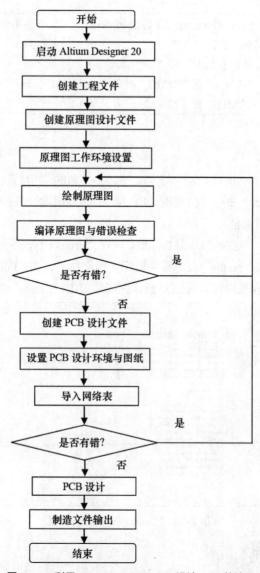

图 2.4.1　利用 Altium Designer 20 设计 PCB 的流程

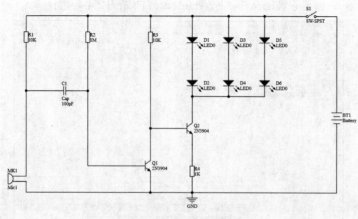

图 2.4.2　声控 LED 电路

说明

为了与 Altium Designer 20 的使用相适应，本书使用该软件的约定单位，不予更改。常用单位如下。

（1）电容单位："μF"用"uF"表示。

（2）电阻单位：小于"1000Ω"用数字不带"Ω"，如"100"就表示"100Ω"；"kΩ"用"K"表示；"MΩ"用"M"表示。

2.4.2 创建工程文件

启动 Altium Designer 20，执行"文件（<u>F</u>）"（File）→"新的…（<u>N</u>）"（New）→"项目（<u>J</u>）…"（Project）命令（快捷键：F，N，J），此时会出现图 2.4.3 所示的"Create Project"对话框。

LED 的原理图设计

在"LOCATIONS"中，选择"Local Projects"。在"Project Type"列表中，选择"PCB"中的"<Default>"项。在"Project Name"文本框中填写工程文件名，在"Folder"文本框中填写设计文件存放的路径，将文件的存放位置设置为 D 盘，完成后单击"Create"按钮。

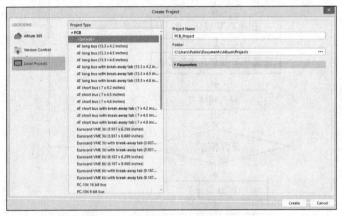

图 2.4.3 "Create Project"对话框

2.4.3 创建原理图文件

执行"文件（<u>F</u>）"（File）→"新的…（<u>N</u>）"（New）→"原理图（<u>S</u>）"（Schematic Sheet）命令（快捷键：F，N，S），创建原理图文件。原理图编辑界面如图 2.4.4 所示。

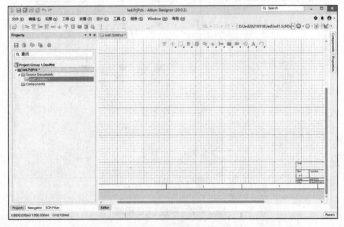

图 2.4.4 原理图编辑界面

执行"文件（F）"（File）→"另存为（A）..."（Save As）命令（快捷键：F 和 A），将原理图文件重命名为"led1"（扩展名为".SchDoc"）。

2.4.4　设置原理图设计环境

在绘制原理图之前，先要进行设计环境的设置。方法：单击"Panels"按钮，在弹出的菜单中执行 "Properties"命令，此时会弹出图 2.4.5 所示的文档选项设置面板。

（1）在"General"区域中做如下修改。

◆　设置"Units"为"mils"（淡蓝色为选中）。

◆　设置"Visible Grid"（可见栅格）为"100mil"，并设置为可见" ◉ "。

◆　设置"Snap Grid"（捕捉栅格）为"100mil"，并勾选"Snap Grid"复选框与"Snap to Electrical Object Hotspots"复选框。

◆　设置"Snap Distance"（捕捉距离，即电气栅格）为"40mil"。

（2）在图 2.4.5 所示面板中，移动右边的滚动条，直到显示出"Page Options"（图纸设置选项）区域，如图 2.4.6 所示。

图 2.4.5　文档选项设置面板

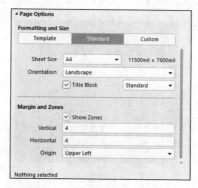

图 2.4.6　"Page Options"区域

◆　在"Formatting and Size"中，选中"Standard"选项卡。

◆　设置"Sheet Size"（图纸大小）为"A4"。

◆　设置"Orientation"（方向）为"Landscape"（方向水平），勾选"Title Block"复选框，采用默认值"Standard"。

（3）在"Margin and Zones"（边缘和区域）中，采用默认设置。

（4）在"Parameters"（参数）选项卡中，采用默认设置，在"Template"选项卡中采用默认设置，不选用模板。

小知识　　　　公制单位和英制单位的转换关系是 1in=1000mil=2.54cm。

2.4.5 原理图设计

1. 放置元器件

下面将介绍从默认的安装库中放置两个三极管 Q1 和 Q2 的方式。

（1）执行"视图（<u>V</u>）"（View）→"适合文件（<u>D</u>）"（Fit Document）命令（快捷键：V，D），使设计的原理图纸显示在整个窗口中。

注意

按快捷键时，输入法不能处于中文输入状态。

（2）利用 Altium Designer 20 自带的"Miscellaneous Devices.IntLib"。将鼠标指针移到窗口右上方的"Components"按钮上，此时会自动弹出图 2.4.7 所示的"Components"（元件库）面板，在当前元件库下拉列表中选择"Miscellaneous Devices.IntLib"元件库。

使用过滤器可以快速定位设计原理图所需要的元件。默认通配符"*"可以列出所有能在库中找到的元件，也可以输入元件名中的一部分字母来查找元件。例如，在元件库名下的过滤器栏内输入"Cap"，此时其会列出元件名中包含"Cap"的所有元件。

（3）Q1 和 Q2 是型号为 2N3904 的三极管，该三极管放在"Miscellaneous Devices.IntLib"元件库中，在列表中单击"2N3904"以选择它，然后双击元件名"2N3904"，鼠标指针将变成十字形状，并且鼠标指针上会悬浮一个三极管轮廓。现在，元件处于放置状态，如果移动鼠标指针，三极管轮廓会随之移动。

（4）在原理图上放置元件之前，需要编辑其属性，因此，在三极管轮廓悬浮在鼠标指针上时，按 Tab 键，打开图 2.4.8 所示的元件属性面板。

图 2.4.7 "Components"面板

图 2.4.8 元件属性面板

（5）在元件属性面板的"Designator"文本框中输入"Q1"，将此值作为第一个元件序号。

（6）检查在 PCB 中用于表示元件的封装。确认在模型列表中含有模型名 TO-92A 的封装，保留其余栏为默认值，并单击"●"按钮，关闭面板。

（7）将鼠标指针移到原理图窗口中的合适位置，单击以放置第一个三极管，再将鼠标指针移到另一个合适位置，单击以放置第二个三极管。按 Esc 键或右击以退出放置模式。

下面介绍利用默认的元件库放置 4 个电阻 R1、R2、R3 和 R4 的方法。

（1）在库名下的过滤器栏中输入 "Res2" 来设置过滤器。

（2）在元件列表中单击 "Res2" 以选择它，然后双击元件名 "Res2"，将鼠标指针移动到原理图窗口中，此时将会出现一个悬浮在鼠标指针上的电阻符号。

（3）按 Tab 键，编辑电阻的属性。在 "Properties" 面板的 "Designator" 文本栏中输入 "R1"，将该值作为第一个元件序号。在 "Comment" 文本框中输入 "10K"。

（4）在 "Footprint" 列表中，确定封装 "AXIAL-0.4"。单击 "⏸" 按钮，关闭面板。

（5）按空格键将电阻旋转 90°。

（6）将悬浮在鼠标指针上的电阻符号移动到原理图窗口中合适的地方，单击以放置第一个电阻元件。然后按 Tab 键，编辑第二个电阻的属性（R2，阻值 1M），编辑完成后，将悬浮在鼠标指针上的电阻符号移到原理图窗口中合适的位置，单击以放置第二个电阻。用同样的方法，放置第三个电阻（R3，阻值 10K）和第四个电阻（R4，阻值 1K），放置完全部电阻后，按 Esc 键或右击以退出放置模式。

下面介绍利用默认的安装库放置 10 个发光二极管的方法。

（1）在 "Libraries" 面板中，确认 "Miscellaneous Devices.IntLib" 库为当前库。在库名下的过滤器栏中输入 "led" 来设置过滤器。

（2）在元件列表中单击 "led0" 以选择它，然后双击元件名 "led0"，将鼠标指针移动到原理图窗口中，此时会出现一个悬浮在鼠标指针上的发光二极管符号。

（3）按 Tab 键，编辑发光二极管的属性。在 "Properties" 面板中，在 "Designator" 栏中输入 "D1"，将该值作为第一个发光二极管的元件序号。在 "Comment" 文本框中输入 "LED"。单击 "⏸" 按钮，关闭面板。

（4）将鼠标指针移到原理图窗口中的合适位置，单击以放置第一个发光二极管，按照上面操作的方法，放完 10 个发光二极管。按 Esc 键或右击以退出放置模式。

在 "Libraries" 面板中，确认 "Miscellaneous Devices.IntLib" 库为当前库。用上述元件的放置方法放置 Mic1（麦克风）、Cap（电容）、Battery（电源，+12V）、SW-SPST（电源开关）等元器件。在工具栏中单击 "⏚" 按钮，将接地装置拖入原理图窗口中的合适位置，单击以放置接地装置，按 Esc 键或右击以退出放置模式。

（5）将全部元器件放置并初步完成布局后，为了之后绘图方便，需要将原理图中的所有元器件都对齐到栅格上。操作方法如下。

◆　将 "Snap Grid"（捕捉栅格）和 "Visible Grid"（可见栅格）都设置为 "100mil"。

◆　将鼠标指针放在原理图窗口的左上方，按住左键并拖动鼠标指针到原理图窗口的右下方，选中全部元件，松开鼠标左键。这时所有选中的元件周围会有淡蓝色或绿色的小方块。

◆　将鼠标指针移到原理图窗口中的任意一个位置，然后右击，此时会出现图 2.4.9 所示的菜单，执行 "对齐（A）" → "对齐到栅格上（G）" 命令即可。

图 2.4.9　菜单

◆ 在任意未选中处，单击即可取消刚才选中的元件。完成的电子元器件布局图如图 2.4.10 所示。

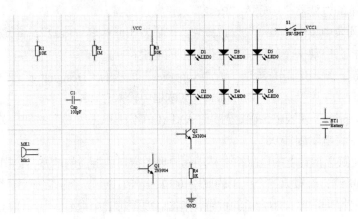

图 2.4.10　完成的电子元器件布局图

2. 连线

完成元器件放置后，按照图 2.4.11 所示的电路图连接好电路。方法如下。

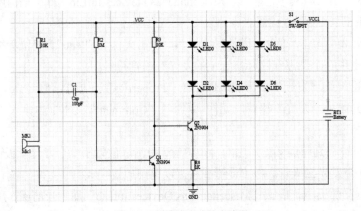

图 2.4.11　连线完成的电路图

（1）执行"放置（P）"（Place）→"线（W）"（Wire）命令（快捷键：P，W；或 Ctrl+W），此时，鼠标指针处于绘制连线状态。

（2）将鼠标指针移动到需要连接的元件引脚端点时，会显示一个蓝色十字叉，此时单击以从该引脚端点开始连线。

（3）移动鼠标指针到下一端点后单击，两个端点连接完成，两个端点之间会生成一条连接线。

（4）此时，鼠标指针仍处于绘制连线状态，将鼠标指针移动到另一需要连接的端点后单击，移动鼠标指针到另一端点后再次单击，就完成了这两个端点的连接。

（5）用上述方法完成所有导线的连接。

（6）连接完所有导线后，按 Esc 键退出连线状态。

3. 放置网络标签（电路中的等电位点）

使用网络工具按钮放置电源、网络标签和接地符号。操作方法如下。

（1）单击" Net| "按钮，此时会出现一个悬浮在鼠标指针上的网络标签。

（2）将鼠标指针移到原理图窗口，按 Tab 键，此时会出现图 2.4.12 所示网络标签面板。

（3）在"Net Name"文本框中输入"VCC1"，单击"⏸"按钮关闭该面板。

（4）将网络标签移到电源线上，然后单击即可。

（5）按照上述方法放置其他 VCC 网络标签。添加了网络标签的电路如图 2.4.13 所示，图中"VCC"和"VCC1"为网络标签。

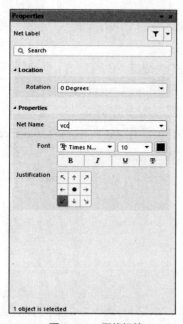

图 2.4.12　网络标签

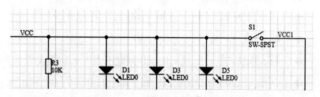

图 2.4.13　添加了网络标签的电路

4．编译项目

执行"项目（C）"（Project）→"Compile PCB Project led.PrjPcb"命令。当项目被编译后，编译中的任何错误都将显示在"Messages"面板上。如果电路图有严重的错误，"Messages"面板将自动弹出，否则"Messages"面板不出现。项目编译完后，"Navigator"面板中将列出所有对象的连接关系。

2.4.6　PCB 设计

1．建立 PCB 文件并保存

在系统主菜单中，执行"文件（F）"→"新的…（N）"→"PCB（P）"命令（快捷键：F，N，P），建立 PCB 文件。执行"文件（F）"（File）→"保存为（A）"（Save As）命令（快捷键：F，A），将新 PCB 文件重新命名为"led-pcb1"（扩展名为".PcbDoc"）并保存。

2．设置设计环境

（1）按 Q 键，将坐标单位切换到"mm"。

（2）在 PCB 工作区，按 G 键，此时会出现图 2.4.14 所示的菜单，执行"1.000mm"命令，完成栅格属性步进 1mm 的设置。

LED 的 PCB 设计

图 2.4.14　栅格设置菜单

29

小知识　按 Q 键可以将坐标单位切换为公制或英制，即在这两个单位之间来回切换。按 G 键可以设置鼠标指针移动的步进。

3. 确定电路板尺寸

电路板尺寸使用机械层（Mechanical 1），画的是外框；布线区域使用禁止布线层（Keep-Out Layer），画的是内框。

在画 PCB 外框之前，先要设置图纸的参考原点坐标，在 PCB 区域的左下方设置原点坐标，操作方法如下。

（1）执行"编辑（E）"→"原点（O）"→"设置（S）"命令（快捷键：E, O, S），此时鼠标指针会变为大十字叉形，将鼠标指针移到 PCB 区域左下角附近，单击以设定该点为原点。

（2）设置电路板尺寸，PCB 外框长为 70mm，宽为 60mm。操作方法如下。

◆ 将当前层切换到 "Mechanical 1"，可以单击 PCB 区域左下方的 "⟨ ⟩" 按钮，找到 "Mechanical 1" 并单击，该标签字符会变为深黑色，表示选中了该层为当前层。

◆ 执行"放置（P）"（Place）→"走线（L）"（Line）命令（快捷键：P, L），将鼠标指针移到原点并单击。

◆ 移动鼠标指针到（x:70, y:0）处并单击。

◆ 移动鼠标指针到（x:70, y:60）处并单击。

◆ 移动鼠标指针到（x:0, y:60）处并单击。

◆ 移动鼠标指针到（x:0, y:0）处并单击，完成外框的绘制。

◆ 在放置过程中，按 Tab 键并设置线宽为 0.254mm。

（3）设置好电路板尺寸后，再确定 PCB 布线框尺寸。操作方法如下。

◆ 将当前层切换到 Keep-Out Layer，执行"放置（P）"→"Keepout（K）"→"线径（T）"命令（快捷键：P, K, T），在距离电路板边框尺寸 2mm 处，单击以开始画线，画一个封闭矩形。

◆ 将当前层切换到 Top Overlayer，执行"放置（P）"→"尺寸（D）"→"尺寸（D）"命令（快捷键：P, D, D），标注尺寸。画完边框线的效果如图 2.4.15 所示。

4. 放置定位螺钉孔

放置电路板螺钉孔使用 "Mechanical 1"（机械层），方法如下。

◆ 执行"放置（P）"（Place）→"过孔（V）"（Via）命令（快捷键：P, V），开始放置电路板的螺钉孔。

◆ 按 Tab 键设置孔属性，将外径（Diameter）设置为 3mm，内径设置为 2mm。

◆ 放置好的定位螺钉孔如图 2.4.16 所示。

注意　设置好电路板尺寸后，在 Keep-Out Layer 画线，只能执行"放置（P）"→"Keepout（K）"→"线径（T）"命令后才能画线，这一点与 Altium Designer 16 以前的版本有区别。

5. 加载网络表

编译原理图后，将形成的网络表加载到 PCB 文件中，操作方法如下。

图 2.4.15　电路板尺寸和边框线

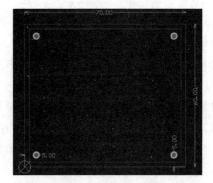

图 2.4.16　放置好定位螺钉孔

（1）执行"设计（D）"→"Import changes from led.PrjPcb"命令，此时会弹出"工程变更指令"对话框，如图 2.4.17 所示。

图 2.4.17　"工程变更指令"对话框（1）

（2）单击"验证变更"按钮，然后单击"执行变更"按钮，此时会出现图 2.4.18 所示的"工程变更指令"对话框。

图 2.4.18　"工程变更指令"对话框（2）

（3）在"状态"列下面的"检测"和"完成"列中全部出现绿色"√"时，说明加载正确。

（4）单击"关闭"按钮。

6.　放置元器件并布局电路

放置元器件并布局电路的方法如下。

（1）按住 Ctrl 键，滚动鼠标滚轮使窗口缩小，可以看到电路所需的元器件封装符号在 PCB 设计图的右边，如图 2.4.19 所示。

（2）将鼠标指针放在所需移动的元器件上，按住鼠标左键，然后将元器件拖入紫色区域中合适的位置，再松开左键即可。

（3）用同样的方法，将其他元器件封装符号拖入紫色区域中合适的位置。

（4）所有封装符号放置完成后，将鼠标指针移动到"led1"红色区域单击，此时红色区域变成灰色，按 Delete 键即可删除该区域，同时紫色区域的元器件变成黄色。

（5）进行布局，布局要求如下。

◆ 尽可能按照功能模块与信号布局，且要考虑信号的走向。

◆ 全局张弛有度，避免局部元器件密集，其他位置元器件很少的情况。

◆ 注意前后、左右元器件的相互关系，相关的元器件应该在附近。

◆ 元器件间保留足够的空间，方便以后进行布线。

◆ 电源插座、开关、发热大的元器件（如 LM317）尽量布局在 PCB 的边上。

初步布局的电路如图 2.4.20 所示。

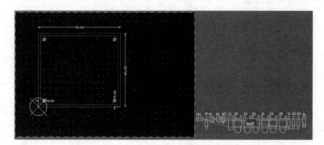

图 2.4.19　编译后元器件封装载入 PCB

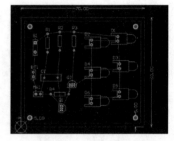

图 2.4.20　PCB 初步布局图

7. 设置设计规则

初步布局完成后，在自动布线之前要进行布线规则的设置。执行 "设计（D）"→"规则（R）"命令（快捷键：D，R），此时会弹出"PCB 规则及约束编辑器"对话框。按照对话框中的内容填写设置内容，如图 2.4.21 所示。

（1）设置安全间距，依次双击"Electrical"→"Clearance"，然后单击"Clearance"。将安全距离（Clearance）设置为默认值（0.254mm），如图 2.4.22 所示，单击"应用"按钮。

图 2.4.21　布线规则设置

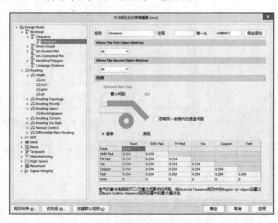

图 2.4.22　安全距离设置

（2）设置布线规则，将网络"VCC1""GND"和"VCC"的线宽都设置为 1.5mm，网络"All"的线宽设置为 1.5mm，对象匹配栏中选"All"。

◆ 双击"Routing"，在展开的子项中，右击"Width"，在弹出的菜单中执行"新规则…"命令，就新建了一个规则，名称默认为"Width1"。

◆ 单击"Width"中的"Width1"，此时会出现图 2.4.23 所示的线宽设置界面，在该界面中将"名称"设为"VCC"。

◆ 在"Where The Object Matches"（对象匹配）下面的两个下拉列表中，单击左边下拉列表的"▼"按钮，从下拉列表中选中"Net"；单击右边下拉列表的"▼"按钮，从下拉列表中选中"vcc"。

◆ 单击"应用"按钮，即完成网络 VCC 的布线规则设置。

用同样的方法设置网络 VCC1、网络 GND 和网络 All 的布线规则。

（3）设置布线层，设置为单面布线。双击"Routing Layers"，在展开的子项中，单击"RoutingLayers"，此时会弹出图 2.4.24 所示的"RoutingLayers"设置，在该界面中勾选"Bottom Layer"复选框，取消勾选"Top Layer"复选框。

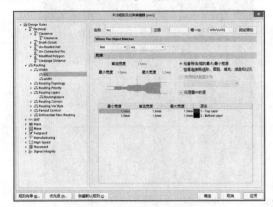

图 2.4.23　线宽设置界面

图 2.4.24　"RoutingLayers"设置界面

8.　自动布线和手动修改布线

（1）自动布线的方法如下。

◆ 执行"布线（U）"→"自动布线（A）"（Auto Route）→"全部（A）…"（All）命令（快捷键：U，A，A），此时会弹出图 2.4.25 所示的对话框。

◆ 在"布线策略"列表中选择"Default 2 Layer Board"，单击"Route All"按钮，对全电路自动布线。

◆ 自动布线后的 PCB 布线如图 2.4.26 所示。

（2）手动修改布线的操作方法如下。

◆ 布线完成后，选择当前层为 Bottom Layer。

◆ 执行"放置（P）"（Place）→"交互式布线（T）"（Interactive Routing）命令（快捷键：P，T）

图 2.4.25　"Situs 布线策略"对话框

或单击"✎"按钮，进行交互式布线，重新绘制不适合的线段。

◆ 手动修改后的 PCB 布线如图 2.4.27 所示。

（3）检查布线，要求如下。

◆ 电气布线连线正确，焊盘间的连接关系和原理图完全一致。

◆ 布线长度尽量短，不要人为增加布线长度。

◆ PCB 中所有的安全距离大于 0.254mm。

◆ 布线宽度设置中，最细的是 1mm，电源和地线最宽是 1.5mm。

◆ 信号流向可判断，通过最粗的 VCC 网络线可以大致判断电源信号的基本流向，信号与信号之间严格遵循元件之间的排布原则，不会发生相互干扰的情况。

◆ 模块布局整洁大方。将功能模块所用元件尽量合理地排布在一起，以提高电路板的美观性和科学性。

◆ 合理控制线路之间的距离。不同电子信号不会相互干扰，电路中无锐角情况，在保证电路正常运作的同时减少使用导线，可以显著降低电路板投入使用后的能耗。

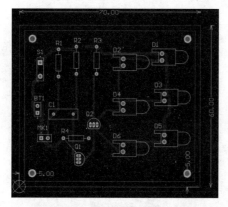 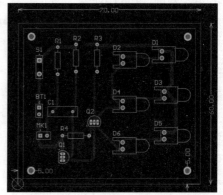

图 2.4.26　自动布线后的 PCB 布线　　　　图 2.4.27　手动修改后的 PCB 布线

2.4.7　制造文件输出

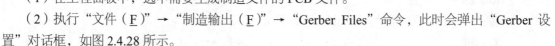

1. 生成 Gerber 文件

生成 Gerber 文件的操作方法如下。

生成 LED 的制造文件

（1）在工程面板中，选中需要生成制造文件的 PCB 文件。

（2）执行"文件（F）"→"制造输出（F）"→"Gerber Files"命令，此时会弹出"Gerber 设置"对话框，如图 2.4.28 所示。

（3）单击"通用"选项卡，设置"单位"为"毫米（L）"，"格式"为"4：4"。

（4）单击"层"选项卡，此时会出现图 2.4.29 所示的界面。勾选"出图"列中的所有复选框。

（5）单击"确定"按钮，完成 Gerber 文件的生成，即制造文件的生成。生成的文件如图 2.4.30 所示。

2. 生成孔文件

将工程面板中需要生成制造文件的 PCB 文件选中，方法如下。

（1）执行"文件（F）"→"制造输出（F）"→"NC Drill Files"命令，此时会弹出图 2.4.31 所示的"NC Drill 设置"对话框。

图 2.4.28　"Gerber 设置"对话框 1

图 2.4.29　"Gerber 设置"对话框 2

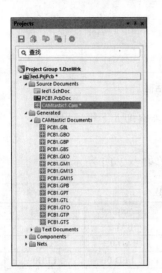

图 2.4.30　生成的 Gerber 文件

图 2.4.31　"NC Drill 设置"对话框

（2）这里"单位"选择公制"毫米（**M**）"，"格式"选择"4：4"，其他选项不变。

（3）单击"确定"按钮，此时会弹出图 2.4.32 所示的"导入钻孔数据"对话框。

（4）单击"确定"按钮即可生成钻孔文件，该文件以文本的格式存放。

图 2.4.32　"导入钻孔数据"
对话框

3.　生成元器件清单

生成元器件清单文件的方法如下。

（1）将工程面板中需要生成元器件清单的 PCB 文件选中。

（2）执行"报告（**R**）"→"Bill of Materials"命令，此时会弹出图 2.4.33 所示对话框。

（3）在右侧"Export Option"中做如下设置。

◆　设置"File Format"为"MS-Excel（*.xls,*.xlsx）"。

◆　设置"Template"为"[No Template]"。

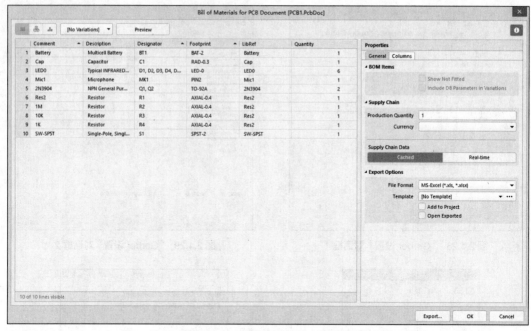

图 2.4.33　元器件清单生成对话框

◆　勾选 "Add to Project" 复选框，即可将生成的电子表格加入工程项目中。

（4）单击 "Export …" 按钮，即可生成数据文件。

（5）单击 "OK" 按钮，关闭对话框。生成的元器件清单如表 2.4.1 所示。

表 2.4.1　生成的元器件清单

Comment	Description	Designator	Footprint	LibRef	Quantity
Battery	Multicell Battery	BT1	BAT-2	Battery	1
Cap	Capacitor	C1	RAD-0.3	Cap	1
LED0	Typical INFRARED GaAs LED	D1, D2, D3, D4, D5, D6	LED-0	LED0	6
Mic1	Microphone	MK1	PIN2	Mic1	1
2N3904	NPN General Purpose Amplifier	Q1, Q2	TO-92A	2N3904	2
Res2	Resistor	R1	AXIAL-0.4	Res2	1
1M	Resistor	R2	AXIAL-0.4	Res2	1
10K	Resistor	R3	AXIAL-0.4	Res2	1
1K	Resistor	R4	AXIAL-0.4	Res2	1
SW-SPST	Single-Pole, Single-Throw Switch	S1	SPST-2	SW-SPST	1

上面生成的制造文件都存放在 "D:\led20210316\led\Project Outputs for led" 目录下。

2.5　项目实践——小型节能 LED 设计

2.5.1　电路原理

图 2.5.1 所示为光控 LED 照明电路。电路图中的 R2 是一个光敏电阻（此处暂时用电阻符号代替，在后面的章节中会介绍光敏电阻符号与封装的制作），光敏电阻对光线十分敏感，它在无光照时，电阻值（暗电阻）很大，电路中电流（暗电流）很小。当光敏电阻受到一定波长范围的光照射

时，它的阻值（亮电阻）会急剧减小，电路中的电流迅速增大。

电路工作原理是：白天有光照，光敏电阻的阻值很小，复合管不导通，导致 6 个 LED 不导通，即不发光；在晚上无光照时，光敏电阻的阻值变大，复合管导通，导致 LED 导通，即 LED 发光。

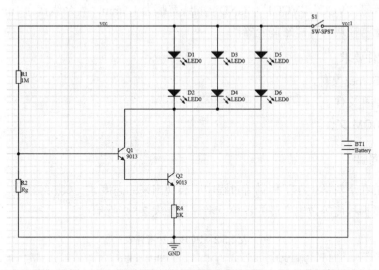

图 2.5.1　光控 LED 照明电路

2.5.2　电路元器件

在了解光控 LED 照明电路的工作原理后，熟悉每个元器件的作用，在"Miscellaneous Devices.InTlib"库中，查找电路图中需要用到的相关元器件与封装，并填写表 2.5.1。

表 2.5.1　光控 LED 照明电路元器件识别表

序号	元器件名称	电路中标号	规格型号	原理图库中名称	封装库中名称	数量
1						
2						
3						
4						
5						
6						
7						

2.5.3　设计要求

1. 创建工程文件

使用 Altium Designer 设计软件创建工程文件，工程文件名为"led0001.PrjPcb"，工程设计文件路径为"D:\ gkled20211001\led0001"。

2. 绘制原理图要求

（1）绘制图纸为 A4，捕捉栅格为"50mil"，可见栅格为"100mil"，电气栅格为"40mil"。

（2）所有元器件利用 Altium Designer 自带的"Miscellaneous Devices.IntLib"中的元器件，光敏电阻用电阻符号代替。

（3）原理图要标注网络标签，如"VCC""VCC1"等。

3．PCB 设计要求

（1）边框为 80 mm×60mm，禁止将布线层画在边框内，需距离边框边线 2mm（76 mm×56mm）。

（2）所有封装都用"Miscellaneous Devices.IntLib"中的封装。

（3）网络标签"VCC""VCC1""GND"的线宽都为 1.5mm，其余线宽为 1mm。

（4）按照信号模块与流程布局元器件。

4．制造文件要求

（1）生成 Gerber 文件。

（2）生成钻孔文件。

（3）生成 BOM 文件。

2.5.4　项目考评

考评的目的在于对学生在工程训练过程中所表现出来的态度、技术熟练程度，以及学生对训练内容的了解、掌握程度等做出合理的评价。考评表如表 2.5.2 所示。

表 2.5.2　PCB 设计考评表

院系/班级：　　　　　　　　训练项目：　　　　　　　　指导老师：　　　　　　　　日期：

学号	姓名	态度 10%	技术熟练程度 40%	元器件符号 20%	PCB 布局 30%	总分

思考与练习

一、思考题

1．简述 PCB 常用设计软件的主要功能与特点。

2．如何实现 Altium Designer 20 的汉化？

3．在 Altium Designer 20 中，如何将默认的黑色主题模式改变为白色主题模式？

4．简述 Altium Designer 的设计工作区与项目的主要作用。如何创建设计工作区文件？

5．简述 Altium Designer 20 的主要面板和作用。

6．工作区面板有哪几种显示模式？如何进行显示模式切换？

7．如何打开和关闭面板？如何移动面板？

8．在 Altium Designer 20 中，PCB 工程文件、原理图文件、PCB 文件、原理图元器件库文件和 PCB 元件封装库文件等文件的扩展名分别是什么？

9．如果要进行 Altium Designer 20 系统设置，如何打开设置界面？

10．简述 Altium Designer 设计 PCB 的流程。

11．如何进入图纸设置界面并设置图纸的大小、方向？

12. 在元器件面板中，如何使用过滤器快速定位设计原理图所需要的元器件？

13. 如何将原理图库中的元器件符号放置到原理图图纸中？

14. 将元器件摆放到原理图图纸中时，为什么要将元器件对齐到栅格？此时，可见栅格、捕捉栅格应该选择多大值，以方便今后绘制原理图？

15. 在设计 PCB 时，在 PCB 编辑界面，按什么键可以将坐标单位切换为"公制"或"英制"？按什么键可以切换鼠标指针的移动步进？

16. 在放置元器件时，如何打开需要放置元器件的元器件库？在打开的库中选择元器件后，如何将其放置到图纸工作区？

17. Altium Designer 20 中，一般默认元器件库有哪两个？库的名称与后缀是什么？

二、实践练习题

1. 在计算机上安装 Altium Designer 20，并创建工程文件与原理图文件，要求如下。

（1）了解 Altium Designer 20 的主要文件。

（2）熟悉 Altium Designer 20 的安装过程。

（3）熟悉 Altium Designer 20 注册软件许可的方法。

（4）创建工程文件，文件名自定义。

（5）创建原理图文件，文件名自定义。

2. 打开工程与原理图文件后，练习常用工作面板的打开与关闭。

3. 打开工程与原理图文件后，练习工具栏的打开与关闭。

4. 完成 2.5 节要求的项目实践题（小型节能 LED 设计）。

第 3 章　创建原理图库与封装库

本章主要内容

本章将介绍元件库的基本知识、原理图库与封装库的创建方法、集成库的生成与维护方法、元件库的使用方法等主要内容。

本章建议教学时长

本章教学时长建议为 2 学时。

- ◆ 元件库的基本知识：0.5 学时。
- ◆ 原理图元件符号、多单元元件符号制作：0.5 学时。
- ◆ PCB 封装库编辑器、新的元件封装符号制作：0.5 学时。
- ◆ 元件封装、集成库的生成与维护及元件库的使用方法：0.25 学时。
- ◆ 项目实践：0.25 学时。

本章教学要求

- ◆ 知识点：了解元件库的基本知识，掌握原理图元件符号的制作方法、元件封装制作方法，熟悉集成库的生成与维护方法。
- ◆ 重难点：元件符号和多单元元件符号的制作；元件封装制作、集成库的生成与维护。

3.1　元件库的基本知识

3.1.1　元件符号与原理图

电子元器件分为有源器件和无源器件两类。无源器件也叫作"电子元件"，主要包括 3 类元件：结构元件（如开关、接插件等）、耗能元件（如电阻器等）和储能元件（如电容器、电感器等）。有源器件也叫作"电子器件"，主要包括：晶体二极管、晶体三极管、场效应管和集成电路等。为了与其他同类教材表述一致，本书后面介绍的 Altium Designer 20 的使用中，元器件与元件都用"元件"表述。

1. 元件符号

原理图元件符号，简称为元件符号，主要由标示图和引脚两大部分组成。

（1）标示图。它是标示元件功能的符号图，对生成 PCB 没有实质性的作用。为了增强原理图的可读性，一般用常用元件符号作为标示图，图 3.1.1 所示为一些常用元件的标示图。

图中有喇叭标示图（Bell）、变压器标示图（Trans）、稳压管标示图（D Zener）、整流桥标示

（Bridge1）等。有时为了方便起见，也可以画一个方框代表标示图。

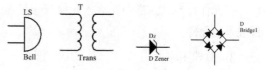

图 3.1.1 元件标示图示例

（2）引脚。在标示图上，定义引脚就形成了元件符号图。引脚的主要参数有引脚序号（或标号）、引脚名称、引脚类型和引脚功能描述等。其中，引脚序号用来区分各个引脚，引脚名称用来提示引脚功能。引脚序号必须有，而且必须与实物和封装的序号一致。引脚名称可以根据需要设置，设置的引脚名称要能反映该引脚的功能。

图 3.1.2 所示为部分常用电子元件符号图，在这些元件符号图中，由于标示图已经表达了该元件的含义，因此为了简洁，它们的引脚名称与引脚序号都被隐藏了。如 NPN 三极管，引脚序号为1、2 和 3，对应引脚的功能分别为发射极（E）、基极（B）和集电极（C）；二极管 1N4500，引脚序号为 1 和 2，引脚功能分别为阳极（A）和阴极（K）。

对于集成电路，用矩形表示该元件的标示图，然后在其标示图上添加引脚就形成了集成电路的符号，图 3.1.3 所示为集成电路 A/D 转换器的符号图，对于集成电路符号，引脚名称与引脚序号都应该是可见的。有时为了简便，元件的符号图也可以用集成电路符号的制作方法来制作，引脚名称与引脚序号都是可见的。

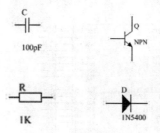

图 3.1.2 常用元件符号图

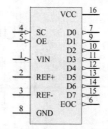

图 3.1.3 A/D 转换器符号图

（3）元件符号命名。Altium Designer 设计工具提供了常用的元件符号及命名方法。它们的命名如表 3.1.1 所示。

表 3.1.1 常用元件符号命名

序号	元件名称	元件符号名称	序号	元件名称	元件符号名称
1	电阻系列	res*	12	光电二极管、三极管	photo*
2	电感	inductor*	13	模数转换器、数模转换器	adc-8, dac-8
3	电容	cap*、capacitor*	14	晶振	xtal
4	二极管系列	diode*、d*	15	电源	battery
5	三极管系列	npn*、pnp*	16	喇叭	speaker
6	场效晶体管系列	MOSFET*、MESFET *、mos*、jfet*、IGBT*	17	麦克风	mic*
7	运算放大器系列	op*	18	小灯泡	lamp*
8	继电器	relay*	19	响铃	bell
9	电桥	bri*、bridge	20	天线	antenna
10	光电耦合器	opto*、optoisolator	21	断路器	fuse*
11	开关系列	sw*	22	跳线	jumper*

在元件符号过滤栏中，输入元件符号名称或部分字母+"*"，然后按 Enter 键，就会看到该元件或系列元件。

2. 原理图库

原理图库是原理图设计中用到的原理图元件符号的集合。在 Altium Designer 设计工具中，原理图元件符号是在原理图库编辑环境中创建的，存放在原理图库（.SchLib）文件中。原理图库中的元件会分别使用封装库中的封装和模型库中的模型。原理图库有 Altium Designer 软件自带的原理图库，也有设计者根据设计需要自制的元件符号组成的原理图库。在绘制原理图时，可以从各原理图库中选取需要的元件符号进行放置。

3. 原理图

电路原理图是使用元件符号及导线等符号描述电路中各元件之间连接关系的图纸，它主要由原理图元件符号和元件之间的连线两大部分组成，这两部分是原理图中最基本、最核心的内容。原理图中的元件符号代表实际的电子元件，连线代表实际的物理导线，元件符号之间也可以用网络标签进行连接。另外在电路原理图中还有一些其他辅助部分的内容，如标注文字等。因此，一张完整的原理图中应该包含原理图元件符号及其全部的连接关系（或用网络标签表示连接关系），以及其他辅助部分。图 3.1.4 所示为一个单片机的局部电路图。

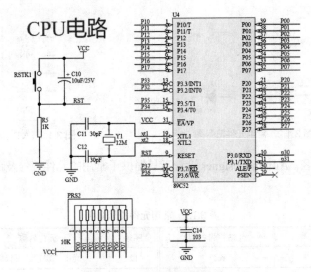

图 3.1.4　单片机的局部电路图

在图 3.1.4 所示的电路图中，元件符号之间有利用导线连接的，也有利用网络标签连接的。如排阻（PRS2）的 2 号引脚与单片机 89C52 的 39 号引脚是通过网络标签"P00"连接的，"CPU 电路"为标注文字。

3.1.2　PCB 元件封装符号

1. PCB 封装符号概念

为了使设计的 PCB 在生产出来后可以安装大小和形状符合要求的各种电子元件，在原理图设计完成后，设计 PCB 前，必须为原理图中的每一个电子元件符号选择一个与实物相对应的封装符号。在选择时应该注意以下几点。

（1）同一元件符号可能对应多个封装符号，所以在使用时注意选择的封装符号要与实物相一致。例如，电阻的原理图符号一样，但是电阻的功率不同，所以封装不一样，如 AXIAL0.4、AXIAL0.5 等封装。

（2）同一元件符号，有的使用贴片封装，有的使用直插式封装。

（3）不同元件符号，只要外形与引脚类似，也可以使用同一个封装符号，但不建议这样使用。正确的方法是将封装符号修改后与元件符号绑定使用。

总之，在设计 PCB 时，一定要选用与实际元件形状和大小相对应的电子元件封装符号。这里的形状与大小是指实际电子元件在 PCB 上的垂直投影。这种与实际电子元件形状和大小相同的投影符号称为元件封装外形符号。例如，电解电容的垂直投影是一个圆形，所以它的封装外形符号就是一个圆形符号，在圆形符号上加上电容的两个引脚焊盘，并在电解电容正极的引脚边上标注"+"，就形成了一个电解电容的封装符号，如图 3.1.5 所示。

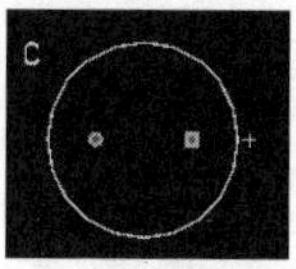

图 3.1.5 电解电容的封装符号

简而言之，元件封装符号是指在 PCB 编辑器中绘制的与电子元件引脚和外形相对应的焊盘、元件外形等符号的集合图形。由于元件封装的主要作用是引导相关人员将元件固定、焊接在电路板上，因此它对焊盘的大小、间距、孔大小及序号等参数有非常严格的要求。

电子元件的实物、封装符号、原理图元件符号的引脚序号三者之间必须保持严格的对应关系，如图 3.1.6 所示，这些对应是否正确，直接关系到制作电路板的成败和质量。

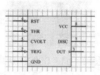

555 实物   DIP8 封装符号   555 原理图元件符号

图 3.1.6 元件实物与元件封装符号、原理图元件符号的对应关系

2. PCB 封装分类

按照安装方式，元件封装可以分为直插式（也叫通孔安装式）和表面粘贴式两大类。

（1）直插式元件与元件封装符号如图 3.1.7 所示。焊接直插式元件时，先要将元件引脚插入焊盘通孔中，然后再焊锡，所以其焊盘中心必须有通孔。

（2）表面粘贴式元件与表面粘贴式封装如图 3.1.8 所示。此类封装的焊盘只限于表面板层（顶层或底层），该封装元件的引脚占用板上的空间小，不影响其他层的布线，一般引脚比较多的元件常采用这种封装形式，但是这种封装的元件手动焊接难度相对较大，多用于大批量机器生产。

图 3.1.7 直插式元件外形及其 PCB 焊盘   图 3.1.8 表面粘贴式元件与封装外形及其 PCB 焊盘

3. 元件封装的命名规则

（1）集成电路（直插）。它用"DIP-引脚数量+尾缀"来表示双列直插封装。尾缀有 N 和 W 两种，用来表示元件的宽度，N 为体窄的封装，体宽为 300mil，引脚间距为 100mil；W 为体宽的封装，体宽为 600mil，引脚间距为 100mil。图 3.1.9 所示的封装为 DIP-16N，表示体宽为 300mil、引脚间距为 100mil 的 16 引脚窄体双列直插封装。

（2）集成电路（贴片）。它用 SO-引脚数量+尾缀表示小外形贴片封装。尾缀有 N、M 和 W 3 种，用来表示元件的宽度。N 为体窄的封装，体宽为 150mil，引脚间距为 50mil；M 为介于 N 和 W 之间的封装，体宽为 208mil，引脚间距为 50mil；W 为体宽的封装，体宽为 300mil，引脚间距为 50mil。图 3.1.10 所示的封装为 SO-16N，表示的是体宽为 150mil、引脚间距为 50mil 的 16 引脚的小外形贴片封装。若 SO 前面有 M，则表示为微形封装，体宽为 118mil，引脚间距为 25.6mil。

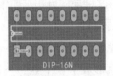

图 3.1.9　DIP-16N 封装

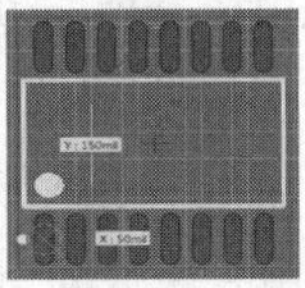

图 3.1.10　SO-16N 封装

（3）电阻。电阻分为 SMD 贴片电阻、碳膜电阻和水泥电阻等，它们的命名方法如下。

① SMD 贴片电阻命名为封装+R。图 3.1.11 所示的 0603R 表示电阻封装的外形尺寸，06 代表 60mil 长，03 代表 30mil 宽，该尺寸转换为公制为 1.6mm×0.8mm。

② 碳膜电阻命名为 R-封装。图 3.1.12 所示的 R-AXIAL-0.5 表示焊盘间距为 0.5in（500mil）的电阻封装。

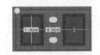

图 3.1.11　0603R 封装

图 3.1.12　R-AXIAL-0.5 封装

③ 水泥电阻命名为 R-型号。如 R-SQP5W 表示功率为 5W 的水泥电阻封装。

（4）电容。电容分为无极性电容和钽电容、SMT 独石电容与电解电容等，它们的命名方法如下。

① 无极性电容和钽电容命名为封装+C。如 6032C 表示封装为 6032 的电容封装。

② SMT 独石电容命名为 RAD+引脚间距。如 RAD0.2 表示的是引脚间距为 200mil 的 SMT 独石电容封装。

③ 电解电容命名为 RB+引脚间距/外径。如 RB.2/.4 表示引脚间距为 200mil、外径为 400mil 的电解电容封装。

（5）二极管整流器件。它的命名按照元件实际封装命名，如 1N4148 封装命名为 1N4148。

（6）晶体管。它的命名按照元件实际封装命名，其中 SOT-23Q 封装的后面加了 Q，以区别集成电路的 SOT-23 封装。关于场效应管，为了调用元件不出错，用元件名作为封装名。

（7）晶振。HC-49S、HC-49U 为表贴封装，AT26、AT38 为圆柱封装，数字表示规格尺寸。如 AT26 表示外径为 2mm、长度为 6mm 的圆柱封装。

（8）电感、变压器件。电感封装采用 TDK 公司封装。图 3.1.13 所示为可调变压器（Trans-adj）的封装符号，名称为 TRF-4。

图 3.1.13　可调变压器（Trans-adj）的封装符号

（9）光电器件。光电器件包含贴片发光二极管、直插发光二极管和数码管，它们的命名如下。

① 贴片发光二极管命名为封装+D。如 0805D 表示封装为 0805 的贴片发光二极管。

② 直插发光二极管命名为 LED-外径。如 LED-5 表示外径为 5mm 的直插发光二极管。

③ 数码管封装使用元件自有名称命名。

（10）接插件。接插件有单排与双排，它们的命名方法如下。

① SIP+针脚数目+针脚间距表示单排插针，引脚间距为两种：2mm，2.54mm。如 SIP7-2.54 表示针脚间距为 2.54mm 的 7 针脚单排插针。

② DIP+针脚数目+针脚间距表示双排插针，引脚间距为两种：2mm，2.54mm。如 DIP10-2.54 表示针脚间距为 2.54mm 的 10 针脚双排插针。

3.2　创建新的库文件包和原理图库

3.2.1　绘制新元件符号的意义

Altium Designer 20 提供了丰富的原理图库，基本可以满足一般原理图设计的要求。在设计原理图时，如果在原理图库中找不到所需要放置的元件符号，其原因可能如下。

（1）由于元件的型号比较新或比较特殊，原理图库中没有收录。

（2）在原理图库中查找到的元件符号不符合要求。如"Miscellaneous.lib"库中的 Diode（二极管）电气图形符号、NPN（三极管）电气图形符号与《GB4728—1985》标准不一致。

（3）元件的原理图符号库内的引脚编号与 PCB 封装库内元件的引脚编号不一致。如"Miscellaneous.lib"库中的 Diode（二极管）原理图符号的引脚编号是 1、2，而 PCB 库中的二极管封装形式的引脚编号可能是 A、K。

（4）元件的原理图符号尺寸偏大，或引脚尺寸太长，占用的图纸面积太多。

3.2.2　绘制元件符号的流程与规则

1. 绘制元件符号流程

为一个实际电子元件绘制原理图元件符号时，为了保证正确和高效，建议按照图 3.2.1 所示的流程自建元件符号。

（1）搜集需要制作的元件的必要资料，这些资料可以通过网络和书籍及供应商来搜集，需要搜集的元件信息主要包括元件的外形与尺寸、规格型号、安装方式、标示符号和引脚功能（电气特性）及元件的功能等。

（2）新建原理图元件符号之前，需要创建一个新的原理图库来保存设计内容，也可以打开一个已有的原理图库来保存设计内容。为了工作方便，最好创建一个专用原理图库来存放新建的元件符号，再将常用的元件符号通过复制和粘贴放入该原理图库中。还可以创建一个可被用来结合相关的库文件编译生成集成库的原理图库。该方法需要先建立一个库文件包，库文件包（.LibPkg 文件）是集成库文件的基础，它将生成集成库所需的分立原理图库、封装库和模型文件有机地结合在一起。

（3）绘制元件符号一般建议遵循以下几个步骤。

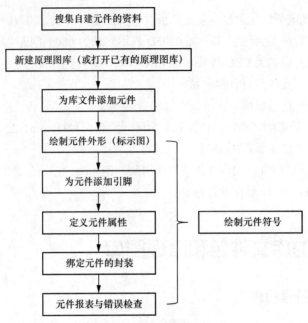

图 3.2.1　绘制自建元件符号流程

第一步：绘制元件外形（标示图）。

第二步：添加引脚并编辑引脚信息。

第三步：定义元件的属性。

第四步：绑定元件的封装。

第五步：元件报表与错误检查。

2. 绘制元件符号规则

（1）标示图。如果是引脚较少的分立元件，一般要尽量画出能够表示元件功能的标示图，这对于电路图的阅读会有很大帮助。但是，如果是集成电路等引脚较多的元件，因为功能复杂，不可能用标示图表达清楚，因此，一般是画个方框代表标示图。

（2）引脚排列。引脚的排列规则如下。

① 电源引脚通常放在元件的上部或右上部，地线引脚通常放在元件的下部或左下部。

② 输入引脚通常放在元件符号的左边，输出引脚通常放在元件符号的右边。

③ 功能相关的引脚靠近排列，功能不相关的引脚保持一定间隙。

图 3.2.2 所示为八位模数转换器芯片 74LS240 的引脚排列规则使用示例。

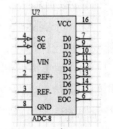

图 3.2.2　引脚排列规则
使用示例

3.2.3　制作原理图元件库基础

1. 原理图库编辑器界面介绍

原理图库编辑器界面与原理图设计编辑器界面相似，主要由主菜单栏、标准工具栏、模式工具栏和实用工具栏等组成。原理图库编辑器界面左侧是"SCH Library"面板，右侧是原理图库编辑工作区，如图 3.2.3 所示。

（1）绘图工具。

执行"视图（**V**）"（View）→"工具栏（**T**）"（Toolbars）→"应用工具"（Utilities）命令，打开应用工具栏""，单击""按钮，此时会弹出图 3.2.4 所示的绘图工具栏。

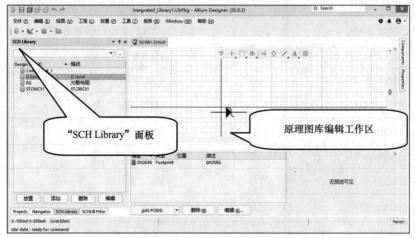

图 3.2.3 "SCH Library"面板与原理图库编辑工作区

图 3.2.4 绘图工具栏

绘图工具栏按钮功能如表 3.2.1 所示。绘图工具中的命令也可以从"放置（**P**）"（Place）菜单中直接选取。

表 3.2.1 绘图工具的按钮及其功能

按钮	功能	按钮	功能	按钮	功能
绘制直线	绘制直线	∫	绘制贝塞尔曲线		绘制椭圆弧线
	绘制多边形	A	插入文字		超链接
A	放置文本框		创建器件		添加元件部件
	放置矩形		放置圆角矩形		放置椭圆形及圆形
	放置图片		放置引脚		

（2）IEEE 工具栏

单击应用工具工具栏中的""按钮，此时会显示图 3.2.5 所示的 IEEE 工具栏。IEEE 工具栏中的命令也对应"放置（**P**）"（Place）→"IEEE 符号（**S**）"（IEEE Symbols）子菜单中的各命令。IEEE 工具栏提供了绘制 IEEE 符号的图标按钮，常用按钮的功能如表 3.2.2 所示。

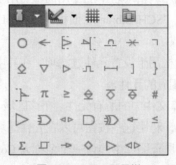

图 3.2.5 IEEE 工具栏

表 3.2.2　IEEE 工具栏的常用按钮及其功能

按钮	功能	按钮	功能
○	放置点符号	⬡	放置上拉电阻的集电极开路输出符号
←	放置左右信号传输符号	◇	放置发射极开路输出符号
⊳	放置时钟上延触发的符号	⬡	放置上拉电阻的发射极开路输出符号
⌐	放置低电平输入有效符号	#	放置数字信号输入符号
⌒	放置模拟信号的输入符号	▷	放置反相器符号
✳	放置无逻辑性连接符号	⊃	放置"或门"符号
⌐	放置延迟性输出符号	◁▷	放置双向信号流符号
◇	放置集电极开路输出符号	◻	放置"与门"符号
▽	放置高阻态符号	⊅	放置"异或门"符号
▷	放置大电流输出符号	◁	放置数字信号左移符号
Π	放置脉冲符号	≤	放置小于等于符号
⊢	放置延迟符号	Σ	放置 Σ 符号
]	放置总线符号	⊓	放置施密特触发器符号
}	放置二进制总线符号	⊸▷	放置数字信号右移符号
⊣	放置低电平有效输出符号	◇	放置端口开路符号
π	放置圆周率符号 π	▷	放置信号向右传输符号
≥	放置大于等于符号	◁▷	放置信号双向传输符号

　　为了方便地对原理图库元件符号进行编辑，Altium Designer 20 提供了快捷工具命令栏，如图 3.2.6 所示。这是与 Altium Designer 16 及以前版本不同的地方。在快捷工具命令栏中，单击某一个工具按钮，就可以执行该按钮命令。在有"◢"的工具按钮上右击，就会弹出相应的菜单。对原理图进行编辑所需的命令，几乎都可以在快捷工具命令栏中找到。

图 3.2.6　快捷工具命令栏

2. "SCH Library"（原理图库）面板

　　"SCH Library"面板是原理图库编辑环境中的专用面板，用于配合属性面板对原理图库中的元件进行编辑管理。图 3.2.7 所示为"SCH Library"面板。"SCH Library"面板主要由搜索栏、功能区与元件（Components）区域组成。

　　"SCH Library"面板中的搜索栏用于设置元件过滤项，在其中输入需要查找的元件起始字母或者数字，就可以在元件区域显示相应的元件。

　　元件区域列出了当前原理图库文件中的所有元件。在该区域下方有 4 个功能按钮，分别是"放置""添加""删除""编辑"按钮，利用这些按钮可以在元件区域对元件进行放置、添加、删除和编辑等管理工作。图 3.2.7 所示的原理图库中包含一个名称为 Component_1 的新元件和 4 个已建立的元件（CD4011、D Zener、RG 和 STC90C51）。

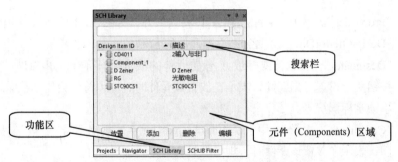

图 3.2.7　"SCH Library"面板

下面是"SCH Library"面板中 4 个按钮的介绍。

◆　"放置"（Place）按钮。将元件区域中所选择的元件放置到一个处于激活状态的原理图中。如果当前工作区没有打开任何原理图，则会自动建立一个新的原理图文件，然后将选择的元件放置到这个新的原理图文件中。

◆　"添加"（Add）按钮。可以在当前库文件中添加一个新的元件。

◆　"删除"（Delete）按钮。可以删除当前原理图库中所选择的元件。

◆　"编辑"（Edit）按钮。可以编辑当前原理图库中所选择的元件属性。单击此按钮将出现图 3.2.8 所示的"Properties"面板，可以对该元件的各种参数进行设置。下面按照区域功能介绍参数的设置。

单击"Properties"面板的过滤器" "右侧的" "按钮，可以打开图 3.2.9 所示的过滤器设置界面。只有在过滤器设置界面中被选中的对象（被选中对象为淡蓝色），才能在原理图库编辑器中通过单击选中；没有被选中的对象，在原理图库编辑器中不能被选中。该属性和原理图的过滤器功能一致。

图 3.2.8　"Properties"面板

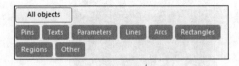

图 3.2.9　过滤器设置界面

在搜索栏中输入相关字符，可以在"Properties"面板中搜索与输入的相关字符匹配的内容。

"Properties"面板中有"General""Parameters""Pins"3 个选项卡，下面介绍这 3 个选项卡的作用。

1．"General"（常规设置）

单击"General"选项卡（默认选中），在"General"选项卡中，可以对自己所建的库元件进行特性描述，以及其他属性参数设置，如默认标示、PCB 封装、仿真模块等。这些设置项目包括在"Properties""Links""Footprint""Models""Graphical""Part Choices"区域中。

（1）"Properties"。单击 "▸ **Properties**" 将其展开，如图 3.2.10 所示，其中的内容如下。

◆ "Design Item ID"（元件名）：设置元件的名称。

◆ "Designator"（标识符或标号）：设置元件的默认标识符号，如 "U？" "R？" "C？" " ◉ " 按钮用于设置可见属性，表示在放置该元件时，标识符号会显示在原理图上。" 🔓 " 表示不锁定标识符号。

◆ "Comment"（注释）：用于说明原理图库中元件的规格型号，" ◉ " 按钮用于设置可见属性，表示在放置该元件时，规格型号会显示在原理图上。

◆ "Part"（单元）：用于设置元件的单元，适用于由多个相同单元组成的集成元件。" 🔒 " 表示锁定单元。

◆ "Description"（描述）：输入文字，描述库元件功能。

◆ "Type"（类型）：设置库元件的种类，一般采用默认设置标准 "Standard"。

（2）"Links"（链接）。单击 "▸ **Links**" 将其展开，如图 3.2.11 所示，其中主要显示元件所在的原理图库名称和元件名称。

图 3.2.10 "Properties" 区域

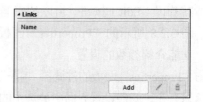

图 3.2.11 "Links"（链接）区域

（3）"Footprint"（封装）。单击 "▸ **Footprint**" 将其展开，如图 3.2.12 所示，其中可以设置元件封装。"Add" 按钮用于添加封装元件。" ✏ " 按钮用于查看封装元件信息。" 🗑 " 按钮用于删除封装元件。

（4）"Models"（模型）。单击 "▸ **Models**" 将其展开，如图 3.2.13 所示，其中可以设置元件的默认模型，元件模型是电路图与其他电路软件连接的关键，可设置 PCB 封装（PCB Footprint）模型、仿真模型和信号完整性分析模型等。

图 3.2.12 "Footprint" 区域

图 3.2.13 "Models" 区域

（5）"Graphical"。单击 "▸ **Graphical**" 将其展开，如图 3.2.14 所示，其中显示了当前元件的图形信息，包括图形模式、填充颜色、线条颜色、引脚颜色，以及是否镜像处理等。

（6）"Part Choices"。单击 "▸ **Part Choices**" 将其展开，如图 3.2.15 所示，其中可以编辑元件的应用链接信息。

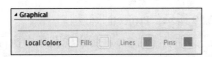

图 3.2.14 "Graphical"区域

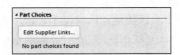

图 3.2.15 "Part Choices"区域

2. "Parameters"（参数设置）

单击" ▶ Parameters "将其展开，如图 3.2.16 所示，其中有元件参数列表。单击"Add"按钮，可以为库元件添加其它参数，如电阻的阻值、生产厂家、生产日期等。单击" 🗑 "按钮，可以删除所选择的参数。

单击" ▶ Rules "将其展开，如图 3.2.17 所示，在其中单击" Add "按钮，可以添加新的规则，单击" 🗑 "按钮，可以删除所选择的规则。

图 3.2.16 "Parameters"区域

图 3.2.17 "Rules"区域

3. "Pins"（引脚参数设置）

单击"Pins"选项卡，可以打开图 3.2.18 所示的引脚参数设置选项卡，其中会显示被选中的元件的所有引脚信息，包括引脚信息列表和 5 个按钮，它们的主要作用如下。

（1）" 🔒 "按钮。单击" 🔓 "或" 🔒 "按钮，可以在这两种按钮之间切换。" 🔒 "表示锁定引脚，锁定后，所有引脚将和库元件成为一个整体，不能在原理图上单独移动引脚。建议选中" 🔒 "，以减少之后在电路原理图绘制与编辑时造成的麻烦。" 🔓 "表示为非锁定状态。

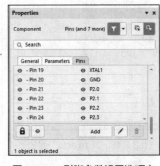

图 3.2.18 引脚参数设置选项卡

（2）" 👁 "按钮。单击" 👁 "按钮，会转变为" 👁 "按钮，此时会显示所有引脚。反之，隐藏的引脚就不会显示。

（3）" Add "按钮，作用是添加元件引脚。

（4）" ✏ "按钮，作用是打开"元件管脚编辑器"对话框。

（5）" 🗑 "按钮，作用是删除引脚。

小技巧　　在元件标示图上放置引脚符号时，对元件的引脚属性可以逐一进行设置，但是采用这种编辑方法会十分麻烦。我们利用如下方法可以进行快速编辑：在"Pins"选项卡中，单击右下角的" ✏ "按钮，在弹出的"元件管脚编辑器"对话框中，可以对所有引脚的各项属性进行编辑。

3.2.4　创建集成库工程文件与原理图库文件

1. 创建集成库工程文件

（1）启动 Altium Designer 20，执行"文件（F）"→"新的...（N）"→"库（L）"→"集成库

（I）"命令（快捷键：F，N，L，I），此时会出现图 3.2.19 所示"Projects"面板。

（2）将鼠标指针移动到"Integrated_Library1.LibPkg"文件名上右击，在弹出的菜单中执行"Save As…"命令，将文件存放到指定的文件目录，如存放到"D:\led20210316\led"目录，重命名为"My_Integrated_Library1.LibPkg"。

 注意　　　　工程文件名最好由字母开头加上其他字母或数字组成，如 My_Integrated_Library1.LibPkg。

2. 创建原理图库文件

执行"文件（F）"→"新的…（N）"→"库（L）"（library）→"原理图库（L）"命令（快捷键：F，N，L，L），此时会打开图 3.2.20 所示的原理图库编辑工作区与"SCH Library"（原理图库）面板。

图 3.2.19　"Projects"面板

图 3.2.20　原理图库编辑工作区与"SCH Library"面板

3. 保存原理图库文件

执行"文件（F）"→"保存为（A）…"命令（快捷键：F，A），将库文件保存为"Schlib1.SchLib"。

3.2.5　创建新的原理图元件符号

创建新元件符号一般可用两种方法：一种是对原有元件符号进行编辑修改；另一种是绘制新元件符号。下面结合实例介绍这两种创建新元件符号的方法。

1. 对原有元件符号进行编辑修改

如果所需要的元件符号与 Altium Designer 自带的元件符号大同小异，就可以把元件符号先复制到需要建立的原理图库中，然后稍加编辑修改，创建出所需的新元件符号。用这种方法可以大大提高创建新元件符号的效率，起到事半功倍的效果。下面以图 3.2.21 所示的稳压二极管为例来说明如何编辑修改元件符号。

编辑修改元件符号

图 3.2.21　稳压二极管

（1）在原理图库编辑器界面中，执行"文件（<u>F</u>）"→"打开（<u>O</u>）"命令（快捷键：F，O），在选择文件打开对话框中找到"Miscellaneous Devices.IntLib"文件所在目录，如图 3.2.22 所示，目录为"C: \Users\Public\Document\Altium \AD20\Library"（注意，该目录是安装 Altium Designer 软件时所在的共享目录）。然后选择"Miscellaneous Devices.IntLib"文件，双击该文件名或单击对话框下面的"打开（<u>O</u>）"按钮，此时会弹出图 3.2.23 所示的"解压源文件或安装"（Ectract Sources or Install）对话框。

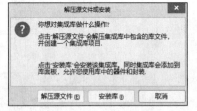

图 3.2.22　"Miscellaneous Devices.IntLib"文件所在目录　　　图 3.2.23　"解压源文件或安装"对话框

（2）单击"解压源文件（<u>E</u>）"（Extract Sources）按钮，即可调出集成库中的原理图库文件，此时会出现图 3.2.24 所示的面板。

（3）单击"Projects"选项卡，使其被选中，单击"Miscellaneous Devices.SchLib"文档图标，选中该文件。然后单击左下角的"SCH Library"选项卡，即可进入元件符号编辑管理状态，如图 3.2.25 所示。

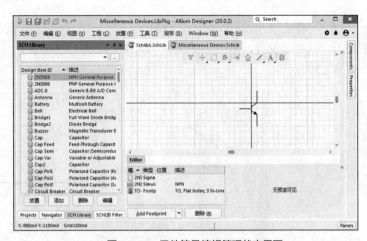

图 3.2.24　库文件打开面板　　　　　图 3.2.25　元件符号编辑管理状态界面

（4）在"SCH Library"面板中的"Design Item ID"（元件）列中，找到"Diode"元件并将其选中，如图 3.2.26 所示。

（5）执行"工具（<u>T</u>）"→"拷贝器件（<u>Y</u>）"命令（快捷键：T，Y），此时会弹出"Destination

Library"（目标库）对话框，如图 3.2.27 所示，此处应选择自己创建的库文件"Schlib1.SchLib"。单击"OK"按钮，就可将"Diode"元件从"Miscellaneous Devices.SchLib"库文件中复制到自己创建的库文件"SchLib1.SchLib"中。

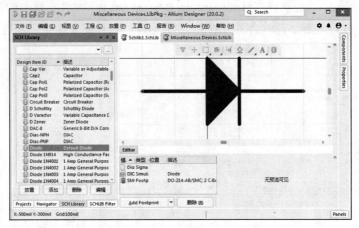

图 3.2.26　选中二极管"Diode"界面

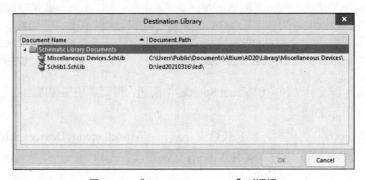

图 3.2.27　"Destination Library"对话框

（6）单击左下角的"Projects"选项卡，打开"Projects"面板，然后单击"SchLib1.SchLib"文档图标，选中该文件。单击左下角的"SCH Library"选项卡，即可进入元件符号编辑管理状态，如图 3.2.28 所示。

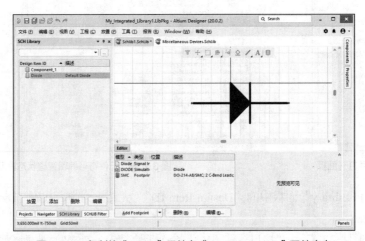

图 3.2.28　复制的"Diode"元件在"SchLib1.SchLib"元件库中

小技巧

可以通过"SCH Library"面板一次复制一个或多个元件到目标库，方法如下。

打开源库，按住 Ctrl 键，依次单击元件名可以离散地选中多个元件；按住 Shift 键，单击元件名可以选中多个连续的元件。

保持元件处于被选中状态并对其右击，在弹出的菜单中执行"复制（C）"（Copy）命令，将选中的元件复制到剪贴板中。

打开目标文件库，打开"SCH Library"面板，在"Components"列表中右击，在弹出的菜单中执行"粘贴（P）"（Paste）命令，即可将选中的多个元件复制到目标库。

（7）设置栅格。执行"工具（<u>T</u>）"→"文档选项（<u>D</u>）…"命令（快捷键：T，D），此时会出现图 3.2.29 所示的库选项设置面板，将"Units"设置为"mils"，"Visible Grids"设置为"100mil"，"Snap Grids"设置为"50mil"。

（8）修改标示图。首先选中图 3.2.28 所示的二极管符号的竖线并将其缩短，然后执行"放置（<u>P</u>）"→"线（<u>L</u>）"命令（快捷键：P，L），或利用右上角的"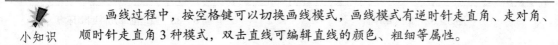"按钮中的"放置线条"工具在竖线上画斜线，修改完成后的效果如图 3.2.30 所示。

小知识　画线过程中，按空格键可以切换画线模式，画线模式有逆时针走直角、走对角、顺时针走直角 3 种模式，双击直线可编辑直线的颜色、粗细等属性。

（9）修改元件属性。在"SCH Library"面板中，选中"Diode"元件，然后对其双击，此时会打开图 3.2.31 所示的元件属性设置面板。在该面板中做如下设置。

◆ 设置"Design Item ID"（元件名）为 D Zener。
◆ 设置"Designator"（标识符号）为 D?。
◆ 设置"Comment"（注释）为 D Zener。
◆ 设置"Description"（描述）为 D Zener。

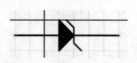

图 3.2.29　库选项设置面板　　　图 3.2.30　修改完成后效果　　　图 3.2.31　元件属性设置面板

（10）保存。执行"文件（<u>F</u>）"→"保存（<u>S</u>）"命令（快捷键：F，S），保存修改后的库文件。

（11）若要查看设计效果，可在"SCH Library"面板中单击"放置"（Place）按钮，将元件放置到原理图中查看效果。

2. 绘制分立元件符号（ ）

下面以光敏电阻为例，介绍分立元件符号的绘制方法。

（1）打开 3.2.4 小节创建的集成库工程文件 My_Integrated_Library1.LibPkg，如图 3.2.32 所示。在图 3.2.32 所示界面的工程面板中，选中 "Schlib1.SchLib"，单击工程面板下的 "SCH Library" 选项卡，打开原理图库元件编辑环境，如图 3.2.33 所示，左边是 "SCH Library" 面板，右边是元件编辑区。

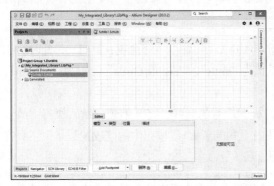

图 3.2.32　集成库界面

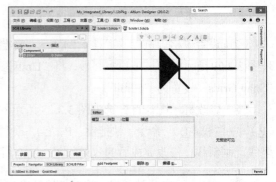

图 3.2.33　原理图库元件编辑环境

（2）新建元件。执行 "工具（T）" → "新器件（C）" 命令（快捷键：T，C），或在 "SCH Library" 面板中单击 "添加" 按钮，此时会弹出图 3.2.34 所示的 "New Component"（新元件命名）对话框，输入 "RG" 后单击 "确定" 按钮。这时在 "SCH Library" 面板中可以看到多了一个 RG 元件，如图 3.2.35 所示。

（3）绘制标示图。

① 画矩形。

◆ 执行 "放置（P）" → "矩形（R）" 命令（快捷键：P，R）或单击 "📐·" 中的 "放置矩形" 按钮，此时鼠标指针会变为一个大十字符号，并且旁边悬浮着一个黄色矩形。

◆ 将鼠标指针中心移动到坐标轴原点（x：0；y：0）处，单击左键。

◆ 移动鼠标指针到矩形的右下角（x：100mil；y：−300mil）（参考状态栏显示的坐标值），然后单击，即可完成矩形的绘制。

◆ 按 Esc 键或右击以退出放置模式。这里绘制的矩形大小为 100mil×300mil。

注意，绘制的元件符号图形要位于靠近坐标原点的第四象限内，如图 3.2.36 所示。

图 3.2.34　"New Component"
对话框

图 3.2.35　"SCH Library"
面板

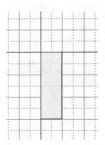

图 3.2.36　100mil×300mil 的
矩形

② 画圆形。

◆ 执行"放置（**P**）"→"椭圆（**E**）"命令（快捷键：P，E）或单击" ·"中的"放置椭圆"
按钮，此时鼠标指针上会出现一个悬浮的灰色椭圆。

◆ 移动鼠标指针到（*x*：50mil；*y*：−150mil）处，单击以确定第一个点。

◆ 移动鼠标指针将第二个点定位到（*x*：250mil；*y*：−150mil）处并单击，确定第二个点。

◆ 移动鼠标指针将第三个点定位到（*x*：50mil；*y*：50mil）处并单击，完成圆形的绘制。

◆ 按 Esc 键退出放置模式。

◆ 在绘制完成的圆形上双击，此时会出现图 3.2.37 所示的椭圆属性设置面板。在该设置面板
中，取消勾选"Fill Color"，即得到图 3.2.38 所示的图形。

③ 画两条平行的带箭头的直线。

◆ 执行"放置（**P**）"→"线（**L**）"命令（快捷键：P，L）或单击" ·"中的"放置线条"
按钮。

◆ 按 Tab 键，此时会出现图 3.2.39 所示的箭头设置面板。

图 3.2.37　椭圆属性设置面板

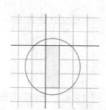

图 3.2.38　矩形与圆

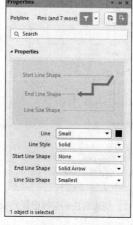

图 3.2.39　箭头设置面板

◆ 设置"End Line Shape"为"Solid Arrow"，其余选项采用默认值。然后单击表示完成的按
钮，完成设置。

◆ 将鼠标指针移到（*x*：−400mil；*y*：−200mil）处并单击，再移动鼠标指针到（*x*：−200mil；
y：0）并单击，放置第一条带箭头的直线，按 Esc 键退出
放置模式。

◆ 将鼠标指针移到（*x*：−450mil；*y*：100mil）处并单击，再
移动鼠标指针到（*x*：−250mil；*y*：−100mil）并单击，放
置第二条带箭头的直线，按 Esc 键退出放置模式。绘制的
带箭头的平行直线如图 3.2.40 所示。

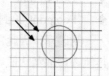

图 3.2.40　带箭头的平行直线

（4）放置引脚。

◆ 执行"放置（**P**）"→"引脚（**P**）"命令（快捷键：P，P）或单击" ·"中的"放置管脚"
按钮，此时鼠标指针旁边会多出一个大十字符号并悬浮着一条短线，改变引脚方向可通过
按空格键实现。

◆ 按 Tab 键，此时会出现图 3.2.41 所示的引脚属性的参数设置面板。

◆ 设置 "Designator" 为 "1"，在其后面选中 "◎"，使栏目中的内容可见。

◆ 设置 "Name" 为 "1"，在其后面选中 "◎"，使栏目中的内容不可见。

◆ 其余选项保持默认值。单击 "Ⅲ" 按钮，完成设置。

◆ 单击 "确定" 按钮，移动鼠标指针使引脚符号上远离鼠标指针的一端（即非电气热点端）移动到（x：50mil；y：0）处，单击以放置第一个引脚。

◆ 放置完成第一个引脚后，鼠标指针上粘贴的线自动变为 2，移动鼠标指针使引脚符号上远离鼠标指针的一端（即非电气热点端）移动到（x：50mil；y：-300mil）处，单击以放置第二个引脚，按 Esc 键结束放置。引脚放置完成后，元件符号如图 3.2.42 所示。

（5）放置库元件属性。

◆ 将鼠标指针移动到 "SCH Library" 面板中的 "RG" 元件名字上并双击，此时会出现图 3.2.43 所示的元件属性设置面板。

图 3.2.41　引脚属性的参数设置面板

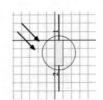

图 3.2.42　元件符号图

图 3.2.43　元件属性设置面板

在该面板中设置元件默认的流水号、注释及其他相关描述。

◆ "Design Item ID"（元件名称）："RG"。

◆ "Designator"（标识符号）：元件默认流水号为 "RG?"。

◆ "Comment"（注释）：注释为 "GM55"。

◆ "Description"（描述）：元件的描述为 "光敏电阻"。

◆ "Footprint"（封装）：单击 "Add" 按钮，可以添加元件封装，由于这里还没有建立 RG 的封装库，因此暂时不填。

其他选项取默认值。

小技巧　在绘制元件符号的过程中，在英文输入状态下按 G 键，可以改变鼠标指针的移动步进。按 G 键，可以在默认步进 10mil、50mil 和 100mil 之间切换。当前移动步进显示在左下角的信息栏中，如 "Grid:100mil" 表示当前移动步进为 100mil。

3. 绘制集成电路元件

在实际应用中，若所需要的集成电路元件在自带的库里找不到，就需要自己绘制新元件。

下面以单片机集成电路 STC90C51 为例详细介绍绘制新集成电路元件的操作方法。

集成电路元件符号制作

（1）新建元件。打开"Schlib1.SchLib"原理图库文件，执行"工具（T）"→"新器件（C）"命令，此时会弹出图 3.2.44 所示的"New Component"（新元件命名）对话框，输入"STC90C51"后单击"确定"按钮。这时在"SCH Library"面板中可以看到新增的 STC90C51 元件，如图 3.2.45 所示。

（2）绘制标示图（矩形方框）。

◆ 执行"放置（P）"→"矩形（R）"命令（快捷键：P，R），将鼠标指针移动到坐标轴原点（x: 0；y: 0）处并单击，把原点定为直角矩形的左上角。

◆ 移动鼠标指针到矩形的右下角并单击，即可完成矩形的绘制。

这里绘制的矩形大小为 1300mil×2500mil。注意，所绘制的元件符号图形一定要位于第四象限内，如图 3.2.46 所示。

图 3.2.44 "New Component"对话框

图 3.2.45 新增的 STC90C51 元件

图 3.2.46 绘制标示图

打开 STC90C51 资料手册，观察手册中的引脚图，以便完成接下来的绘制工作，STC90C51 具体引脚信息如图 3.2.47 所示。

小知识

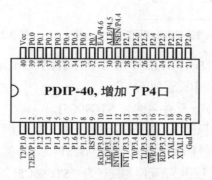

图 3.2.47 STC90C51 引脚图

注意

在 Altiun Designer 20 中，建立的元件符号的引脚功能说明一般放置在标示图（外框）的内侧，引脚放置在标示图的外侧。该放置方式与一般手册上的放置方式正好相反，在建立元件库时一定要高度注意。

（3）放置引脚。元件引脚必须真实地反映元件的电气特性，它是元件的固有属性，元件制成后，绝不可随意设置或更改引脚。

- 按快捷键 P，P，或单击"🔽·"中的"放置管脚"按钮，如果需要改变引脚方向，可按空格键。
- 按 Tab 键，此时会出现图 3.2.48 所示的引脚属性的参数设置面板。
- 设置"Designator"为"1"，在该项后面选中"👁"，使栏目中的内容可见。
- 设置"Name"为"1"，在该项后面选中"👁"，使栏目中的内容可见，其余选项保持默认值。
- 单击"⏸"按钮，完成设置。
- 移动鼠标指针使引脚符号上远离鼠标指针的一端与元件外形的边线对齐，单击以放置第一个引脚。
- 放置完成第一个引脚后，鼠标指针上粘贴的线自动变为 2，再次单击以放置第二个引脚。
- 连续放置 40 个引脚后，按 Esc 键结束放置。放置完成的引脚如图 3.2.49 所示。如果要移动某一个引脚，只需选中它，按住鼠标左键将其拖到适合的地方即可。

图 3.2.48　引脚属性的参数设置面板

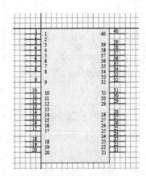

图 3.2.49　放置完成引脚的 STC90C51

将鼠标指针移动到"SCH Library"面板中的 STC90C51 元件名字上并双击，在出现的图 3.2.50 所示的元件属性设置面板中设置如下内容。

- "Design Item ID"（元件名称）：STC90C51。
- "Designator"（标识符号）：元件默认流水号为"U?"。
- "Comment"（注释）：注释为"STC90C51"。
- "Description"（描述）：元件的描述为"STC90C51"。
- "Footprint"（封装）：单击"Add"按钮，可以添加元件封装，由于这里还没有建立 STC90C51 的封装库，因此暂时不填。

其他选项取默认值。

在图 3.2.50 所示的元件属性设置面板中，单击"Pins"选项卡，切换到图 3.2.51 所示的引脚属性面板。单击"✏"按钮，此时会弹出图 3.2.52 所示的"元件管脚编辑器"（Component Pin Editor）对话框。然后严格按照 STC90C51 资料手册中的引脚图，修改各个引脚的属性。编辑完成的引脚信息如图 3.2.53 所示。

图 3.2.50　元件属性设置面板

图 3.2.51　引脚属性面板

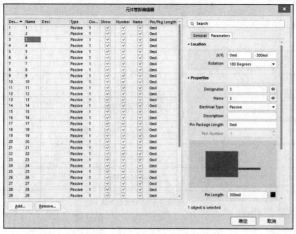

图 3.2.52　"元件管脚编辑器"对话框

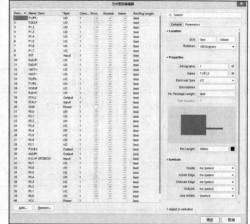

图 3.2.53　编辑完成的 STC90C51 元件引脚信息

　　编辑完成后，单击右下角的"确定"按钮，此时会出现图 3.2.54 所示的 STC90C51 元件符号。如果要隐藏某一个引脚，只需要在"元件管脚编辑器"对话框中，在"Show"列中取消勾选要隐藏的引脚对应的复选框。

　　如果要修改某一个引脚的属性，只需选中该引脚，然后对其双击，此时会出现图 3.2.55 所示的引脚属性设置面板，在该面板中进行修改。

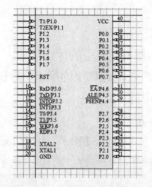

图 3.2.54　STC90C51 元件符号

图 3.2.55　引脚属性设置面板

在该面板中，我们可对放置的引脚进行设置，各部分的作用如下。

"◢ Location"中可以放置引脚。（X/Y）参数用于设置引脚 x 方向的位置和 y 方向的位置。定位"Rotation"是一个下拉列表，可选择引脚方向，有 0°、90°、180° 和 270° 4 种角度。

"◢ Properties"中可以设置引脚的属性。

◆ "Designator"（标识符号）：填写引脚序号，引脚序号一定要与实际的引脚编号相对应。

◆ "Name"（名字）：填写引脚名称。

◆ "Electrical Type"（电气类型）：设定引脚的电气性质，在下拉列表中选取。

> **小知识** Electrical Type 用于设置引脚的电气性质，包括 8 项，如表 3.2.3 所示。如果用户不能确定，也可不设置，不影响后面 PCB 的制作。

表 3.2.3 引脚的电气性质说明

序号	引脚	说明
1	Input	输入引脚
2	I/O	双向引脚
3	Output	输出引脚
4	Open Collector	集电极开路引脚
5	Passive	无源引脚（如电阻、电容引脚）
6	HiZ	高阻引脚
7	Open Emitter	射极开路引脚
8	Power	电源（VCC 或 GND）

◆ "Description"（描述）：设置引脚的描述属性，一般不填。

◆ "Part Number"（端口数目）：用来设置一个元件包含的子元件的序号，例如，后面介绍的四与非门集成电路 CD4011，其内部有 4 个 2 输入的与非门子部件，这里"部件数目"设置数字"1～4"，该数字是子部件序号。

◆ "Pin Package Length"（引脚长度）：设置引脚长度，最小长度不得小于单个栅格的长度。

"◢ Symbols"中可以根据引脚的功能及电气特性为引脚设置不同的符号，这些符号是标准的 IEEE 符号，作为读图时的参考。这些符号可以放置在原理图符号的内部、内部边沿、外部边沿或外部等不同位置。

◆ "Inside"（内部）：用来设置引脚在元件内部的标识符号。

◆ "Inside Edge"（内部边沿）：用来设置引脚在元件内部的边框上的标识符号。

◆ "Outside Edge"（外部边沿）：用来设置引脚在元件外部的边框上的标识符号。

◆ "Outside"（外部）：用来设置引脚在元件外部的标识符号。

◆ "Line Width"（线宽）：设置线宽，在下拉列表中选取。

例如要设置某一引脚为时钟引脚，且低电平有效，可设置"Inside Edge"为"Clock"，表示该引脚为时钟，而设置"Outside Edge"为"Dot"，表示该引脚低电平有效，则在引脚预览图片框中出现相应的符号。

"▸ Font Settings"中的参数采用默认值。

小知识

添加引脚注意事项：

（1）放置元件引脚后，若想改变或设置其属性，可双击该引脚，打开"Properties"（引脚属性）面板。

（2）在字母后使用\（反斜线符号）表示引脚名中该字母带有上划线，如 I\N\T\0\ 将显示为"$\overline{INT0}$"。

（3）执行"视图（V）"（View）→"显示隐藏管脚"（Show Hidden Pins）命令，可查看隐藏引脚。取消勾选"显示隐藏管脚"复选框，则隐藏引脚的名称和编号。

（4）我们可在"元件管脚编辑器"（Component Pin Editor）对话框中直接编辑若干引脚的属性，而无须通过"Properties"引脚属性面板逐个编辑引脚属性。

（4）元件设计规则检查。元件的原理图模型绘制完成后，还要进行设计规则检查，以防止其他错误发生。执行"报告（R）"（Reports）→"器件规则检查（R）"（Component Rule Check）命令，此时会弹出图 3.2.56 所示的"库元件规则检测"对话框。根据对话框，可供检查的项目如下。

① "重复"（Duplicate）下面有"元件名称"（Component Names）和"管脚"（Pins）两个检测项，用于检测是否有重复的元件名称和重复的引脚。勾选这两个复选框查找是否有重复的项目。

图 3.2.56　"库元件规则检测"对话框

② "丢失的"下面主要有以下几个检测项目。

◆ 描述（Description）：检查是否遗漏元件的描述。

◆ 管脚名（Pin Name）：检查是否遗漏元件的引脚名称。

◆ 封装（Footprint）：检查是否遗漏元件的封装。

◆ 管脚号（Pin Number）：检查是否遗漏元件的引脚号。

◆ 默认标识（Default Designator）：检查是否遗漏元件的标识符号。

◆ 序列中丢失管脚（Missing Pins in Sequence）：检查是否遗漏元件的引脚标号。

单击"确定"按钮，执行元件设计规则检查，检查的结果会生成为"Schlib1.ERR"文件。元件规则检查报告的功能是检查元件库中的元件是否有错，并将有错的元件罗列出来，指明错误的原因。检查的结果如图 3.2.57 所示，没有发现错误。

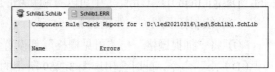

图 3.2.57　元件规则检查结果

元件规则检查无误后，就可以生成元件报表，元件报表中列出了当前元件库中选中的某个元件的详细信息，如元件名称、子单元个数、元件组名称及元件的每个引脚的详细信息等。

元件报表的生成方法是：打开原理图元件库，在"SCH Library"面板上选中需要生成元件报表的元件 STC90C51，执行"报告（R）"（Reports）→"器件（C）"（Component）"命令，系统会自动生成元件报表。报表文件名为"Schlib1.cmp"。至此，一个元件符号就建立完成了。

说明

在这里"引脚"与"管脚"同义。

3.2.6　多单元集成电路元件符号制作

多单元集成电路
元件符号制作

上一小节讲述了单一模型元件符号的制作方法，在单一模型中，一个模型就代表了元件制造商所提供的全部物理意义上的信息。但是很多集成电路（IC）芯片，如 LM324，LM339 等，在一块芯片内可以集成 2 个、4 个或更多个相同的模块单元，这样在电路设计中需要多个模块单元时，就可以采用这种多单元 IC 来优化电路板的面积，以节约成本。

图 3.2.58 所示是一个有 4 个 2 输入的与非门芯片（CD4011），它采用 14 脚双列直插塑料封装。它的内部包含 4 组形式完全相同的与非门，除电源与地共用外，4 组与非门相互独立，称作 4 个单元（Part），4 个单元之间的内在关系由软件来建立。

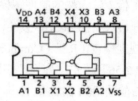

图 3.2.58　CD4011 实物图和原理图

我们也可以利用建立 STC90C51 单一模型的方法建立元件符号，但是在绘制原理图时，4 个与非门就会成为一个整体。在设计原理图时，即使在原理图中使用 1 个 2 输入与非门，也要使用整个元件符号，这不便于绘制原理图，也不便于阅读原理图。

如果要让 CD4011 芯片中的每个 2 输入与非门可以独立地被随意放置在原理图上的任意位置，就需要将该 CD4011 芯片描述成 4 个独立的 2 输入与非门单元，在做元件封装时，让 4 个独立的 2 输入与非门单元共享一个元件封装。本小节以 CD4011 为例介绍多单元集成电路元件的制作方法。

1.　制作第一个单元电路

（1）打开"Schlib1.SchLib"原理图库文件，执行"工具（T）"→"新器件（C）"命令，在弹出的"New Component"（新元件命名）对话框中输入"CD4011"。这时在"SCH Library"面板中的"Design Item ID"（元件）中可以看到新增的 CD4011 元件。

（2）绘制标示图（元件轮廓）。

① 将"捕捉栅格"与"可见栅格"都设置为"50mil"。方法是执行"工具（T）"→"文档选项（D）…"命令，此时会出现图 3.2.59 所示的箭头设置面板，在该面板中进行设置。

② 执行"放置（P）"→"线（L）"命令（快捷键：P，L），鼠标指针会变为十字准线，进入折线放置模式。

③ 按 Tab 键，设置线段属性，此时会出现图 3.2.60 所示的面板，在该面板中进行如下设置。

◆ 设置线段宽度（Line）为"Small"。

◆ 设置"颜色"为"蓝色"（单击"■"，在弹出的颜色对话框中进行设置）。

◆ 设置"End Line Shape"为"None"。单击"⏸"按钮，完成设置。

④ 将鼠标指针移到（x：250mil；y：−50mil），按 Enter 键或单击，选定线段起始点，再单击各分点位置从而分别画出折线的各段，单击位置分别为（x：0；y：−50mil），（x：0；y：−350mil），（x：250mil；y：−350mil）。完成折线的绘制后，按 Esc 键或右击退出放置折线模式。完成的图形如图 3.2.61 所示。

图 3.2.59　库选项设置面板

图 3.2.60　箭头设置面板

图 3.2.61　完成的折线

⑤　绘制圆弧。放置一个圆弧需要设置 4 个参数：中心点、半径、圆弧的起始角度、圆弧的终止角度。绘制方法如下。

◆　执行 "放置（P）" → "弧（A）" 命令（快捷键：P，A），鼠标指针处会显示最近所绘制的圆弧，进入圆弧绘制模式。

◆　移动鼠标指针到（x：250mil；y：−200 mil）位置并单击，确定圆弧的中心点。

◆　鼠标指针自动移到圆弧的第一个点，移动鼠标指针使第一个点移动到（x：400mil；y：−200mil）位置，单击，确定圆弧的第一个点。

◆　鼠标指针自动移到圆弧的第二个点，移动鼠标指针使第二个点移动到（x：250mil；y：−300mil），单击，确定圆弧的第二个点。

◆　鼠标指针自动移到圆弧的第三个点，移动鼠标指针使第三个点移动到（x：250mil；y：−50mil），单击，完成圆弧的绘制。

图 3.2.62　CD4011 标示图（轮廓图）

◆　按 Esc 键或右击退出圆弧放置模式。绘制成功的标示图如图 3.2.62 所示。

注意

　　在画直线的过程中可以按空格键更改走线模式。选中半圆弧线，按空格键，也可以改变弧线的开口方向。

（3）放置引脚。

①　按快捷键 P，P，或单击 "⬇·" 中的 "放置管脚" 按钮，按 Tab 键，在弹出的引脚属性的参数设置面板中进行设置。

◆　设置 "Designator" 为 "1"，表示为与非门集成电路的第一号引脚，在其后面选中 "◉"，使栏目中的内容可见。该引脚为输入，所以设置 "Electrical Type" 为 "input"。设置 "Name" 为 "A1"，在该栏后面选中 "◥"，使栏目中的内容不可见。

◆　单击 "⏸" 按钮，完成设置。移动鼠标指针使引脚符号上远离鼠标指针的一端与元件外形的边线对齐，单击，放置第一个引脚。

②　放置第二个引脚，采用与放置第一个引脚相同的方法放置。

◆　设置 "Designator" 为 "2"，表示为与非门集成电路的第二号引脚。设置 "Electrical Type" 为 "input"。设置 "Name" 为 "B1"。

③ 放置第三个引脚，采用与放置第一个引脚相同的方法放置。

◆ 设置"Name"为"X1"，在其后面选中"⬚"，使栏目中的内容不可见。设置"Designator"为"3"，该引脚为输出。设置"Electrical Type"为"output"。

由于输出为非门，因此在第 3 个引脚的输出端要加一个小圆圈。方法是在其属性定义中，设置"Outside Edge"为"Dot"。放置完毕后效果如图 3.2.63 所示。

图 3.2.63　绘制好的第一个与非门

（4）复制第一个单元内容。选择第一个单元的全部内容，然后执行"编辑（E）"→"拷贝（C）"命令或按 Ctrl+C 快捷键，将内容复制到剪贴板上。

2. 制作其余的单元电路

（1）制作第二个单元电路。

① 在"SCH Library"面板中，选中"CD4011"元件，执行"工具（T）"→"新部件（W）"命令，此时"SCH Library"面板中，在"Design Item ID"中的"CD4011"中多出了 2 个单元"Part A"和"Part B"。"Part A"是已经建立的第一个单元。

② 执行"编辑（E）"→"粘贴（P）"命令，将第一单元完全复制过来。

③ 按照上述放置引脚的方法，将"Designator"中的引脚"1""2""3"依次修改为"6""5""4"；将"Name"中的"A1""B1""X1"分别修改为"A2""B2""X2"，并在"Designator"后面选中"⬚"，使栏目中的内容不可见。

（2）制作第三个单元电路。重复制作第二个单元电路的①、②步操作，并将"Designator"中的引脚"1""2""3"依次修改为"8""9""10"。将"Name"中的"A1""B1""X1"分别修改为"A3""B3""X3"，在"Designator"后面选中"⬚"，使栏目中的内容不可见。

（3）制作第四个单元电路。重复制作第二个单元电路的①、②步操作，并将"Designator"栏中的引脚"1""2""3"依次修改为"13""12""11"。将"Name"中的"A1""B1""X1"分别修改为"A4""B4""X4"，在"Designator"后面选中"⬚"，使栏目中的内容不可见。

3. 放置正、负电源引脚

执行"放置（P）"（Place）→"引脚（P）"（Pin）命令，放置电源（VCC）引脚 14，在引脚浮动时，按 Tab 键，在弹出的"Proprties"引脚属性参数设置面板中做如下设置。

◆ 设置"Designator"为"14"，表示为与非门集成电路的第 14 号引脚，在其后面选中"◉"，使栏目中的内容可见。该引脚为电源，所以设置"Electrical Type"为"Power"。设置"Name"为"VCC"，在其后面选中"⬚"，使栏目中的内容不可见。

◆ 单击"⏸"按钮，完成设置。移动鼠标指针使引脚符号上远离鼠标指针的一端与元件外形的边线对齐，单击，放置第 14 号引脚。设置"Part Number"为"0"。

用同样的方法放置电源"地"，"地"为第 7 号引脚。设置"Part Number"为"0"，因为电源和"地"引脚是共用的 4 个比较器。将"Electrical Type"设置为"Power"。设置"Name"为"GND"，在其后面选中"⬚"，使栏目中的内容不可见。电源与"地"放置完成后，其他单元电路的同样位置也自动加上了电源与"地"。

4. 设置元件属性

（1）在"SCH Library"面板的"Design Item ID"列表中，选中目标元件"CD4011"后，对其

双击，此时会出现图 3.2.64 所示的元件属性设置面板，在该面板中进行如下设置。

◆ 设置 "Designator" 为 "U？"。

◆ 设置 "Comment" 为 "4011"。

◆ 设置 "Description" 为 "2 输入与非门"，并在 "Footprint" 列表中添加名为 DIP14 的封装。

在中规模集成电路中画原理图元件符号时，一般电源与 "地" 是隐藏的。因此，在绘制中规模集成电路符号时，一般需要将电源与 "地" 隐藏。具体方法如下。

◆ 在元件属性设置面板中，单击 "Pins" 选项卡，打开图 3.2.65 所示的引脚属性设置选项卡。

◆ 单击 "✎" 按钮，此时会弹出图 3.2.66 所示的 "元件管脚编辑器" 对话框。

图 3.2.64 元件属性设置面板

图 3.2.65 引脚属性设置选项卡

◆ 在 "元件管脚编辑器" 对话框列表中的第 7 行与第 14 行，取消勾选这两行对应的 "Show" 列的复选框，就隐藏了该引脚。

如果要显示隐藏的引脚，可以执行菜单 "视图（V）" → "显示隐藏管脚"（Show Hidden Pins）命令，以显示隐藏目标，此时就能看到完整的元件单元，如图 3.2.67 所示，注意检查电源引脚是否在每一个单元中都有。

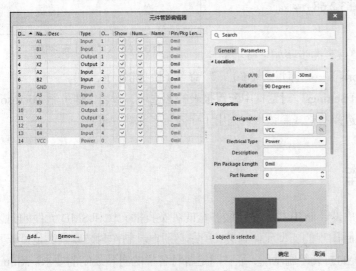

图 3.2.66 "元件管脚编辑器" 对话框

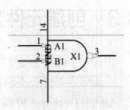

图 3.2.67 引脚放置图

（2）执行"文件（F）"→"保存（S）"命令（快捷键：F，S），保存该元件。

使用这种多单元元件，能在原理图绘制过程中带来很大的便利。一个芯片中集成了多个单元电路，而这些单元在使用的时候却是执行不同的功能，在系统中占据不同的位置，因此将多个单元分开绘制就显得更加清晰、直观。当然，这种方法只能为原理图带来这种效果，绘制 PCB 的时候整个芯片仍是要画在一起的，并不能优化 PCB 的布局布线。

电源与"地"的放置

小技巧　　添加电源（VCC）和"地"（GND）时，建议先将"显示隐藏管脚"处于显示状态，完成了电源引脚与"地"引脚的添加后，再将"显示隐藏管脚"处于隐藏状态。

5. 检查元件并生成报表

在对创建一个新元件是否成功进行检查时，在生成报表之前需确认已经对库文件进行了保存，关闭报表文件，系统会自动返回"Schematic Library Editor"界面。

（1）元件规则检查器。该检查器会检查出引脚重复定义或者丢失等错误，使用步骤如下。

① 执行"报告（R）"（Reports）→"器件规则检查"（Component Rule Check）命令，显示"库元件规则检查"（Library Component Rule Check）对话框。

② 设置想要检查的各项属性，单击"OK"按钮，"Text Editor"中将生成"Libraryname.ERR"文件，里面列出了所有违反了规则的元件。

③ 如果需要对原理图库进行修改，则重复上述步骤。

（2）元件报表。生成包含当前元件可用信息的元件报表的步骤如下所示。

① 执行菜单"报告（R）"（Reports）→"器件（C）"（Component）命令。

② 系统显示"Schlib1.cmp"报表文件，里面包含了元件各个部分及引脚细节信息，如图 3.2.68 所示。

6. 库报表

为库里面的所有元件生成完整报表的步骤如下所示。

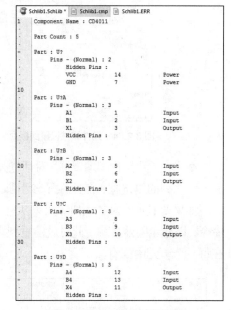

图 3.2.68　CD4011 元件报表

（1）执行"报告（R）"（Reports）→"库报告（T）…"命令（快捷键：R，T）。

（2）在弹出的"Library Report Settings"对话框中配置报表的各选项，报表文件可用 Microsoft Word 或网页浏览器打开，取决于选择的格式。该报告列出了库内所有元件的信息。

3.3　创建元件封装库

虽然 Altium Designer 20 为用户设计 PCB 提供了比较齐全的各类直插元件和 SMD 元件的封装库，但是随着元件的不断发展，不断出现的新型元件封装，用户必须自己制作封装库来满足设计要求。Altium Designer 20 提供了强大的封装绘制功能，能够满足各种各样的封装绘制的要求。Altium Designer 20 所提供的封装库管理功能，能够方便地保存和引用绘制好的新封装库。

3.3.1　元件封装制作过程

一个元件封装的制作过程如图 3.3.1 所示。

简单来说，先根据元件查找资料，收集关于该元件的相关资料，如元件的外形尺寸、引脚形状与大小、引脚间距等；接着绘制元件外形轮廓，绘制或修改焊盘，再将焊盘放置到外形轮廓内，从而最终完成一个元件封装的制作。具体地讲，元件封装制作过程一般按如下步骤进行。

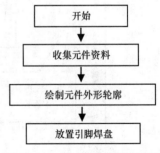

图 3.3.1　一个元件封装的制作过程

1. 收集必要的资料

在开始制作封装之前，需要收集该元件的封装信息。这个工作往往和收集原理图元件符号信息同时进行，因为用户手册中一般都有元件的封装信息。也可以上网查询元件的封装信息。如果用以上方法仍找不到元件的封装信息，那就只能先买回元件，然后通过测量得到元件的外形尺寸、引脚尺寸与间距，最好利用游标卡尺量取精确的尺寸。

2. 绘制元件外形轮廓

在制作元件封装时，利用 Altium Designer 提供的绘图工具，在 PCB 的丝印层（Top Overlay）绘制元件的外形轮廓。如果轮廓足够精确，则在 PCB 上放置元件就比较准确到位，元件排列也很整齐。否则轮廓画得太大或太小，就会占用过多的 PCB 空间或造成元件装配不上。

3. 放置元件引脚焊盘

焊盘的信息比较多，如焊盘的外形、大小、序号、内孔大小及焊盘所在的工作层等。放置焊盘需要注意元件外形、元件与焊盘的相对位置及焊盘与焊盘之间的相对位置。

3.3.2　PCB 元件封装库编辑器

在 PCB 元件封装库编辑器中，利用 "PCB Library" 面板（PCB 库管理面板）可以将一个 PCB 封装库中的元件封装复制到另一个 PCB 封装库中，也可以通过 PCB 封装向导或绘图工具创建 PCB 封装符号。创建元件封装必须在元件封装库编辑器环境下设计与编辑。

（1）打开 3.2.4 小节建立的 My_Integrated_Libraryl.LibPkg 文件。

（2）执行 "文件（F）" → "新的…（N）" → "库（L）"（Library）→ "PCB 元件库（Y）"（PCB Library）命令（快捷键：F，N，L，Y），即可打开 "PCB 元件封装库编辑器"，同时也打开了 "PCB Library" 面板，并新建了一个空白 PCB 库文件 "PcbLibl.PcbLib"，该面板的下面增加了 "PCB Library" 面板选项卡。图 3.3.2 所示是元件封装库编辑器界面。或者在 "Projects" 面板中，将鼠标指针移到集成库文件名 "My_Integrated_Libraryl.LibPkg" 上右击，在弹出的菜单中执行 "增加新的…到工程" → "PCB Library" 命令，也可以打开 "PCB 元件封装库编辑器"。

在元件封装库编辑器界面中，执行 "视图（V）" → "工具栏（T）" 命令（快捷键：V，T），可以打开相应的工具栏，如 "原理图库标准" 和 "应用工具" 等工具栏。

将鼠标指针移到 "PCB Library" 面板左下方的 "Projects" 选项卡上单击，就可打开 "Projects" 面板，在该面板中右击文件 "PcbLibl.PcbLib"，在弹出的对话框中执行 "保存为（A）…"（Save As）命令，输入存放的位置和文件名（一般采用默认路径）。

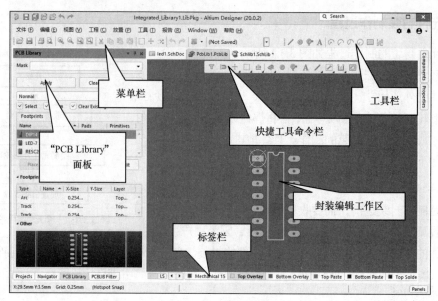

图 3.3.2　PCB 元件封装库编辑器

1. 菜单栏

在图 3.3.2 所示的界面中，Altium Designer 20 元件封装库编辑器提供了 9 个菜单，包括"文件（F）"（File）、"编辑（E）"（Edit）、"视图（V）"（View）、"工程（C）"（Project）、"放置（P）"（Place）、"工具（T）"（Tools）、"报告（R）"（Reports）、"Window（W）"（窗口）和"帮助（H）"（Help）。其中，"放置（P）"是 PCB 元件封装库编辑器的主要菜单命令，提供放置功能。

2. 工具栏

Altium Designer 20 元件封装库编辑器提供了放置工具栏，如图 3.3.3 所示。其从左到右分别为放置线条、放置焊盘、放置过孔、放置字符串、从中心放置圆弧、通过边沿放置圆弧、通过边沿放置圆弧（任意角度）、放置圆工具。其他工具与原理图库编辑器中的工具类似，其使用方法可参照原理图库编辑器中的工具使用说明。

与原理图库编辑器一样，Altium Designer 20 中也增加了 PCB 设计的快捷工具命令栏，如图 3.3.4 所示。单击快捷工具命令栏上某一个工具按钮，就可以执行该按钮命令。在有"◢"的工具按钮上右击，就可以弹出相应的下拉菜单。

图 3.3.3　放置工具栏

图 3.3.4　快捷工具命令栏

3. "PCB Library" 面板

"PCB Library" 面板用于创建和修改 PCB 元件封装，管理 PCB 元件库。打开"PCB Library"面板的方法是：单击"PCB Library"选项卡。或者执行"视图（V）"（View）→"面板"→"PCB Library"命令，也可打开"PCB Library"面板，如图 3.3.5 所示。

"PCB Library" 面板共分为 4 个区域，即"Mask"（过滤器）、"Footprints"（封装元件）、"Footprint Primitives"（封装元件的图元）和"Other"（其他）区域。它们提供操作 PCB 元件的各种功能。下面介绍"PCB Library"面板的几个主要区域的功能。

（1）"Mask"（过滤器）与显示模式设置区域。

◆　过滤器主要筛选"Footprints"（封装元件）中的元件。

◆　"Apply""Clear""Magnify" 3 个按钮。"Apply"按钮主要
用于过滤筛选对象，该按钮用得不多。"Clear"按钮用于清
除当前筛选状态，编辑窗恢复正常显示。"Magnify"按钮用
于调整筛选对象的缩放程度。

图 3.3.5　"PCB Library"面板

◆　"Normal/Mask/Dim"下拉列表，该下拉列表用于选择如何显
示筛选对象和非筛选对象，即设置筛选状态。"Normal"选
项表示二者都正常显示。"Mask"选项表示非筛选对象屏蔽
显示（采用灰度显示）。"Dim"选项表示非筛选对象淡化显
示（仍为彩色）。

◆　"Select""Zoom""Clear Existing" 3 个复选框。"Select"复
选框用于选中筛选对象。"Zoom"复选框用于缩放筛选对象。"Clear Existing"复选框用
于在开始本次过滤筛选前清除上次的筛选状态。

（2）"Footprints"（封装元件）区域。

"Footprints"区域列出了当前选中库的所有元件。在 Footprints 区域中，利用"Place""Add"
"Delete""Edit"按钮可以新建元件、编辑元件属性、复制或粘贴选定元件。

执行"复制（C）"（Copy）→"粘贴"（Paste）命令，可选中一个或多个封装进行粘贴。粘贴
范围支持在库内部执行复制和粘贴操作，从 PCB 复制和粘贴到库的操作及在 PCB 库之间执行复制
和粘贴的操作。

（3）"Footprint Primitives"（封装元件的图元）区域。

"封装元件的图元"区域列出了属于当前选中封装元件的图元。单击列表中的图元，其将在设
计窗口中加亮显示。

（4）"Other"（其他）区域。

"Other"区域是元件封装模型显示区，该区有一个选择框，选择框选择哪一部分，设计窗口就
显示哪部分，可以调节选择框的大小。

3.3.3　封装的创建和调用概述

1．导入外部封装

导入外部封装适用范围最广泛、最靠谱。操作方法是收集一些封装的文件，然后按照添加元件
库的方法进行安装。

如果存储的元件库中没有自己设计需要的封装，则可以到一些专门售卖元件的网站上去找，如
立创商城、贸泽电子、e 络盟等，然后下载其对应的 ECAD 文件。例如，下载得到 .SchLib 文件和 .PcbLib
文件后，按照添加元件库的方法进行安装，最好将下载文件重命名后放入一个固定的文件夹再进行
添加，方便后期找寻。

2．安装插件

"Library Loader"插件是贸泽电子开发的，它专门用来在线检索元件并插入原理图中，其中有
Altium 版本，为 AD 内置插件，其本质是导向贸泽电子检索元件的网站。可以下载"Altium Library

Loader 下载安装及使用教程"文件。安装和使用"Library Loader"时一定要联网。

3. 现有元件模型的调用

适用范围是已有原理图，需要用到原理图内的元件。打开已有的原理图，执行"设计（<u>D</u>）"→"生成原理图库（<u>M</u>）"命令（快捷键：D，M）。执行"设计（<u>D</u>）"→"生成集成库（<u>A</u>）"命令（快捷键：D，A），可以生成集成库（Integrated Library，IntLib 文件）。双击集成库可以得到原理图库和 PCB 库。

4. 手动制作元件封装

如果始终找不到自己需要且适用的元件，或者说不信任第三方元件封装的正确性，那么就要考虑自己制作封装。

3.3.4 制作元件封装的方法

下面介绍贴片元件和通孔元件封装的制作方法。

贴片元件封装制作

1. "IPC Compliant Footprint Wizard PCB"向导制作法

在 PCB 元件封装库编辑器界面中，利用"IPC Compliant Footprint Wizard PCB"封装向导制作贴片分立元件封装。图 3.3.6 所示是向导提供的元件类型选择清单。

该向导支持 BGA、BQFP、CFP、CHIP、CQFP、DPAK、LCC、MELF、MOLDED、PLCC、PQFP、QFN、QFN-2ROW、SOIC、SOJ、SOP、SOT143/343、SOT223、SOT23、SOT89 和 WIRE WOUND 等封装的制作。将鼠标指针移到封装的列表所在行并单击，界面右边会显示该封装的实物模型，如在图 3.3.6 中选中了"BGA"封装，界面右边就显示了该封装的实物模型，方便我们理解封装的形式。

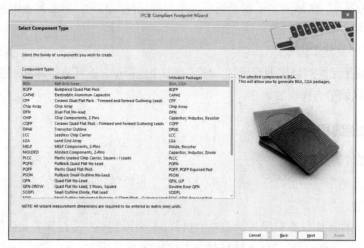

图 3.3.6　向导提供的元件类型选择清单

"IPC Compliant Footprint Wizard PCB"的功能还包括显示整体封装尺寸、引脚信息、空间、阻焊层和公差，输入后能立即看到。还可输入机械尺寸如 Courtyard（外框）、Assembly（装配）和 Component Body（组件体）信息。

向导可以重新进入，以便进行浏览和调整。每个阶段都有封装预览，在任何阶段都可以单击"Finish"按钮，生成当前封装预览。

例如，下面以贴片电阻[英制 0805(公制 2012)]为例，介绍利用"IPC Compliant Footprint Wizard PCB"封装向导制作贴片分立元件封装的流程。图 3.3.7 所示是贴片电阻（英制 0805）的外形技术参数，长为 80mil，宽为 50mil，高为 24～49 mil，焊盘为(8～27)mil×50mil。制作方法如下。

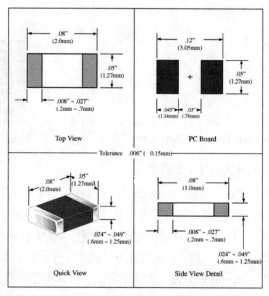

图 3.3.7　贴片电阻的外形技术参数

（1）打开 3.2.4 小节所创建的"My_Integrated_Libraryl.LibPkg"文件，进入库文件设计界面。在"Projects"面板中选中 3.3.2 小节中创建的文件名为"PcbLibl.PcbLib"的元件库文件。

（2）执行"工具（**T**）"（Tools）→ "IPC Compliant Footprint Wizard…"命令，此时会弹出图 3.3.8 所示的"IPC Compliant Footprint Wizard"界面。

（3）单击"Next"按钮，进入图 3.3.9 所示的"Select Component Type"（选择元件类型）界面。其中列出来了几十种贴片元件的封装类型。本例制作贴片电阻元件封装，所以在模型样式栏中选择"CHIP"选项。

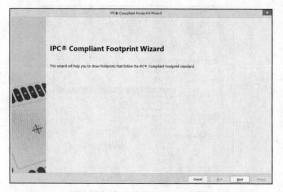

图 3.3.8　"IPC Compliant Footprint Wizard"界面

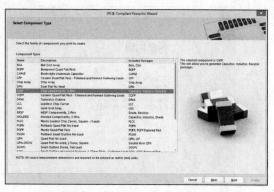

图 3.3.9　"Select Component Type"界面

（4）单击"Next"按钮，进入图 3.3.10 所示的"Chip Component Package Dimensions"（贴片元件封装尺寸）界面。在该界面中，按照图中所示的参数填入相应的位置。

（5）单击"Finish"按钮，结束封装的建立，产生标准 CHIP 封装，如图 3.3.11 所示。在"PCB Library"面板中，新增了一个"RESC2013X12N"封装。

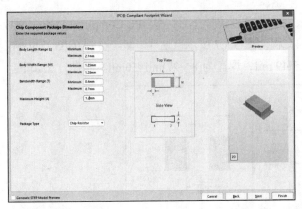

图 3.3.10 "Chip Component Package Dimensions" 界面　　　　图 3.3.11　0805 贴片电阻的封装

2. "Footprint Wizard"（封装向导）制作法

对于标准的 PCB 元件封装，Altium Designer 为用户提供了 PCB 元件封装向导工具，利用它可以方便、快速地绘制直插通孔元件，如电阻、电容、双列直插式等规则元件，不但大大提高了设计 PCB 的效率，而且准确可靠。"Footprint Wizard" 使我们在输入一系列设置后就可以建立一个元件封装。下面以 "DIP14" 为例介绍 "Footprint Wizard" 的使用方法。具体操作步骤如下。

通孔元件封装制作

（1）打开 3.2.4 小节建立的 "My_Integrated_Libraryl.LibPkg" 文件，进入库文件设计界面。在项目管理器中选中 3.3.2 小节中建立的文件名为 "PcbLibl.PcbLib" 的元件库文件。

（2）执行 "工具（T）"（Tools）→ "元器件向导（C）…"（Footprint Wizard）命令，或者直接在 "PCB Library" 面板的 "Footprints" 列表中右击，在弹出的菜单中执行 "Footprint Wizard…" 命令，此时会弹出图 3.3.12 所示 "Footprint Wizard" 界面。

（3）单击 "Next" 按钮，进入图 3.3.13 所示的界面。

由于要制作 DIP14 封装，因此需要做如下设置：设置模型样式为 "Dual In-line Package（DIP）"（封装的模型是双列直插），单位选择 "Imperial（mil）"（英制）。

图 3.3.12 "Footprint Wizard" 界面　　　　图 3.3.13 元件类型选择界面

（4）单击 "Next" 按钮，进入焊盘大小设置界面，如图 3.3.14 所示，圆形焊盘选择外径 x 轴 100mil、y 轴 50mil，内径 25mil（也可以直接输入数值修改尺寸大小）。

（5）单击 "Next" 按钮，进入焊盘间距设置界面，如图 3.3.15 所示，水平方向设为 300mil，垂直方向设为 100mil。

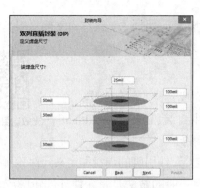

图 3.3.14　焊盘大小设置界面

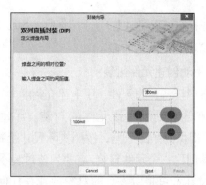

图 3.3.15　焊盘间距设置界面

（6）单击"Next"按钮，进入元件外框线宽的选择界面，如图 3.3.16 所示，保持默认设置（10mil）。

（7）单击"Next"按钮，进入焊盘数选择界面。默认的元件名为 10，由于要设置焊盘（引脚）数目为 14，所以此处修改为 14，如图 3.3.17 所示。

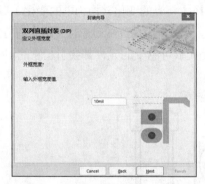

图 3.3.16　元件外框线宽的选择界面

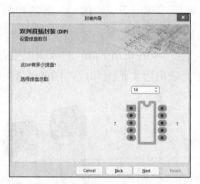

图 3.3.17　设置焊盘（引脚）数目为 14

（8）单击"Next"按钮，进入元件名称选择界面，默认名称为 DIP14，如果不修改它，则单击"Next"按钮。进入最后一个界面，单击"Finish"按钮结束向导。在"PCB Library"面板的"Footprints"列表中会显示新建的 DIP14 封装名，同时设计窗口会显示新建的封装，如有需要，可以对封装进行修改，如图 3.3.18 所示。

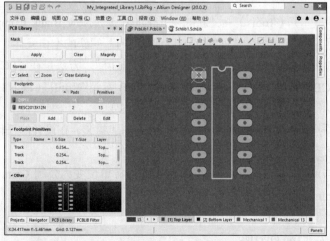

图 3.3.18　使用"PCB Footprint Wizard"建立 DIP14 封装

（9）执行"文件（<u>F</u>）"→"保存（<u>S</u>）"命令（快捷键：Ctrl＋S）保存库文件。用类似的方法创建一个 DIP40 的封装。

3. 手动创建元件封装

光敏电阻封装制作

对于形状特殊的元件，用上述介绍的向导法不能完成元件的封装制作，这个时候就要手动制作该元件的封装。手动制作元件封装就是利用 Altium Designer 提供的绘图工具，按照实际尺寸绘制出元件封装。

手动创建一个元件封装，需要为该封装添加用于连接元件引脚的焊盘和定义元件轮廓的线段和圆弧。设计者可将所设计的对象放置在任何一层，但一般的做法是将元件外部轮廓放置在 Top Overlay 层（即丝印层），焊盘放置在 Multilayer 层（对于直插元件）或顶层信号层（对于贴片元件）。当设计者放置一个封装时，该封装包含的各对象会被放到其本身所定义的层中。

手动创建元件封装的方法类似于创建原理图元件符号，有两种方法：一种是对原有封装进行修改；另一种是绘制新的封装。

光敏电阻一般用于光的测量、光的控制和光电转换（将光的变化转换为电的变化）。常用的光敏电阻为硫化镉光敏电阻，它是由半导体材料制成的。光敏电阻对光的敏感性（即光谱特性）与人眼对可见光（0.40～0.76）μm 的响应很接近，只要是人眼可感受的光，都会引起它的阻值变化。MG45-13 光敏电阻实物图和尺寸图如图 3.3.19 所示。

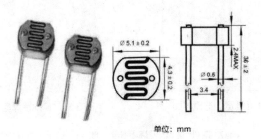

单位：mm

图 3.3.19　MG45-13 光敏电阻实物图和尺寸图

手动创建 MG45-13 光敏电阻的封装步骤如下。

（1）在"Projects"面板中，选中"PcbLibl.PcbLib"，单击"PCB Library"选项卡，打开"PCB Library"面板。

（2）执行"工具（<u>T</u>）"（Tools）→"新的空元件（<u>W</u>）"（New Blank Component）命令（快捷键：T，W），创建了一个默认名为"PCBCOMPONENT_1"的新的空白元件。

将新的封装名（PCBCOMPONENT_1）重命名为"RG-5"。方法是在"PCB Library"面板中，双击新的封装名（PCBCOMPONENT_1），在弹出的"PCB 库元件[mil]"（PCB Library Component[]）对话框中设置"名称"（Name）为"RG-5"，其他设置不变。

推荐在工作区原点（x：0；y：0）参考点位置附近创建封装，在设计的任何阶段，按快捷键 J、R 就可使鼠标指针移到原点位置。

（3）设置栅格与单位。按 Q 键使左上角 x 与 y 的坐标单位变为公制（mm）。按 G 键，在弹出的菜单中执行"0.1mm"命令。

（4）为新封装绘制轮廓。

① 选择当前层为"Top Overlay"层。

② 画圆形。执行"放置（<u>P</u>）"→"圆弧（中心）（<u>A</u>）"命令（快捷键：P，A）或单击"⌒"

按钮，此时鼠标指针上会出现一个黄色的点，拖动鼠标指针，黄色点会变为一个圆，移动鼠标指针到原点（x：0；y：0）并单击，移动鼠标指针，会发现圆形随着鼠标指针的移动，离圆心的距离会变大或变小。单击并移动鼠标指针，再次单击完成圆弧的绘制。为了精确绘制圆弧，选中圆弧，并对其双击右键，此时会出现图 3.3.20 所示的圆弧的参数设置面板。将"Start Angle"设置为"300"，"Radius"设置为"2.5mm"，"Width"设置为"0.254mm"，"End Angle"设置为"60"，设置完成后，在图形编辑器中单击，完成光敏电阻右边圆弧的绘制，按"Esc"键退出放置模式。绘制的图形如图 3.3.21 所示。

图 3.3.20　圆弧的参数设置面板

图 3.3.21　完成的圆弧

用同样方法绘制左边的圆弧。将"Start Angle"设置为"120"，"Radius"设置为"2.5mm"，"Width"采用默认值"0.254mm"，"End Angle"设置为"240"。

③ 画直线。执行"放置（P）"→"走线（L）"命令或单击"✏"按钮，将两段弧线连接起来，图 3.3.22 所示为完成的光敏电阻的外形轮廓图。

（5）为新封装添加焊盘。

执行"放置（P）"（Place）→"焊盘（P）"（Pad）命令（快捷键：P，P）或单击"◎"按钮，鼠标指针处将出现焊盘，放置焊盘之前，先按 Tab 键，在弹出的"Pad[mil]"对话框中，将"属性"下面的"标识符号"后面的"0"改为"1"，其鼠标指针设置不改变，并单击"确定"按钮。将鼠标指针移到（x：−1.5mm；y：0）处并单击，移动鼠标指针到（x：1.5mm；y：0）处并再次单击，按 Esc 键或右击以结束放置。制作完成的光敏电阻的封装如图 3.3.23 所示。

图 3.3.22　光敏电阻的外形轮廓

图 3.3.23　光敏电阻的封装

画图技巧：

（1）画线时，按 Shift + 空格快捷键可以切换线段转角（转弯处）形状。

（2）画线时如果出错，可以按 BackSpace 键删除最后一次所画线段。

（3）按 Q 键可以将坐标显示单位从 mil 改为 mm，或将 mm 改为 mil。

（4）按 G 键可以选择鼠标指针的移动步进数值。

（5）执行"文件（F）"→"保存（S）"命令保存库文件。

小技巧

3.4 集成库的生成与维护

为了使用方便，Altium Designer 20 的集成库将原理图元件和与其关联的 PCB 封装方式、SPICE 仿真模型及信号完整性模型有机结合起来，并以一个不可编辑的形式存在，集成库文件的扩展名为 ".IntLib"。Altium Designer 20 的集成库按照生产厂家的名字分类，存放于软件安装目录的 Library 文件夹中，软件启动后，系统将安装 "Miscellaneous Devices.IntLib" 和 "Miscellaneous connectors.IntLib" 两个集成库，供用户设计使用。其他的原理图库、封装库及集成库都需要利用 "Components" 面板进行加载或安装才能使用。

3.4.1 集成库的生成

集成库的生成主要包括以下几个步骤：收集集成库资料、创建新的集成库工程、添加原理图元件库和 PCB 封装库、给原理图元件添加模型、编译集成库，如图 3.4.1 所示。

（1）收集集成库资料。收集集成库制作所需的原始资料、原理图元件库、PCB 封装库及模型等。

（2）创建新的集成库工程。在创建集成库前，先要创建集成库存放目录，该目录用于存放集成库的名称，如 "D:\My_PCB_Designer"。

启动 Altium Designer 20，执行 "文件（F）" → "新的…（N）" → "库（L）" → "集成库（I）" 命令，系统会自动创建一个默认名称为 "Integrated_Libraryl.LibPkg" 的集成库。选中该集成库并右击，在弹出的菜单中执行 "Save As…" 命令，将集成库重命名为 "My_Integrated_Library.LibPkg" 并存放到 "D:\My_PCB_Designer" 中。

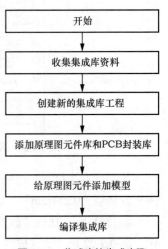

图 3.4.1 集成库的生成步骤

（3）添加原理图元件库。在此工程中新建原理图库，或者将已有的原理图库文件添加到该工程中。用 "Components" 库面板将 3.2 节创建的 "Schlib1.SchLib" 元件库或其他需要加入的元件库添加到新建的工程文件中。方法是在库面板中单击 "≡" 按钮，打开图 3.4.2 所示的菜单，执行 "File-based Libraries Preferences…" 命令，此时会弹出图 3.4.3 所示的可用库对话框。

单击 "添加库（A）…" 按钮，在 "D:\led20210316\led" 目录下找到 "Schlib1.SchLib" 并打开，此时就将其添加到了新建工程文件中，然后将该元件库保存到 "D:\My_PCB_Designer\ My_Integrated_Library" 目录下。

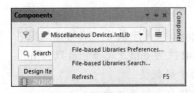

图 3.4.2 添加库菜单

图 3.4.3 可用库对话框

（4）添加 PCB 封装库。在此工程中新建 PCB 封装库，或者将已有的 PCB 封装库文件添加到该工程中，用添加原理图元件符号库"Schlib1.SchLib"的方法添加"Pcblib1.PcbLib"到新建工程文件中，并保存到"D:\My_PCB_Designer\My_Integrated_Library"目录下。

（5）给原理图元件添加模型。在"Projects"面板中，切换到"Schlib1.SchLib"文件，单击"SCH Library"按钮，打开"SCH Library"面板，在"Design Item ID"区域移动滚动条，找到"STC90C51"元件并单击，以选中该元件，如图 3.4.4 所示。

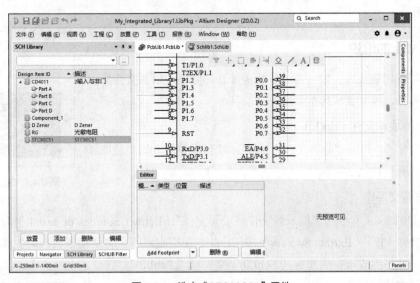

图 3.4.4　选中"STC90C51"元件

在右侧的元件列表中，单击"Add Footprint"按钮，此时会弹出图 3.4.5 所示的"PCB 模型"对话框，在该对话框中，单击"浏览（<u>B</u>）…"（Browse）按钮，选择"DIP40"封装，单击"确定"按钮，在弹出的对话框中，继续单击"确定"按钮，即可完成原理图符号 STC90C51 的封装模型的添加，此处添加的是 DIP40 封装，如图 3.4.6 所示。

图 3.4.5　"PCB 模型"对话框

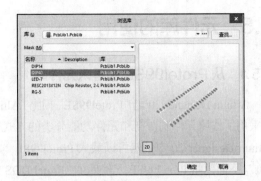

图 3.4.6　添加 DIP40 封装

用同样的方法，将元件符号 CD4011、DZener、RG 的封装符号分别添加为：DIP14、AXIAL0.4 和 RG-5。然后选择"全部保存（<u>L</u>）"选项保存所有文件。

（6）编译集成库。执行"工程（**C**）"（Project）→ "Compile Integrated Library My_Integrated_Library.LibPkg"命令，此时 Altium Designer 20 会编译源库文件，错误和警告将显示在"Messages"面板中。编译结束后，会生成一个新的同名集成库（.IntLib），此处为"My_Integrated_Library.IntLib"，并保存在"工程选项"对话框中的"Options"选项卡所指定的保存路径下，生成的集成库将被自动添加到库面板上，如图 3.4.7 所示。

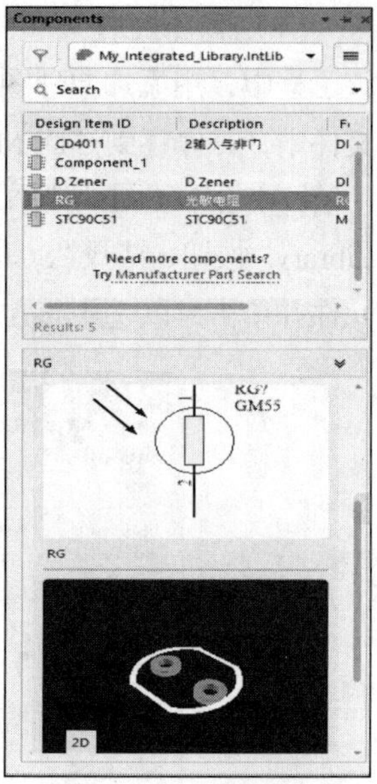

图 3.4.7　生成的集成库

3.4.2　集成库的维护

不能直接编辑集成库，如果要维护集成库，需要先编辑源文件库，然后再重新编译。维护集成库的步骤如下。

1. 打开集成库文件（.IntLib）

执行"文件（**F**）"→ "打开（**O**）"命令，找到需要修改的集成库，然后单击"打开"按钮。

2. 提取源文件库

在弹出的图 3.4.8 所示的"摘录源文件或安装文件"（Ectract Sources or Install）对话框中，单击"摘取源文件（**E**）"（Extract Sources）按钮，此时在集成库所在的路径下会自动生成与集成库同名的文件夹，并将组成该集成库的".SchLib"文件和".PcbLib"文件置于此处以供用户修改。

3. 编辑源文件

在"项目管理器"面板中打开原理图库文件（.SchLib），编辑完成后，执行"文件（**F**）"→ "保存为（**A**）"（Save As...）命令，保存编辑后的元件及库工程。

图 3.4.8　"摘录源文件或安装文件"对话框

4. 重新编译集成库

用前面讲解的编译集成库的方法重新编译集成库即可。

3.5　元件库的使用

3.5.1　从 Protel99SE 中导入元件库

Altium Designer 20 与"Protel99SE"相比，Altium Designer 20 元件库的组织结构有了较大变化，其采用了按照元件制造商和元件功能分类的方式管理，并且引入了集成元件库的概念。但是，在 Altium Designer 20 中依然可以载入 Protel99SE 的元件库，使用 Protel99SE 元件库中的元件和引脚封装。下面以将 Protel99SE 元件库的"Protel DOS Schematic Libraries.DDB"导入 Altium Designer 20 为例，介绍从 Protel99SE 中导入元件库的实现步骤。

1. 关闭工程文件

打开 Altium Designer 20，在工程面板中关掉所有的工程。方法是：执行"工程文件"→右击

→ "Close Project" 命令。

2. 打开导入向导

执行 "文件 (F)" (File) → "导入向导" (improtwizard) 命令, 此时会弹出图 3.5.1 所示的 "导入向导" 对话框。

3. 选择导入文件的类型

单击 "Next" 按钮, 进入图 3.5.2 所示的界面。选择 "99SE DDB Files"。

图 3.5.1 "导入向导" 对话框

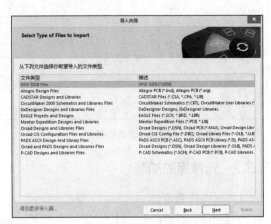

图 3.5.2 选择导入文件类型界面

4. 选择导入文件

单击 "Next" 按钮, 进入图 3.5.3 所示的选择导入文件或文件夹界面, 单击左边 "待处理文件夹 (O)" 下面的 "添加 (D)" 按钮, 添加 "D:\Protel 99se Library\Sch" 文件夹。单击右边 "待处理文件 (F)" 下面的 "添加 (A)" 按钮, 添加 "D:\Protel 99se Library\Sch" 文件夹中所有的.ddb 库文件。添加完成后, 界面如图 3.5.4 所示。

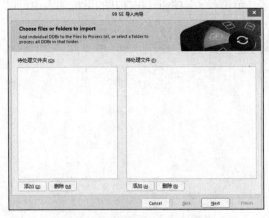

图 3.5.3 选择导入文件或文件夹界面

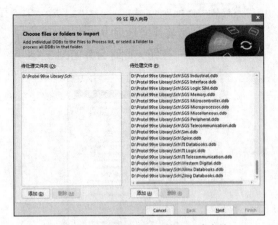

图 3.5.4 待处理的 Protel 的.ddb 库文件

5. 选择输出文件夹

单击 "Next" 按钮, 进入图 3.5.5 所示界面。选择转换好的 Altium Designer 库文件放置的位置, 如 "D:\Demolib1"。然后多次单击 "Next" 按钮, 直到出现图 3.5.6 所示界面, 把 "Messages" 对话框关掉, 再选择 "不打开已导入的设计 (D)" (Don't Open Imported Designs) 选项。

6. 完成转换

看到"Finish"就表示转换成功了。然后就可以在放置转换文件的文件夹中看到 Altium Designer 可用的库文件了，转换后的文件如图 3.5.6 所示。

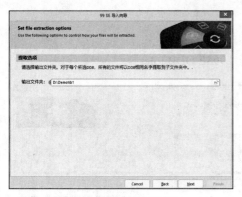

图 3.5.5　设置输出文件路径

图 3.5.6　转换后的文件

3.5.2　元件库的加载

1. 元件库管理器

绘制电路原理图时，在放置元件之前需要加载所需要的元件库，被加载的库可以是系统自带的库，也可以是自己建立的库，否则元件无法放置。但如果一次载入过多的元件库，将会占用较多系统资源，影响计算机的运行速度。所以，一般的做法是只载入必要而常用的元件库，其他特殊的元件库等到需要时再载入。

如果需要加载其他原理图库和封装库，需要在原理图编辑状态下，将鼠标指针移到右上角的"Components"（元件库）按钮上并单击，此时会出现图 3.5.7 所示的元件库管理器面板。

在图 3.5.7 所示的元件库管理器面板中，从上至下各部分功能说明如下。

"🖳 Miscellaneous Devices.IntLib ▼ …"是一个下拉列表，单击"▼"按钮，在打开的下拉列表中可以看到已添加到当前开发环境中的所有库文件。

单击"≡"按钮，此时会弹出图 3.5.8 所示的菜单。

图 3.5.7　元件库管理器面板

图 3.5.8　打开库菜单

◆　"File-based Libraries Preferences…"用于装载/卸载元件库。

◆　"File-based Libraries Search…"用于查找元件库。

◆　"Refresh"用于刷新元件。

第 3 行用于设置元件显示的匹配项的操作框。"*"表示匹配任意字符。

信息框为元件信息列表，包括元件名、元件说明及元件所在集成库等信息。

信息列表下显示了当前所选元件信息。该列表中的内容为所选元件的相关模型信息，包括其 PCB 封装模型，进行信号仿真时用到的仿真模型，进行信号完整性分析时用到的信号完整性模型。

注意　　　　Altium Designer 20 的库面板用"Components"（元件库）面板表示，Altium Designer 16 以前的版本用"库…"（Library）面板表示。

2. 元件库的加载

在图 3.5.8 所示的菜单中，执行"File-based Libraries Preferences…"命令，此时会出现图 3.5.9 所示的"Available File-based Libraries"（可用库）对话框。

在该对话框中，可以看到 3 个选项卡，它们分别是"工程""已安装""搜索路径"。下面分别介绍。

（1）"工程"（Project）选项卡，它显示与当前项目相关联的元件库。

◆　单击"添加库（A）…"（Add Library）按钮可向当前工程中添加元件库和封装库。添加元件库的默认路径为 Altium Designer 20 安装目录下"Library"文件夹的路径，在该文件夹中，按照厂家的顺序给出了元件的集成库，用户可以从中选择想要安装的元件库，然后单击"打开"按钮，就可以把元件库添加到当前工程项目中了，同时"工程"选项卡中会显示该库文件，该库文件可以利用库管理面板进行编辑与管理。

◆　单击"删除（R）"（Remove）按钮，可以把选中的元件库从当前工程项目中删除。

（2）"已安装"选项卡，其显示当前开发环境已经安装的元件库，任何装载在该选项卡中的元件库都可以被开发环境中的任何工程项目所使用，如图 3.5.10 所示。

图 3.5.9　"Available File-based Libraries"对话框

图 3.5.10　"已安装"选项卡

◆　单击"上移（U）"和"下移（D）"（Move Up 和 Move Down）按钮，可以把列表中选中的元件库上移或下移，以改变其在元件库管理器中的显示顺序。

◆　在列表中选中某个元件库后，单击"删除（R）"（Remove）按钮就可以将该元件库从当前开发环境中移除。

◆　要添加一个新的元件库，可以单击"安装（I）"（Install）按钮，在弹出的对话框中找到自己想添加的元件库，然后单击"打开"按钮，就可以把元件库添加到当前开发环境中了。

（3）"搜索路径"选项卡，主要用于设置库文件的搜索路径。

3.5.3　元件查找

绘制原理图时，在放置元件符号之前要先搜索元件。Altium Designer 20 为了管理数量巨大的元件，元件库管理器提供了强大的库搜索功能。

在图 3.5.8 所示的菜单中，执行"File-based Libraries Search…"命令，此时会弹出图 3.5.11 所示的"File-based Libraries Search"对话框。在该对话框中，可以搜索需要的元件。

搜索元件需要设置的参数如下。在"搜索范围"下拉列表中可选择查找类型，主要有 4 种类型，即 Components（元件）、Footprints（PCB 封装）、3D Models（3D 模型）和 Database Components（数据库元件）。

◆ "可用库"（Available libraries）单选按钮：系统会在已经加载的元件库中查找。

◆ "搜索路径中的库文件"单选按钮：系统会按照设置的路径进行查找。

◆ "路径"（Path）选项组：用于设置查找元件的路径，只有在选中"搜索路径中的库文件"单选按钮时才有效；若勾选"包括子目录"（Include Subdirectories）复选框，则包含在指定目录中的子目录也会被搜索。

◆ "File Mask"（文件过滤）：设定查找对象的文件匹配域，"."表示匹配任何字符串。

例如，查找"Bell"所在的库文件的操作方法是：在图 3.5.11 所示的对话框中，单击"查找（$\underline{S}$）"按钮，系统会自动弹出"搜索库"对话框，修改参数为图 3.5.12 所示的内容。

图 3.5.11　"File-based Libraries Search"对话框

图 3.5.12　在可用库中查找元件

单击"查找（$\underline{S}$）"按钮，系统将显示元件"Bell"在"MiscellaneousDevices"库文件中。

3.6　项目实践——元件库设计

3.6.1　项目原理

NE555 的原理图元件符号如图 3.6.1 所示。NE555 引脚的电气属性如表 3.6.1 所示。

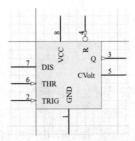

图 3.6.1　NE555 的原理图元件符号

表 3.6.1　NE555 引脚的电气属性

引脚（Pins）	名称（Name）	电气属性（Type）	引脚（Pins）	名称（Name）	电气属性（Type）
1	GND	power	5	CVOLT	passive
2	TRIG	Input	6	THR	Input
3	OUT	Output	7	DISC	Open Collector
4	RST	Input	8	VCC	power

3.6.2　设计要求

（1）查找 NE555 元件资料，熟悉该芯片的主要用途、引脚功能、封装形式（此处以双列直插式为例）等。

（2）利用 Altium Designer 20，创建集成库文件、原理图库文件，绘制 NE555 原理图符号。要求 NE555 原理图符号标示框大小为 800mil×800mil，引脚长度为 300mil，引脚属性按照表 3.6.1 所示中的要求填写。

（3）建立 NE555 封装库（双列直插式），利用"元件向导"（Component Wizard）制作法制作 NE555 封装库。

（4）将新建的 NE555 原理图符号与新建的 NE555 封装（双列直插式）进行绑定。

（5）将新建的 NE555 原理图符号添加到"Schlibl.SchLib"中。

提示　　　　将可见栅格设置为 100mil（快捷键：T，D），在绘制图形的过程中，随时按 G 键切换为捕捉栅格（在 10mil、50mil 和 100mil 之间切换）。

3.6.3　项目考评

考评的目的在于对学生在工程训练过程中所表现出来的态度、技术熟练程度和对训练内容的了解、掌握程度等做出合理的评价。PCB 设计考评表如表 3.6.2 所示。

表 3.6.2　PCB 设计考评表

院系/班级：　　　　　　训练项目：　　　　　　指导老师：　　　　　　日期：

学号	姓名	态度 10%	技术熟练程度 30%	原理图符号 40%	PCB 封装 20%	总分

思考与练习

一、思考题

1. 标示图的作用是什么？画元件符号时，一定要画标示图吗？标示图对 PCB 的正确性与设计有什么影响？

2. 什么是元件的封装？简述元件实物、原理图符号和封装符号三者之间的关系。它们之间联系的纽带是什么？

3. 元件封装可分为哪几类？

4. 简述元件封装的命名规则。

5. 为什么要创建新的原理图元件符号？

6. 简述元件符号的设计流程。

7. 简述绘制元件符号要遵守的基本原则。

8. 在创建元件符号时，如何对元件进行属性设置？

9. 在对元件进行属性设置时，为什么要锁定引脚？

10. 如果要批量修改引脚属性，如何打开"元件管脚编辑器"对话框？

11. 如何创建集成库文件？

12. 一般用哪两种方法创建新元件符号？

13. 举例说明如何在元件库之间复制，以及如何将一个元件或多个元件从源库复制到目标库中。

14. 简述集成电路符号的绘制方法。引脚名称与引脚标识符号有什么区别？在元件符号中，与封装符号中引脚序号对应的是引脚名称还是引脚标识符号？

15. 简述元件库的加载方法。

16. 简述集成库的生成方法。

17. 简述元件封装的创建和调用方法。

二、实践练习题

1. 完成 3.6 节"项目实践——元件库设计"的全部内容。

2. 绘制图题 3.1 所示的稳压芯片 LM317 元件符号。要求如下。

（1）图题 3.1 中的可见栅格为 100mil。

（2）引脚长度为 200mil。

（3）1 号引脚的名称与标号放置如图题 3.1 所示。

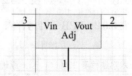

图题 3.1　稳压芯片 LM317 元件符号

提示

　　1 号引脚的名称与标号放置需要改变方向，方法是选中该引脚，在引脚的参数设置面板中的"Font Settings"区域内修改，如图题 3.1-1 所示。

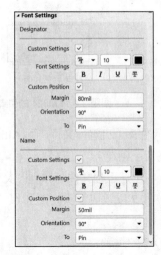

图题 3.1-1 "Font Settings" 区域

3. 绘制图题 3.2 所示的 P 沟道场效应管元件符号。要求如下。

（1）图题 3.2 中的可见栅格为 100mil。

（2）引脚长度为 200mil。

（3）2 号引脚的箭头利用多边形命令绘制，线宽设置为 "smallest"，捕捉栅格切换为 "10mil"。

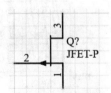

图题 3.2　P 沟道场效应管元件符号

4. 绘制图题 3.3 所示的插座封装符号。要求如下。

（1）外框尺寸为 10mm×8mm。

（2）焊盘内径为 1mm，外径为 2.5mm，第一个焊盘为正方形。

（3）焊盘之间的间距为 5mm。

（4）焊盘 1 的中心距离左边框 2.5mm，焊盘 2 的中心距离右边框 2.5mm。

（5）焊盘 1 和焊盘 2 的中心距离下边框 3mm。

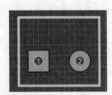

图题 3.3　2 孔插座封装符号

5. 创建一个四运算放大器 LM324 的元件符号，LM324 的引脚图如图题 3.4 所示。要求是将 LM324 芯片描述成 4 个独立的运算放大器单元，在做元件封装时，让 4 个独立的运算放大器单元共享一个元件封装。

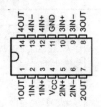

图题 3.4　LM324 的引脚图

6. 从 Protel99SE 中导入元件库（自选库文件）到 Altium Designer 20 中。要求转换后的库文件存放在指定的文件中（文件夹自己创建）。

7. 在 Altium Designer 20 中创建工程文件与原理图文件，练习库文件的加载与查找。

8. 图题 3.5 所示为 0.8 英寸 7 段数码管实物图和尺寸图。绘制 0.8 英寸 7 段数码管的封装符号。要求如下。

（1）手动创建数码管 LED-7 的封装。

（2）创建 "PcbLib2.PcbLib" 文件。

（3）将新的封装改名为 LED-7。

（4）通孔尺寸：30mil。尺寸和外形：Rectangular（方形）。x 和 y 都设置为 "60mil"。

（5）元件封装参考点为 1 号焊盘。

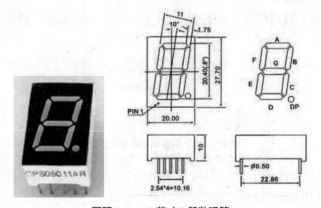

图题 3.5　0.8 英寸 7 段数码管

第 4 章 原理图设计基础

04

本章主要内容

本章将介绍原理图设计的一般步骤、创建原理图文件、原理图编辑环境工具、原理图的图纸设置、原理图图纸的缩放与移动及电路原理图的设计。

本章建议教学时长

本章教学时长建议为 2 学时。

- ◆ 原理图设计流程与编辑环境工具：0.25 学时。
- ◆ 原理图图纸的设置与原理图图纸的缩放与移动：0.25 学时。
- ◆ 原理图设计工具与原理图设计方法：1.5 学时。

本章教学要求

- ◆ 知识点：了解原理图设计基础知识，掌握原理图的图纸设置、图纸缩放方法，熟悉原理图设计常用菜单与工具按钮及快捷键的具体操作方法。
- ◆ 重难点：原理图设计工具使用方法、原理图的设计。

4.1 原理图设计的一般步骤

原理图设计是 PCB 设计的基础，原理图决定了后面工作的进展，为 PCB 的设计提供元件、连线依据。一般来讲，绘制一个原理图的工作主要包括：创建原理图文件、设置工作环境、放置元件、布局布线、电气检查、保存文稿和报表输出。利用 Altium Designer 20 绘制 PCB 的主要流程如图 4.1.1 所示。

1. 创建原理图文件

启动 Altium Designer 20 后，首先创建工程文件，然后创建原理图文件。

2. 设置工作环境

绘制原理图之前，首先设置工作环境，需要根据实际电路的复杂程度来设置图纸大小，然后设置图纸方向、栅格大小及标题栏，最后加载元件库。

3. 放置元件

根据实际电路的需要，先从相应的元件库里取出所需的元件并将其放置到原理图的图纸上。根据电路功能模块与信号走向放置元件，然后根据元件之间的走线等关系，对元件在图纸平面上的位置进行调整，并对元件的编号、封装进行定义和设定，为下一步工作打好基础。

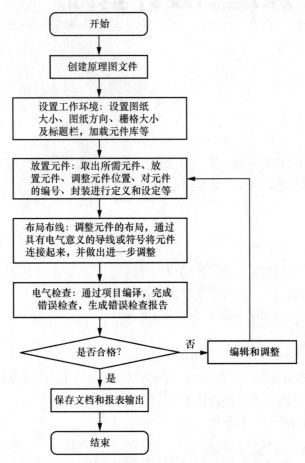

图 4.1.1　利用 Altium　Designer　20 绘制 PCB 的主要流程

4．布局布线

该过程实际就是绘图的过程。首先按功能模块调整元件的布局，然后利用 Altium Designer 20 提供的各种工具、命令进行布线，将工作平面上的元件用具有电气意义的导线、符号连接起来，构成一个完整的原理图。在这一过程中，还可以对所绘制的原理图做进一步调整和修改，以保证原理图的美观和正确。

5．电气检查

原理图布线完成后，还需要执行"工程（C）"→"工程选项（O）"命令，设置"Options for PCB Project"（一般不设置，采用默认设置项），然后编译当前项目，根据 Altium Designer 20 提供的错误检查报告重新修改原理图。

6．保存文档和报表输出

此阶段可利用报表工具生成各种报表，如网络表、元件清单等，此时也可设置打印参数并进行打印，从而为生成 PCB 做好准备。

4.2　创建原理图文件

1. 创建 PCB 工程文件

启动 Altium Designer 20，在进行原理图设计之前，必须先创建 PCB 工程文件。方法是：执行"文件（<u>F</u>）"→"新的...（<u>N</u>）"→"项目（<u>J</u>）"命令（快捷键：F，N，J），此时会弹出图 4.2.1 所示的"Creat Project"对话框。

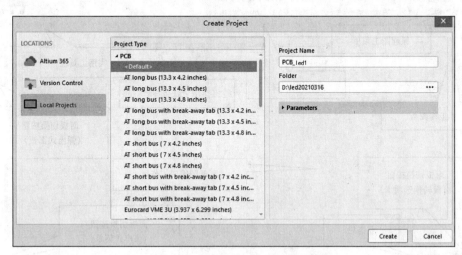

图 4.2.1　"Creat Project"对话框

◆ 在"LOCATIONS"区域中选择"Local Projects"。

◆ 在"Project Type"列表中，展开"PCB"，在其中选择"<Default>"。

◆ 在"Project Name"文本框中填写工程文件名，如"led1"。设置"Folder"确定设计文件存放的路径，将文件放置的位置设置为 D 盘，如"D:\led20210316"，完成后单击"Create"按钮，以完成工程文件的创建。

小技巧

文件创建：

（1）在创建工程文件时，存放路径建议不要设置在 C 盘，创建的文件目录最好只填写一级目录。如在 F 盘中创建目录为"led20210316"的一级目录，"Folder"只需设置为"F:\led20210316"即可。

（2）创建工程文件后，在一级目录的基础上，系统会以工程文件名自动生成二级目录，如"F:\led20210316\led1"，二级目录 led1 与工程文件同名（一般自动创建）。

（3）在保存工程文件时，一定要将工程文件保存在与工程文件同名的目录中（一般系统默认自动保存到该目录）。

2. 创建原理图文件

执行"文件（<u>F</u>）"→"新的...（<u>N</u>）"→"原理图（<u>S</u>）"命令（快捷键：F，N，S），或者在"Projects"面板中选中工程文件并右击，在弹出的菜单中执行"添加新的...到工程（<u>N</u>）"→"Schematic"命令，创建原理图文件。

执行"文件（<u>F</u>）"（File）→"保存为（<u>A</u>）"（Save As）命令（快捷键：F，A），将新原理图文件重命名（扩展名为.SchDoc）并保存。

4.3 原理图编辑环境

图 4.3.1 为原理图编辑环境。原理图编辑环境主要由原理图主菜单、原理图工具栏、实用工具栏、工程面板、面板切换按钮（包括面板转换选项卡、弹出式菜单和弹出式面板）、快捷工具命令栏、状态栏和原理图编辑工作区等部分组成。

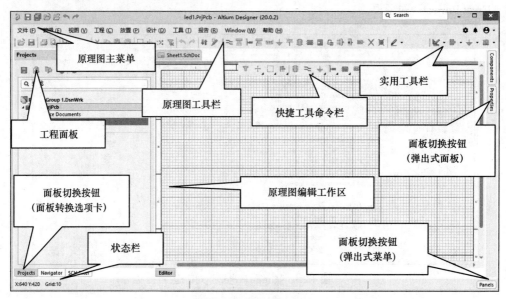

图 4.3.1　原理图编辑环境

① 原理图主菜单。绘制原理图的基本命令都可以在该菜单中找到。

② 原理图工具栏。该工具栏放置了绘制原理图的基本工具。

③ 实用工具栏。该工具栏放置了绘制与编辑非电气符号的基本工具。

④ 工程面板。该工具用于对整个工程进行管理。

⑤ 面板切换按钮。该工具用于各种面板之间的切换。Altium Designer 20 增加了"Panels"辅助面板，取消了旧版中弹出相应属性对话框的方式。通过面板可以方便地对整个工程中所编辑的文档进行快速修改，不但在原理图绘制界面上能够用到，在其他编辑状态同样也可以用到。

⑥ 快捷工具命令栏。为了方便地对原理图进行编辑，Altium Designer 20 增加了快捷工具命令栏。

⑦ 状态栏。该工具用于实时显示编辑时鼠标指针的位置、当前移动栅格的步进等基本信息。

⑧ 原理图编辑工作区。该工具用于编辑设计原理图。

下面分别介绍原理图编辑环境工具中原理图主菜单、原理图工具栏与快捷键的主要功能。

4.3.1　原理图主菜单

启动 Altium Designer 20 并创建工程文件与原理图文件后，进入原理图编辑器界面。与之相应的原理图主菜单位于原理图编辑器界面的上方，如图 4.3.2 所示。

文件 (F)　编辑 (E)　视图 (V)　工程 (C)　放置 (P)　设计 (D)　工具 (T)　报告 (R)　Window (W)　帮助 (H)

图 4.3.2　原理图主菜单

其中有"文件（<u>F</u>）"（File）、"编辑（<u>E</u>）"（Edit）、"视图（<u>V</u>）"（View）、"工程（<u>C</u>）"（Project）、"放置（<u>P</u>）"（Place）、"设计（<u>D</u>）"（Design）、"工具（<u>T</u>）"（Tools）、"报告（<u>R</u>）"（Reports）、"Window（<u>W</u>）"（窗口）和"帮助（<u>H</u>）"（Help）基本操作菜单项。利用这些菜单项内的命令，可以设置Altium Designer的系统参数、新建项目文件、启动对应的设计模块。当设计模块被启动后，主菜单将自动更新，以匹配设计模块。

4.3.2 原理图工具栏与快捷键

执行"视图（<u>V</u>）"（View）→"工具栏（<u>T</u>）"（Toolbars）命令（快捷键：V，T），会弹出图4.3.3所示的原理图设计工具栏菜单。要显示某一个工具栏，只需勾选某一工具的复选框；要隐藏某一工具栏，只需取消勾选其复选框。

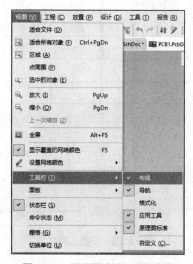

图4.3.3　原理图设计工具栏菜单

Altium Designer 20的常用工具栏有原理图标准工具栏（Schematic Standard Tools）、布线（Wiring）工具栏、实用（Utilities）工具栏等。其中实用（Utilities）工具栏又包括多个子工具，这些子工具包括实用工具、对齐工具、电源和栅格等。

为了帮助初学者更好、更快速地掌握工具栏命令和快捷键的使用方法，我们将工具栏命令与快捷键及其功能放在一个表格中，方便比对与记忆。建议读者多使用快捷键，使用快捷键可以大大提高设计效率。下面介绍几个常用的工具栏。

1. 原理图标准工具栏

打开或关闭原理图标准工具栏，可执行"视图（<u>V</u>）"（View）→"工具栏（<u>T</u>）"（Toolbars）→"原理图标准"（Schematic Standard Tools）命令。原理图标准工具栏如图4.3.4所示。

图4.3.4　原理图标准工具栏

原理图标准工具栏主要用于一些基本操作，如打开文件、存储文件、打印文件、生成打印预览、复制、选择区域内部的对象、移动选择对象、清除当前过滤器、恢复之前操作、交叉探针到打开的文件、显示全部内容至当前工作区、矩形区域局部放大、将选择内容调整至工作区中央、剪切、粘贴、将选择的内容粘贴多次、取消选择的对象、取消之前操作和上下层次等。原理图标准工具栏上各按钮的功能如表 4.3.1 所示。

表 4.3.1 原理图标准工具栏上各按钮的功能

按钮	快捷键	功能	按钮	快捷键	功能
	Ctrl + O	打开文件		V + D	显示全部内容至当前工作区
	Ctrl + S	存储文件		V + A	矩形区域局部放大
	Ctrl + P	打印文件		V + E	将选择内容调整至工作区中央
	F + V	生成打印预览		Ctrl + X	剪切
	Ctrl + C	复制		Ctrl + V	粘贴
	E + S + I	选择区域内部的对象		Ctrl + R	将选择的内容粘贴多次
	E + M + S	移动选择对象		E + E + A	取消选择的对象
	Shift + C	清除当前过滤器		Ctrl + Z	取消之前操作
	Ctrl + Y	恢复之前操作		T + H	上下层次
	T + C	交叉探针到打开的文件			

2. 布线工具栏

打开或关闭布线（Wiring）工具栏，可执行"视图（V）"（View）→"工具栏（T）"（Toolbars）→"布线"（Wiring）命令，如图 4.3.5 所示。

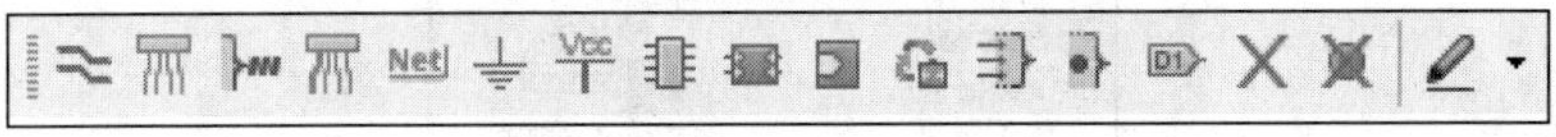

图 4.3.5　布线工具栏

布线工具栏功能如表 4.3.2 所示。主要功能有放置导线、放置总线、放置信号线束、放置总线入口、放置网络标签、放置 GND 端口、放置线束入口、放置通用 NoERC 标号、放置特定 NoERC 标号、放置 VCC 电源端口、放置元件、放置图表符、放置图纸入口、放置元件图表符、放置线束连接器、放置端口、网络颜色等。

表 4.3.2　布线工具栏上各按钮的功能

按钮	快捷键	功能	按钮	快捷键	功能
	P + W	放置导线		P + O	放置 VCC 电源端口
	P + B	放置总线		P + P	放置元件
	P + H + H	放置信号线束		P + S	放置图表符
	P + U	放置总线入口		P + A	放置图纸入口
	P + N	放置网络标签		P + I	放置元件图表符
	P + O	放置 GND 端口		P + H + C	放置线束连接器
	P + H + E	放置线束入口		P + R	放置端口
	P + V + N	放置通用 No ERC 标号		/	网络颜色
	P + V + E	放置特定 No ERC 标号			

与原理图库编辑器类似，　Altium Designer 20 在原理图编辑器中也提供了快捷工具命令栏，如图 4.3.6 所示。在快捷工具命令栏中，单击某一个工具按钮，就可以执行该按钮命令。在有 "◢" 的工具按钮上右击，就会弹出相应的菜单。编辑原理图所需的命令，几乎都可以在该快捷工具命令栏中找到。

图 4.3.6　快捷工具命令栏

3. 实用工具栏

打开或关闭实用工具栏（Utilities）可通过执行 "视图（$\underline{V}$）"（View）→ "工具栏（$\underline{T}$）"（Toolbars）→ "实用"（Utilities）命令实现，此时会显示实用工具栏 "　"。该工具栏包含实用工具、对齐工具（Alignment Tools）元件、电源（Power Sources）和栅格（Grids）设置等多个子工具。例如，单击 "　" 按钮，将弹出图 4.3.7 所示的绘图工具栏，绘图工具栏主要按钮的功能可以参考第 3 章表 3.2.1 所示的绘图工具栏功能表。

单击 "　" 按钮，将弹出图 4.3.8 所示的对齐工具栏。对齐工具栏上各按钮的功能如表 4.3.3 所示。

图 4.3.7　绘图工具栏

图 4.3.8　对齐工具栏

表 4.3.3　对齐工具栏上各按钮的功能

按钮	快捷键	功能	按钮	快捷键	功能
	Shift + Ctrl + L	元件左对齐		Shift + Ctrl + R	元件右对齐
	/	水平中心对齐		Shift + Ctrl + H	水平等间距对齐
	Shift + Ctrl + T	顶对齐		Shift + Ctrl + B	底对齐
	/	垂直中心对齐		Shift + Ctrl + V	垂直等间距对齐
	Shift + Ctrl + D	对齐到栅格			

小知识

在使用 Altium Designer 20 进行原理图与 PCB 设计时，有 3 种交互方法，即菜单命令、工具条命令和快捷键。

（1）在学习 Altium Designer 20 设计初级阶段，建议以使用菜单命令为主，因为菜单很明确地表达了要操作的内容，初学者容易从菜单中选中自己所要执行的菜单命令。

（2）熟悉了基本菜单功能后，为了提高效率，在设计中就不要大量使用菜单命令了。这时可以结合使用工具栏命令与快捷键。

（3）在学习了 Altium Designer 20 一段时间后，建议尽量使用快捷键，利用快捷键可以极大地提高设计效率。

（4）菜单与快捷键的关系：菜单后面带下划线的字母就是快捷键字母。例如打开工程文件，可以执行"文件（F）"→"打开工程（J）…"命令，"文件（F）"下画线字母是 F，"打开工程（J）…"下画线字母是 J，所以快捷键就是：F，J。执行快捷键命令就是在英文（非中文）输入状态下，按 F 键，再按 J 键，这样就可以打开工程文件界面，选择所需打开的工程文件。如果要使用快捷键，则按顺序按菜单后面带下画线的字母对应的键即可。

4.4　原理图的图纸设置

进行原理图设计之前，先要进行图纸参数设置。设置图纸参数的界面可以设置与图纸有关的参数，如图纸尺寸与方向、边框、标题栏、字体等，为电路原理图设计做好准备。

原理图的图纸通过"Properties"原理图属性面板进行设置。"Properties"面板并不是原理图特有的。该面板是对象设置通用面板，需要设置的对象不同，该面板中显示的设置项也不同。

在原理图编辑环境下，有 2 种方法可以打开图 4.4.1 所示的原理图属性面板，这个面板可以进行图纸参数的设置。

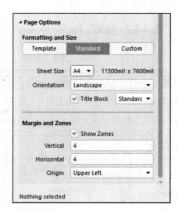

图 4.4.1　原理图属性面板

第一种是双击原理图图纸边框。

第二种是单击"Panels"按钮，在弹出的菜单中执行"Properties"命令。原理图属性面板中有"General"和"Parameters"2 个选项卡。

◆ "General"选项卡负责常规设置，其中包含 3 个折叠项："Selection Filter""General""Page Options"。

◆　"Parameters"选项卡负责图纸参数设置。

下面分别介绍它们的功能。

4.4.1　常规设置

1. "Selection Filter"

"Selection Filter"设置区域如图 4.4.2 所示。在操作原理图时，对"Selection Filter"设置的对象进行过滤，只有在"Selection Filter"设置区域中被选中的对象（被选中对象为淡蓝色），才能在原理图中被选中，没有被选中的对象，在原理图中不能被选中。该过滤属性和原理图上方的过滤器功能一致。

2. "General"

在图 4.4.3 所示的"General"设置区域中，可以对电路原理图的图纸单位、可见栅格、捕捉栅格、电气栅格、图纸边框、文档字体、图纸颜色等进行设置。

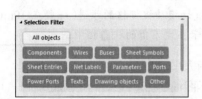

图 4.4.2 "Selection Filter"设置区域

图 4.4.3 "General"设置区域

（1）图纸单位（Units）。设计者可以选择使用英制单位或公制单位。单击"mm"按钮，按钮变换为淡蓝色，表示当前单位为公制单位。单击"mils"按钮，按钮变换为淡蓝色，表示当前单位为公制单位。一般默认选用英制单位。

（2）图纸栅格。栅格（Grids）主要包括"可视栅格"和"捕捉栅格"。电气栅格包括"捕捉电子目标热点"和"捕捉距离"。在原理图设计过程中恰当地使用栅格设置，可方便电路原理图的设计，提高电路原理图绘制的速度和准确性。使用可视栅格，设计者可以大致把握图纸上各个对象的放置位置和几何尺寸，电气栅格的使用大大方便了电气连线的操作。下面分别介绍。

◆　"Visible Grid"（可视栅格）。可视栅格也叫作可见栅格，该项可用来设置可视栅格的尺寸。可视栅格的设定值只决定图纸上实际显示的栅格的间距，不影响鼠标指针的移动。例如，当设定 Visible=100mil 时，图纸上实际显示的每个栅格的边长为 100mil。选中该项后面的"⊙"，则栅格可见，选中该项后面的"◩"，则栅格隐藏。

◆　"Snap Grid"（捕捉栅格）。此项设置的目的是使我们在画图过程中能更加方便地对准目标和引脚。Snap Grid 的设定值决定了鼠标指针的移动步进。例如，将其设定为 100mil 时，鼠标指针的移动步进为 100mil。选中该项的复选框，表示启用该功能，以设定值为移动步进。如果取消勾选复选框，则系统将移动步进设置为最小长度单位。

◆　"Snap to Electrical Object Hotspots"（捕捉电子目标热点）。勾选该复选框，表示启动电气栅格功能，当进行导线连接时，系统会在以鼠标指针为圆心、以"Snap Distance"的值为半径的圆内搜索电气热点（如元件引脚），一旦搜索到，其将自动吸附到电气热点上，并且显示为淡蓝色米字标志，帮助我们快速连线。

◆ "Snap Distance"（捕捉距离）。勾选 "Snap to Electrical Object Hotspots" 复选框且系统在连线时，系统将以鼠标指针为圆心、以 "Snap Distance" 的值为半径，自动向四周搜索电气节点。当找到最接近的节点时，鼠标指针将自动移到此节点上，并在该节点上显示出一个淡蓝色 "×"。

如果没有勾选 "Snap to Electrical Object Hotspots" 复选框，系统则不会自动寻找电气节点。

"Snap Distance" 的值一般要小于可视栅格中的值，当可视栅格设置为 100mil 时，栅格范围设置为 40mil。

小技巧

栅格使用：

（1）捕捉栅格和可视栅格的设定是相互独立的，两者互不影响。建议勾选 "Visible Grid" 前面的复选框，使可视栅格可见。

（2）为了能准确快速地捕获电气节点，电气栅格应该设置得比当前捕捉栅格更小，否则电气对象的定位会变得相当困难。建议勾选 "Snap to Electrical Object Hotspots" 前面的复选框，"Snap Distance" 设置的值应该小于 "捕捉"（Snap）设置的值。"捕捉"（Snap）设置的值应该小于或等于可视栅格设置的值。

（3）在绘制原理图时，随时可以按 G 键切换捕捉栅格的步进（一般在 10mil、50mil、100mil 之间切换），切换后的当前步进显示在左下角的状态栏中。

（3）文档字体（Document Font）。采用默认字体与大小。

（4）图纸边框（Sheet Border）。勾选该复选框表示图纸要加边框，否则不加边框。

（5）图纸颜色（Sheet Color）。单击 "Sheet Color" 后面的颜色方块，打开颜色选择对话框，设置图纸颜色。一般图纸边框与图纸颜色采用默认值。

3. "Page Options"

（1）图纸格式与尺寸（Formatting and Size）。我们通常应用的都是标准图纸，此时，可以直接应用标准图纸的尺寸设置版面。在图 4.4.4 所示的区域中，可以利用 "Template"（模板）、"Standard"（标准）和 "Custom"（自定义）3 种方式设置图纸尺寸。

① "Template"（模板）。在图 4.4.4 所示的界面中，单击 "Template" 选项卡，此时会出现图 4.4.5 所示的内容，单击 "Template" 右侧的 "▼" 按钮，选取需要的图纸模板即可（图纸模板有 A0、A1、A2、A3、A4、A、B、C、D、E、orcad A、orcad B、orcad C、orcad D、orcad E、Letter、Legal、Tabloid 等）。

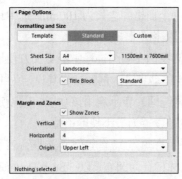

图 4.4.4 "Page Options" 区域

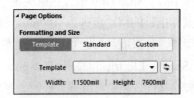

图 4.4.5 "Template" 选项卡

② "Standard"（标准）。在图 4.4.4 所示的区域中，系统默认选中"Standard"。

◆ "Sheet Size"（图纸尺寸）。单击"Sheet Size"右侧的"▼"按钮，选择"A4"。也可以根据所设计的原理图大小选择适用的标准图样号。

◆ "Orientation"（图纸放置方向）。单击"Orientation"右侧的"▼"按钮，可设置图纸的放置方向，其中有两种选项，选择"Landscape"（横向）表示图样水平放置，选择"Portrait"（纵向）表示图样垂直放置。一般选择"Landscape"。

◆ "Title Block"（图纸标题块）。标题块用于设置图纸标题栏，该复选框用来设置是否在图纸上显示标题栏。勾选该复选框显示标题栏，否则不显示标题栏。标题栏有"Standard"和"ANSI"两种。"ANSI"代表美国国家标准协会模式标题栏，"Standard"代表标准型标题栏，一般选默认值"Standard"，其形式如图 4.4.6 所示。

③ "Custom"（自定义）。设计者可以自定义图纸的大小，方法是单击"Custom"选项卡，如图 4.4.7 所示，在该选项卡的每个栏目中，根据自定义的图纸可以填入所需数值。

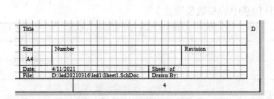

图 4.4.6　标准型标题栏

图 4.4.7　"Custom"选项卡

小知识

图纸规格：
　　为方便设计者，系统提供了多种标准图样尺寸，如表 4.4.1 所示。公制：A0、A1、A2、A3、A4。英制：A、B、C、D、E。rcad 图样：orcad A、orcad B、orcad C、orcad D、orcad E。其他：Letter、Legal、Tabloid。

表 4.4.1　各种规格的标准图样尺寸（注：1 英寸=2.54cm）

代号	尺寸（英寸）	代号	尺寸（英寸）
A4	11.5×7.6	E	42×32
A3	15.5×12.1	Letter	11×8.5
A2	22.3×15.7	Legal	14×8.5
A1	31.5×22.3	Tabloid	17×11
A0	44.6×31.5	orcad A	9.9×7.9
A	9.5×7.5	orcad B	15.4×9.9
B	15×9.5	orcad C	20.6×15.6
C	20×15	orcad D	32.6×20.6
D	32×20	orcad E	42.8×32.8

（2）边缘和区域（Margin and Zones）。"Show Zones"（显示边框）：勾选"Show Zones"复选框表示显示边框，否则不显示边框。其余采用默认值。

4.4.2　图纸设计信息

图纸设计信息记录了原理图的设计信息和更新记录。Altium Designer 的这项功能使原理图的设计者可以更方便、有效地对图纸设计进行管理。在图 4.4.1 所示的 "Properties" 原理图属性面板中，展开 "Parameters" 区域，此时会出现图 4.4.8 所示的区域，它为原理图文档提供了 20 多个文档参数，供用户在图纸模板和图纸中放置。

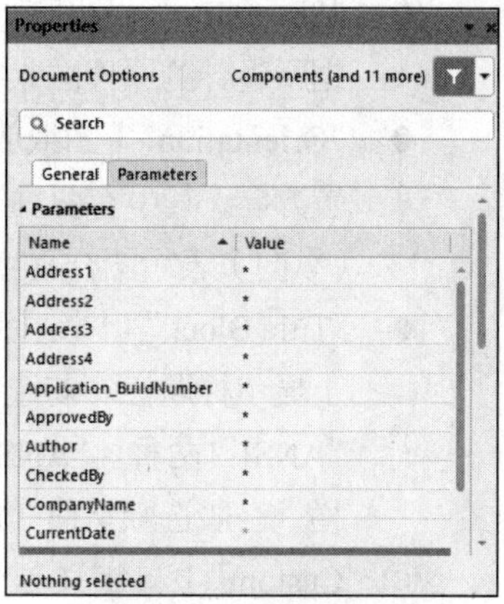

在图 4.4.8 所示的参数设置区域中，每个选项要填写参数的值（Value）。填写方法是单击 "Value" 列中的单元格，把 "*" 去掉，再直接输入参数。在图 4.4.8 所示的区域中可以设置的参数有很多，其中常用的有以下几个参数，如表 4.4.2 所示。

图 4.4.8　参数设置区域

例题：在标准型标题栏中，在 "Title" 中填写 "声光控电路"，在 "Number"（图纸总数量）中填写 "1"，在 "Revision"（版本）中填写 "v1.0"，在 "Sheet of"（图纸页数）中填写 "1"，在 "Drawn By:"（绘图者）中填写 "hust-ce"，标准型标题栏如图 4.4.9 所示。

表 4.4.2　图纸设计信息中的参数及描述

序号	参数	描述
1	Address	设计者所在的公司及个人的地址信息
2	Approved By	原理图审核者的名字
3	Author	原理图设计者的名字
4	Checked By	原理图校对者的名字
5	Company Name	原理图设计公司的名字
6	Current Date	系统日期
7	Current Time	系统时间
8	Document Name	该文件的名称
9	Sheet Number	原理图页面数
10	Sheet Total	整个设计项目拥有的图纸数目
11	Title	原理图的名称

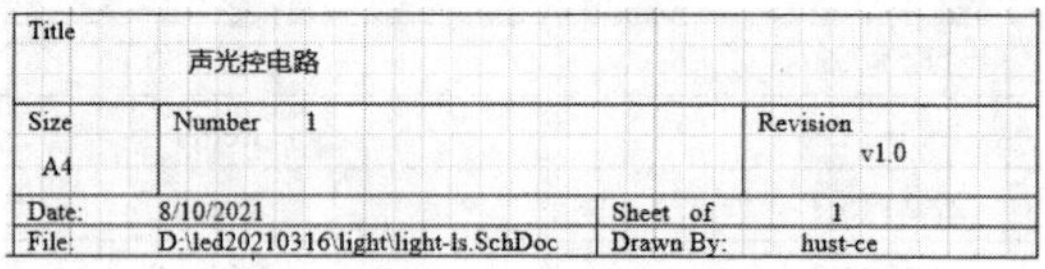

图 4.4.9　标准型标题栏

具体操作方法如下。

（1）单击 "Panels" 按钮，在弹出的菜单中执行 "Properties" 命令，在打开的面板中单击 "Parameters" 选项卡，此时会出现图 4.4.10 所示的面板。在其中的 "DrawnBy" "Revision" "SheetNumber" "SheetTotal" "Title" 等栏目中填入例题要求的参数。

（2）在图纸右下角的标题栏中放置文本字符串。单击 "A" 按钮，进入放置字符命令模式。

（3）按 Tab 键，此时会出现文本设置面板，如图 4.4.11 所示。在该面板的 "Text" 的右侧，单击"▼"按钮，在下拉列表中选中"=Title"。单击"⏸"按钮，完成设置。此时，文本字符被替换为"Title"参数的内容，即"声光控电路"。

图 4.4.10 参数设置面板

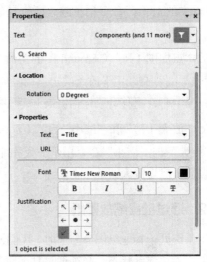

图 4.4.11 文本设置面板

（4）按照类似的方法，填写标题栏其他的几个栏目。完成后的标题栏如图 4.4.9 所示。标题栏中，"Size""Date""File" 3 个栏目会随着打开图纸的实际情况自动填写。

4.5　原理图图纸的缩放与移动

在绘图过程中，经常需要查看整张原理图或只看某一个部分，所以要经常改变原理图的显示状态，缩小或放大绘图区。

4.5.1　通过菜单缩放图纸

Altium Designer 20 提供了"视图（V）"（View）菜单来控制图形区域的放大与缩小，可以在不执行其他命令时使用这些命令，如图 4.5.1 所示。

1．"适合文件（D）"（Fit Document）命令

"适合文件"命令用于把整张电路图缩放在窗口中，用来查看整张原理图的布局，在编辑区窗口内将以最大比例显示整张原理图的内容，包括图纸边框、标题栏等。

图 4.5.1　部分"视图"菜单

2．"适合所有对象（F）"（Fit All Objects）命令

"适合所有对象"命令用于观察整张原理图的组成概况。在窗口内以最大比例显示原理图上的所有元件。

3．"区域（A）"（Area）命令

"区域"命令用于放大显示用户选定的区域，通过确定用户选定区域中对角线上两个角的位置，来确定需要进行放大的区域。执行此菜单命令后，移动鼠标指针到目标区域的左上角位置并单击，

再移动鼠标指针到目标区域的右下角位置并单击，即可放大所选的区域。

4. "选中的对象（E）"（Selected Objects）命令

"选中的对象"命令用于放大所选择的对象。该命令会将选中的多个对象以适合的比例放大显示。

5. "点周围（P）"（Around Point）命令

"点周围"命令用于放大选定点周围的区域。执行该命令后，指向要放大范围的中心并单击，确定一个中心，再移动鼠标指针展开范围并单击，该范围将放大至整个窗口。

6. "放大（I）"和"缩小（O）"（Zoom In 与 Zoom Out）命令

"放大"与"缩小"命令用于放大和缩小显示区域。也可以在工具栏中，单击"放大"或"缩小"按钮，实现放大或缩小功能。

4.5.2　通过键盘缩放图纸

当系统处于其他绘图命令下时，我们无法用鼠标去执行一般的菜单命令来缩放显示状态，此时要放大或缩小显示状态，必须通过功能键来实现。操作方法如下。

1. 放大/缩小绘图区域

按 Page up 键，放大绘图区域。按 Page down 键，缩小绘图区域。

2. 移位到工作区中心位置显示

按 Home 键，可以从当前的图纸位置移位到工作区的中心位置显示。

3. 刷新

按 End 键，对绘图区域的图形进行刷新，恢复正确的显示状态。

4.5.3　快速缩放与移动图纸

在对绘图区域的图形进行缩放显示时，使用下面的快捷键可以极大地提高设计效率。

1. 缩放图纸区域

通过快捷键缩放图纸，这是最常用、最有效率的一种方法。

（1）按住 Ctrl 键，向手心外滚动鼠标滚轮，可以放大绘图区域。

（2）按住 Ctrl 键，向手心内滚动鼠标滚轮，可以缩小绘图区域。

（3）按住鼠标中键并移动鼠标指针，可以定点放大或缩小显示区域。

2. 移动图纸区域

当图纸超出显示区域时，可以用如下方法迅速找到所需的图纸区域。

（1）向手心外滚动鼠标滚轮，绘图区域向下移动。

（2）向手心内滚动鼠标滚轮，绘图区域向上移动。

（3）按住 Shift 键，向手心外滚动鼠标滚轮，绘图区域向右移动。

（4）按住 Shift 键，向手心内滚动鼠标滚轮，绘图区域向左移动。

3. 拖动图纸

将鼠标指针指向原理图编辑区，按住鼠标右键，此时鼠标指针变为手形，然后拖动鼠标指针即可移动查看的图纸。

4.6　电路原理图的设计

4.6.1　放置元件

在原理图中放置元件时，先要打开"Components"面板（元件库面板），然后在面板中选取需要的元件并将其放置到设计的图纸中。利用"Components"面板放置元件直观、快捷。下面以放置三极管元件（2N3904）为例介绍元件的放置方法。

1. 打开"Components"面板

执行"放置（**P**）"→"器件（**P**）…"命令（快捷键：P，P），或者单击右上侧的"Components"按钮，打开图 4.6.1 所示的"Components"面板。

2. 放置元件

（1）放置三极管。Q1 为 2N3904 的三极管，该三极管在"Miscellaneous Devices.IntLib"集成库内，所以在"Components"面板中的下方，单击文本框右边的"▾"按钮，在弹出的下拉列表中选择"Miscellaneous Devices.IntLib"来激活这个库。

（2）使用过滤器快速定位需要的元件。过滤器在图 4.6.1 中标记的第 3 行的栏内，其中默认通配符为"*"，可以列出所有能在库中找到的元件。在该库名下的过滤器内输入"*3904"，下面列表中将会列出所有包含"3904"的元件，如图 4.6.2 所示。

（3）在列表中单击"2N3904"，然后双击该元件名，此时鼠标指针变成十字形状，并且在鼠标指针上悬浮着一个三极管轮廓。元件处于放置状态，移动鼠标指针，三极管轮廓也会随之移动。将鼠标指针移动到适合位置并单击，放置该元件。放置后，鼠标指针一直处于悬浮状态，这样就可以放置多个同样的元件，右击或按 Esc 键就可以退出放置状态。

图 4.6.1　"Components"面板

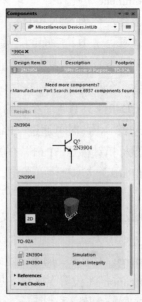

图 4.6.2　过滤后的元件

放置元件：

（1）利用"Components"面板放置元件有以下 2 种方法。

第一种方法：在"Components"面板中的"Design Item ID"列中选中元件，按住鼠标左键，拖动元件到原理图中适合的位置，松开鼠标左键，就将元件放置到原理图中了。

第二种方法：在"Components"面板中的"Design Item ID"列中选中元件并双击，将鼠标指针移动到原理图中的适合位置并单击，就可将元件放置到原理图中。放置完成后，可以继续放置该元件。右击或按 Esc 键结束放置。

（2）按空格键可以将选中的元件逆时针旋转 90°。

4.6.2 编辑元件属性

元件的属性主要有标识符号、注释、位置、所在库的名称。放置好每一个元件后，都要对其属性进行编辑与设置。属性编辑在"Properties"面板中进行，打开面板有以下 2 种方法。

第一种方法：当处于元件放置状态时，按 Tab 键即可打开。

第二种方法：将鼠标指针移到已经放置的元件上（不是字符上）并双击，即可打开。

打开的"Properties"面板如图 4.6.3 所示，在该面板中可以进行编辑与设置元件的属性。

1. "General"选项卡

（1）"Properties"（属性）区域。展开"▸ **Properties**"区域，如图 4.6.3 所示。"Properties"区域包含标识符、注释等。

◆ "Designator"（标识符），该项用于设置原理图中元件的标识符，对元件进行区分，即元件在原理图中的序号，如 R1、R2、C1 等。选中其后面的"◉"，则可以显示该序号，否则不显示。"🔓"表示不锁定目标对象，"🔒"表示锁定。

◆ "Comment"（注释），该项用于设置元件的注释，如放置的元件注释为"2N3904"，可以选择或者直接输入元件的注释。选中其后面的"◉"，则可以显示该注释，否则不显示。"🔓"表示不锁定目标对象，"🔒"表示锁定。

◆ 包含多个相同的子元件的元件，其组成部分一般相同，如 CD4011 具有 4 个相同的子元件，一般以 A、B、C 和D 来表示，此时可通过"Part"来设定。

图 4.6.3 "Properties"面板

将鼠标指针移至"Part"右侧的"▾"按钮上并单击，选择子模块序号。将鼠标指针移至"of Parts"文本框中并单击，输入模块总序号。"🔓"表示非锁定状态。"🔒"表示锁定状态，此时不能修改"Part"和"of Parts"中的参数。

◆ "Description"（描述），该文本框用于填写元件属性的描述信息。

◆ "Type"（类型），该项用于设置元件属性的类型。一般设置为"Standard"。

◆ "Source"（来源）用于设定元件所在的库文件。采用默认值。

（2）"Location"（位置）区域。展开"▸ **Location**"区域，其中显示了选中的元件在图纸中的位置与放置方向，如图 4.6.4 所示。

（3）"Links"（链接）区域。展开"▸ Links"区域，其中显示了元件所在的原理图库名称和元件名称。

（4）"Footprint"（封装）区域。展开"▸ Footprint"区域，其中显示了元件所在的原理图库名称和元件封装名称。

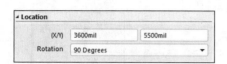

图 4.6.4 "Location"区域

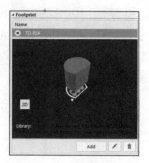

图 4.6.5 "Footprint"区域

单击"Add"按钮，可以打开"PCB 模型"对话框，用于添加元件的封装库。单击"✎"按钮，可以打开"PCB 模型"对话框，用于编辑元件的封装模型。单击"🗑"按钮，可以删除元件封装。下面以添加封装模型为例讲述如何向元件中添加封装。

① 单击"Add"按钮，此时会弹出图 4.6.6 所示的"PCB 模型"对话框。在该对话框中可以设置 PCB 封装的属性。在"名称"文本框中可以输入封装名，在"描述"文本框中可以输入封装的描述。一般以上两项可以不输入。

② 单击图 4.6.6 所示的"PCB 模型"对话框中的"浏览（B）…"按钮，此时会弹出图 4.6.7 所示的"浏览库"对话框。

选择封装元件，如 AXIAL-0.4，然后单击"确定"按钮，此时会弹出图 4.6.8 所示的已经增加封装后的"PCB 模型"对话框，单击"确定"按钮即可。

如果要改变库文件，单击"浏览库"对话框中"库（L）"右边的"▾"按钮，此时会弹出下拉列表，其中显示了当前打开的所有库文件，选中所需的库文件即可。

图 4.6.6 "PCB 模型"对话框

图 4.6.7 "浏览库"对话框

图 4.6.8 已经增加封装后的
"PCB 模型"对话框

注意　　　如果当前没有装载需要的元件封装库，则可以单击"浏览库"对话框中的"查找…"按钮，在弹出的对话框中，输入要查找的封装元件名称进行查找。

小技巧

元件属性设置：

在元件属性设置区域中，一般应选中"Designator"后面的"◉"，选中"Comment"后面的"▨"。这样在原理图中就只显示该元件的标识符，而不显示注释的内容。

（5）"Models"（模型）区域。展开"▸ **Models**"区域，如图 4.6.9 所示。其中包括一些与元件相关的引脚类别和仿真模型，我们也可以添加新的模型。对于自己创建元件的用户，掌握这些功能是十分必要的。通过下方的"Add…"按钮可以增加一个新的参数项，如图 4.6.10 所示，其为元件的模型列表菜单。单击"🗑"按钮可以删除已有参数项，单击"✐"按钮可以对选中的参数项进行修改。

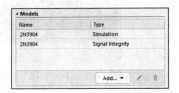

图 4.6.9 "Models"区域

图 4.6.10 "Add…"下拉菜单

（6）"Graphical"（图形）区域。展开"▸ **Graphical**"区域，如图 4.6.11 所示。其中显示了当前元件的图形信息，包括图形模式、填充颜色、线条颜色、引脚颜色，以及是否镜像处理等。

◆ "Mode"一般选择"Normal"。

◆ 如果勾选"Mirrored"复选框，则将元件镜像处理。

◆ 勾选"Local Colors"复选框，可以显示颜色操作，即进行填充、线条、引脚等颜色设置。

（7）"Part Choices"（部分选择）区域。该区域用于编辑元件的应用链接信息。

2. "Parameters"（参数设置）选项卡

（1）展开"▸ **Parameters**"区域，如图 4.6.12 所示。其中包含一个元件参数列表，显示了一些与元件特性相关的参数。

◆ 单击"Add"按钮，可以添加新的参数。

◆ 单击"🗑"按钮，可以删除所选择的参数。

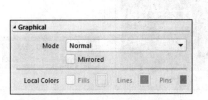

图 4.6.11 "Graphical"区域

图 4.6.12 "Parameters"区域

（2）展开"▸ **Rules**"区域，如图 4.6.13 所示。单击"Add"按钮，可以添加新的规则；单击"🗑"按钮，可以删除所选择的规则。

3. "Pins"引脚参数设置选项卡

展开"▸ **Pins**"区域，如图 4.6.14 所示。其中显示了被选中元件的所有引脚信息。

◆ "🔒"表示锁定元件。"🔓"表示不锁定元件。

◆ "✎"表示隐藏元件引脚属性。"👁"表示显示元件属性。

◆ 单击"Add"按钮，可以增加引脚。

◆ 单击"✏"按钮，此时会弹出"元件管脚编辑器"（Component Pin Editor）对话框。在该对话框中可以修改每个引脚的属性。如果要隐藏某一个引脚，只需要在"元件管脚编辑器"对话框中取消勾选"Show"列下面要隐藏的引脚对应的复选框。

◆ 单击"🗑"按钮，可删除所选择的引脚。

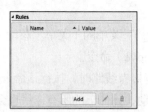

图 4.6.13 "Rules"区域

图 4.6.14 "Pins"区域

4.6.3 调整元件位置

绘制的原理图一般要求美观且便于阅读，要达到此要求，元件的合理布局是关键。布局主要是根据功能模块调整元件位置。利用系统提供的命令将元件移动到合适的位置，并旋转为合适的角度，使整个图纸中的元件按照要求布局均匀。

1. 选中元件

在进行元件位置调整前，应先选中元件，下面介绍最常用的几种选中元件的方法。

第一种方法：将鼠标指针移到要选中的元件上并单击，即可选中该元件，选中元件后，元件周围将出现一个绿色的虚线框，并且其4个顶点上有绿色矩形块标记。

第二种方法：在按住 Shift 键的同时，将鼠标指针移到要选中的元件上并单击，然后将鼠标指针移到下一个要选中的元件上并单击，依次单击就可以选中多个元件。

第三种方法：注意，系统不仅可以选中元件，还可以选中其他对象，对象包括导线、总线和字符等，单个对象的选中与选中元件类似。

第四种方法：如果所需选中的对象在同一个区域中，可以框选这些对象。方法是：在原理图图纸所选区域的左上方按住鼠标左键并拖动鼠标指针，可以看见拖出了一个虚线框，移动鼠标指针到合适位置处松开，即可选中虚线框中的所有对象。使用该操作可以选取一个区域内的所有对象，根据区域大小的不同，可选中单个或多个对象。

2. 取消选中元件

如果要取消选中元件，可以根据取消的情况按下述方法进行操作。

（1）解除单个对象的选取状态。

◆ 如果只有一个元件处于选中状态，只需在非选中区域的任意位置单击即可。

◆ 当有多个对象被选中时，如果希望解除个别对象的选中状态，这时只需按住"Shift"键，将鼠标指针移动到想解除的对象上，然后单击即可。此时其他先前被选中的对象仍处于选中状态。用同样的方法，可以再解除下一个对象的选中状态。

（2）解除多个对象的选中状态。当有多个对象被选中时，如果想一次解除所有对象的选中状态，只需在图纸上非选中区域的任意位置单击即可。

3. 元件的移动

Altium Designer 20 提供了两种移动方式：一是不带连接关系的移动，即移动元件时，元件之间的连接导线就断开了；二是带连接关系的移动，即移动元件时，与元件相关的连接导线也一起移动。移动元件的方法如下。

（1）第一种方法是通过鼠标拖动，该方法是带连接关系的移动。首先把鼠标指针移至已选中的一个元件上，按住鼠标左键，并拖动至理想位置后松开，即可完成移动元件操作，此时连接关系也一起移动。

（2）第二种方法是使用菜单命令。方法是执行"编辑（E）"菜单的子菜单"移动（M）"中的下一级子菜单中的"拖动（D）"（Drag）和"移动（M）"（Move）命令。

◆ "拖动（D）"命令（快捷键：E，M，D）。当元件连接有线路时，执行该命令后，在需要拖动的元件上单击，元件就会跟着鼠标指针一起移动，元件上的所有连线也会跟着移动，不会断线。该方法是带连接关系的移动。

◆ "移动（M）"命令（快捷键：E，M，M）。该命令与拖动命令类似，但该命令只移动元件，不移动连接导线。该方法是不带连接关系的移动。

4. 复制、剪切、粘贴和删除

Altium Designer 20 提供的复制、剪切、粘贴和删除功能与 Windows 中的相应操作十分相似，所以比较容易掌握。

（1）复制。选中目标对象后右击，在弹出菜单中执行"复制（C）"命令，或按快捷键 Ctrl+C，把选中的对象复制到剪贴板中。

（2）剪切。选中目标对象后右击，在弹出菜单中执行"剪切（T）"命令，或按快捷键 Ctrl+X，把选中的对象移入剪贴板中。

（3）粘贴。选中目标对象后右击，在弹出菜单中执行"粘贴（P）"命令，或按快捷键 Ctrl+V，把鼠标指针移到图纸中，可以看见粘贴内容呈浮动状态随鼠标指针一起移动，然后在图纸中的适当位置单击，就可把剪贴板中的内容粘贴到原理图中。

（4）删除。选中要删除的元件，然后按 Delete 键，就可以删除选中的元件。

4.6.4 元件排列与对齐

在放好元件后，还需要对元件进行更精确的放置，一是为了美观，二是便于连线。如对于图 4.6.15 所示的元件布局，可以通过对齐菜单命令进行对齐。

（1）选中第一列的 3 个元件并右击，在弹出的菜单中执行"对齐（A）"→"左对齐（L）"命令，就完成了第一列的 3 个元件的左对齐操作。用同样的方法完成其他 3 列元件的对齐操作。对齐后的效果如图 4.6.16 所示。

（2）选中第一行的 4 个元件并右击，在弹出的菜单中执行"对齐（A）"→"底对齐（B）"命令，就完成了第一行的 4 个元件的底对齐操作。用同样的方法完成其他 2 行元件的底对齐操作。底对齐后的效果如图 4.6.17 所示。

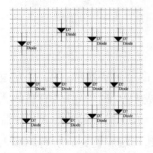

图 4.6.15 元件布局

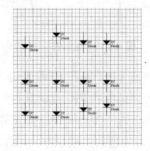

图 4.6.16 左对齐后的元件布局

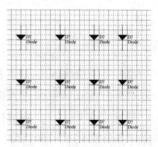

图 4.6.17 底对齐后的元件布局

4.6.5 连接线路

放置完元件后，即可对原理图进行连线操作。连线就是用有电气特性的导线将孤立的元件通过引脚连接起来。

1. 绘制导线

（1）单击"∾"按钮，进入连线状态，将鼠标指针移动到需要连接的元件引脚端点并单击，表示从该引脚端点开始连线，注意不要一直按住左键，将鼠标指针移到另一引脚上并单击，即连接完成一根导线。此时仍处于绘制导线状态，用同样的方法，完成所有的导线连接。连接完所有导线后，按 Esc 键或者右击以退出连线模式。注意，在走线的过程中单击，可以引导走线方向。

（2）如果对导线的粗细、颜色不满意，在连线状态时按 Tab 键，会出现图 4.6.18 所示的导线属性设置面板。或者，在绘制好的导线上双击，也会出现图 4.6.18 所示面板，在其中可以改变导线的粗细和颜色，建议保持默认值，不修改。

图 4.6.18 导线属性设置面板

（3）在绘制导线的同时按空格键，可以使导线的方向发生 90°转换。

在绘制导线的过程中，为了连线的方便，可以进一步调整元件的位置、方向，以及元件标识和参数的位置。绘制导线最好采取分模块、单元电路的方式从左到右、从上到下依次进行，以免漏掉某些导线。

2. 绘制总线

总线是一组具有相同性质的并行信号的组合，如数据总线、地址总线和控制总线等。在原理图的绘制中，用一根较粗的线条来表示总线。总线的线宽与颜色都可以改变，在绘制总线的同时，按空格键，可以使导线的方向发生 90°转换。

（1）绘制总线。执行"放置（P）"→"总线（B）"（Bus）命令（快捷键：P，B），或单击"⊓"按钮，进入总线连线状态，此时鼠标指针变成十字形状，选择合适的位置并单击，表示从此点开始绘制总线，将鼠标指针移到另一合适位置并单击，即完成此段总线的绘制。在每个拐点位置都单击，到达适当位置后，再次单击，直到终点。绘制的总线如图 4.6.19 所示。按 Esc 键或者右击以退出总线连线状态。

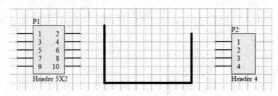

图 4.6.19　绘制的总线

（2）绘制总线入/出口。执行"放置（P）"→"总线入口（U）"命令（快捷键：P，U），或单击"龠"按钮，系统进入总线入/出口绘制状态，此时鼠标指针变成十字形状，并带有总线入/出口符号"/"或"\"，将鼠标指针移动到总线上的合适位置并单击，放置第一根总线入/出口。将鼠标指针移到下一合适位置并单击，放置第二根总线入/出口。按此方法放置完成所有总线入/出口。在绘制过程中，按空格键可以旋转总线入/出口导线的角度。图 4.6.20 为绘制好的总线入/出口图。

（3）绘制总线入/出口与元件连接导线。单击"⇌"按钮，进入连线状态，找到需要连接的元件引脚端点，将鼠标指针移动到该引脚并单击，将鼠标指针移到总线入/出口的一端并单击，完成连接导线的绘制。此时仍处于连线状态，用同样的方法，完成所有的导线连接。连接完所有导线后，右击以退出连线状态。绘制好的总线入/出口与端口的连线如图 4.6.21 所示。

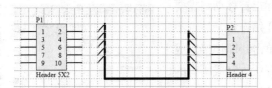

图 4.6.20　绘制好的总线入/出口

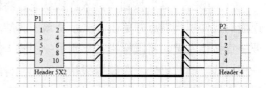

图 4.6.21　绘制好的总线入/出口与端口的连线

3. 网络与网络标签

彼此连接在一起的一组元件引脚的连线称为网络（Net）。网络标签是实际电气连接的导线的序号，它可代替有形导线，使原理图变得整洁美观。具有相同网络标签的导线，不管图上是否连接在一起，都被看作同一条导线。因此，网络标签多用于层次式电路或多重式电路各个模块电路之间的连接，这个功能在绘制 PCB 的连线时十分重要。

对于单页式、层次式或多重式电路，我们都可以使用网络标签来定义某些网络，使它们具有电气连接关系。添加网络标签（Net Labels）的方法如下。

（1）执行"放置（P）"→"网络标签（N）"（Net Label）命令（快捷键：P，N）或者单击" Net| "按钮。将鼠标指针移到图纸编辑工作区，一个带有"Netlabel1"字符的十字形状将悬浮在鼠标指针上。

（2）按 Tab 键会出现网络标签设置面板，其中可编辑网络标签，如图 4.6.22 所示。

（3）设置"Net Name"为"A1"。单击" ⓦ "按钮完成设置。

（4）在电路图上，移动鼠标指针至连线上，单击或按 Enter 键即可放置网络标签，注意网络标签一定要放在连线上。

（5）放完第一个网络标签后，系统仍处于网络标签放置模式，网络标签名将自动改为"A2"，移动鼠标指针到适合位置，放置第二个标签。用此方法放置完所有的网络标签（序号连续）。右击以退出网络标签放置模式。此时电路如图 4.6.23 所示。

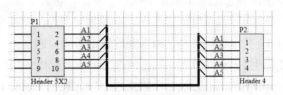

图 4.6.22　网络标签设置面板　　　　　图 4.6.23　放置好网络标签的电路图

4.6.6　放置输入/输出端口

实现两点之间的电气连接，除了利用导线、网络标签连接外，还可以利用放置输入/输出端口来实现。具有相同名称的输入/输出端口在电气关系上是连接在一起的。这种连接方式一般只在多层原理图的绘制中使用。

（1）执行"放置（P）"（Place）→"端口（R）"（Port）命令（快捷键：P，R）或者单击" "按钮，进入端口放置模式，此时鼠标指针变成十字形状，一个端口符号将悬浮在鼠标指针上。

（2）在放置端口之前应先编辑端口属性，按 Tab 键会出现端口属性设置面板，如图 4.6.24 所示。在已经放置好的端口上双击，也会出现图 4.6.24 所示的面板。

在端口属性设置面板中，可以设置端口的名称（如 IN1）、端口的类型（如 Input）。端口类型包括 Unspecified（未指定类型）、Input（输入端口）、Output（输出端口）和 Bidrectional（双向端口）。单击" "按钮完成设置。

图 4.6.24　端口属性设置面板

（3）将鼠标指针移到适合的位置并单击，确定端口的一个端点，此时鼠标指针将自动移到端口的另一端点，拖动端口将其移到所需连接的导线上并单击，即完成端口的放置。在放置好的端口上单击，将鼠标指针放在绿色的小方块上，鼠标指针变为左右箭头或上下箭头，拖动鼠标指针就可以改变端口的大小。放置好端口的电路如图 4.6.25 所示。

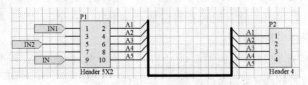

图 4.6.25　放置好端口的电路

4.6.7　放置电源/地端口

设置电源/地端口主要是为所设计的电路原理图提供电源符号与接地符号。一个完整的电路原理图，电源符号与接地符号是不可缺少的。

（1）执行"放置（<u>P</u>）"（Place）→"电源端口（<u>O</u>）"（Power）命令（快捷键：P，O）或者单击"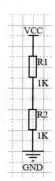"按钮，进入电源端口放置状态，此时鼠标指针变成十字形状，一个电源端口符号将悬浮在鼠标指针上。

（2）在放置端口之前应先编辑电源端口属性，按 Tab 键会出现电源端口属性设置面板，如图 4.6.26 所示。在放置好的电源端口上双击，也会出现图 4.6.26 所示的电源端口属性设置面板。在该面板中，可以设置电源的名称、电源的类型等，设置完成后，单击面板。

（3）将鼠标指针移动到需要放置电源端口的引脚或导线上并单击，即可完成电源端口的放置。再次单击可以连续放置。右击或按 Esc 键退出电源端口放置状态。

（4）用类似的方法可以放置地端口，放置完成的电源和地端口如图 4.6.27 所示。

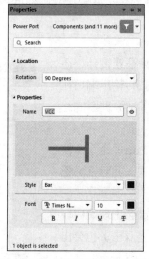

图 4.6.26　电源端口属性设置面板

图 4.6.27　放置完成的电源端口和地端口

4.6.8　放置忽略 ERC 检测符号

在设计电路时，如果用到集成电路或其他元件，并不是所有的引脚都要连接，但在进行电气规则检测（ERC）时，这些没有连接的引脚可能会产生一些错误警告，并且未连接的引脚处会产生错误标志。为了避免该类错误警告出现，可以放置忽略 ERC 检测符号，让系统在进行电气规则检测时忽略对此处的检测。

（1）执行"放置（<u>P</u>）"（Place）→"指示（<u>V</u>）"→"通用 NO ERC 标号（<u>N</u>）"命令（快捷键：P，V，N）或者单击"×"按钮，进入放置忽略 ERC 检测符号状态，此时鼠标指针变成十字形状，一个红色的小叉符号将悬浮在鼠标指针上。

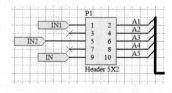

图 4.6.28　放置完成忽略 ERC 检测符号的电路

（2）将鼠标指针移动到需要放置符号的位置并单击以完成放置。图 4.6.28 所示是放置完成忽略 ERC 检测符号的电路。

4.6.9　放置 PCB 布局标志

绘制原理图时，可以在电路的某些位置放置 PCB 布局标志，以便预先规划该位置的 PCB 布线规则。在用原理图创建 PCB 的过程中，系统会自动引入这些特殊的设计规则。

（1）执行"放置（<u>P</u>）"（Place）→"指示（<u>V</u>）"→"参数设置（<u>M</u>）"命令（快捷键：P，V，M），进入放置 PCB 布局标志状态，此时鼠标指针变成十字形状，一个红色的"✳Parameter Set" PCB 布局标志将悬浮在鼠标指针上。

（2）在放置 PCB 布局标志之前应先编辑其属性，按 Tab 键会出现布局标志设置面板，如图 4.6.29 所示。在该界面中，设置"Label"为"vcc1"，设置"Style"为"Large"。

（3）在"Rules"区域中，单击"Add"按钮，打开图 4.6.30 所示的"选择设计规则类型"对话框。

图 4.6.29　布局标志设置面板

图 4.6.30　"选择设计规则类型"对话框

（4）在"选择设计规则类型"对话框中，选中"Routing"中的"Width Constraint"，单击"确定"按钮，打开图 4.6.31 所示的"Edit PCB Rule"对话框。在"Edit PCB Rule"对话框中，可以设置 PCB 布线的线宽，其中有最小宽度、最大宽度和首选宽度等，这里都设置为 30mil，设置完成后，单击"确定"按钮关闭对话框。

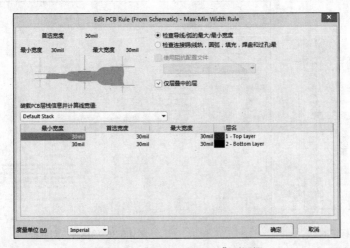

图 4.6.31　"Edit PCB Rule"对话框

（5）在图 4.6.32 所示的区域中，单击规则前面的"✎"按钮，使其变为"◉"按钮。单击"⏸"按钮完成设置。此时，PCB 布局标志附近显示出了所设置的具体规则，如图 4.6.33 所示。

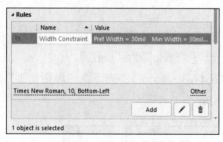

图 4.6.32　"Rules"区域

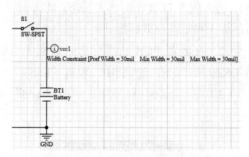

图 4.6.33　放置完成 PCB 布局标志的电路

4.6.10　放置字符

Altium Designer 20 在原理图的绘制过程中，可以放置文本字符串、文本框与注释。放置命令如图 4.6.34 所示。

放置的文本字符串、文本框与注释都可以修改其相应的属性。对于注释而言，可以对其进行折叠。

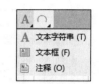

图 4.6.34　放置命令

4.6.11　自动标注元件标识符号

在原理图绘制过程中，可以用编辑元件属性的方法标注元件标识符号，但是当原理图较复杂时，手动标注不仅效率低，还容易出现标注遗漏、标识符号不连续和重复标注的错误。为了避免这些错误发生，可以使用系统提供的自动标注功能来完成对元件标识符号的标注。对图 4.6.35 所示的元件标识符号，进行从上到下、从左到右的标注。

1. 打开"标注"对话框

执行"工具（T）"（Tool）→"标注（A）"→"原理图标注（A）…"命令（快捷键：T，A，A），此时会弹出图 4.6.36 所示的"标注"对话框。

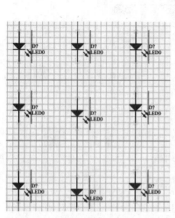

图 4.6.35　未标注的
元件标识符号

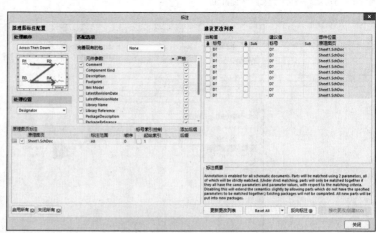

图 4.6.36　"标注"对话框

2. 标注设置

标注设置包括处理顺序、匹配选项、原理图页标注 3 部分。

（1）处理顺序：用于设置元件标志的处理顺序，其中的下拉列表给出了 4 种标注方案。

◆ Up Then Across：根据原理图中放置的元件位置，先从下到上，然后从左到右按顺序自动标注。

◆ Down Then Across：根据原理图中放置的元件位置，先从上到下，然后从左到右按顺序自动标注，此处选择"Down Then Across"。

◆ Across Then Up：根据原理图中放置的元件位置，先从左到右，然后从下到上按顺序自动标注。

◆ Across Then Down：根据原理图中放置的元件位置，先从左到右，然后从上到下按顺序自动标注。

（2）匹配选项：用于选择元件的匹配参数，其中的列表中列出了多种元件参数供选择，此处勾选"Comment"和"Library Reference"复选框。

（3）原理图页标注：用来选择要标注的原理图文件并确定标注范围、起始索引值及后缀字符等，此处"标注范围"选择"All"，"顺序"设置为"1"。

3. 建议更改列表

建议更改列表用来显示元件标志改变前后的变化，并指明元件所在的原理图名称。上述设置完成后，单击"更新更改列表"按钮，系统会弹出图 4.6.37 所示的对话框。

在图 4.6.37 所示的对话框中，单击"OK"按钮，系统会更新要标注元件的标识符号，并显示在"建议更改列表"区域中，如图 4.6.38 所示。

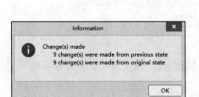

图 4.6.37 信息提示对话框

图 4.6.38 更新后的"建议更改列表"区域

在图 4.6.38 所示的区域中，单击"接收更改（创建 ECO）"按钮，系统会弹出"工程变更指令"对话框，如图 4.6.39 所示。

在图 4.6.39 所示的对话框中，单击"验证变更"按钮，然后单击"执行变更"按钮，此时会出现图 4.6.40 所示的界面。依次关闭"工程变更指令"对话框和"标注"对话框，可以看到图 4.6.41 所示的已经标注好的元件标识符号。

图 4.6.39　"工程变更指令"对话框

图 4.6.40　工程更改顺序界面

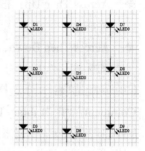

图 4.6.41　已经标注好的元件标识符号

思考与练习

一、思考题

1. 简述原理图设计的一般步骤。

2. 简述菜单与快捷键的关系。

3. 如何设置原理图的图纸大小、方向和栅格颜色？

4. 简述捕捉栅格和可视栅格的作用。在绘制原理图的过程中，按 G 键的作用是什么？

5. 简述在原理图设计的过程中缩放与移动图形区域的几种方法，并详细说明快速缩放与移动图纸的使用方法。

6. 简述在原理图设计的过程中放置元件的方法，并简要说明编辑元件属性的方法。

7. 简述在原理图设计的过程中选中元件、取消选中元件及删除元件的方法。

8. 简述在原理图设计的过程中元件复制、元件移动的方法。

9. 简述在原理图设计的过程中元件排列与对齐的方法。

10. 在原理图设计的过程中，电气导线与非电气连线有何区别？绘制电气导线与非电气连线用的命令与工具一样吗？如果不一样，它们各用什么绘制？

11. 简述原理图中网络标签的作用。

12. 简述网络标签与端口号的区别。

13. 在原理图设计的过程中如何放置字符？

14. 简述在原理图设计的过程中自动标注元件标识符号的方法。

15. 简述 "Panel" 按钮的作用。如果找不到 "Panel" 按钮，如何使 "Panel" 显示在界面上？

16. 简述如何在 "Standard" 标题栏中填写信息，以及如何在 "Title" 栏、"Number" 栏、"Revision" 栏、"Sheet of" 栏、"Drawn By:" 栏等栏目中填写相应的信息。

二、实践练习题

1. 绘制图题 4.1 所示的电源电路。要求如下。

（1）创建一个新元件库，或打开已建元件库，创建 3 端稳压芯片 7805 的元件符号，并将新建符号存入元件库中。

（2）其他元件符号利用系统默认的元件库中的元件符号。

（3）标注网络标签名称为 "VCC-12V" 和 "VCC"。

2. 绘制图题 4.2 所示的单片机最小系统电路。要求如下。

（1）创建一个新元件库或打开已建元件库，并创建单片机 89C52 的元件符号和排阻元件符号，将新建符号存入元件库中。

（2）其他的元件符号利用系统默认的元件库中的元件符号。

（3）标注网络标签。注释说明用黑体，字号为 "36 号"。

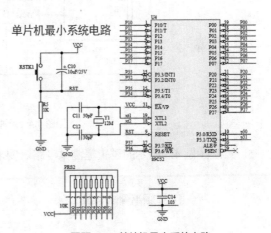

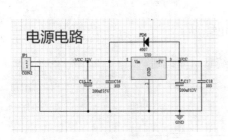

图题 4.1　电源电路　　　　　　　　　　　　　图题 4.2　单片机最小系统电路

3. 绘制图题 4.3 所示的光电传感器与温度传感器检测电路。要求如下。

（1）创建一个新元件库或打开已建元件库，并创建温度传感器和光敏电阻的元件符号，将新建符号存入元件库中。

（2）用新建的元件符号与系统提供的默认库，完成图题 4.3 所示电路图的绘制。

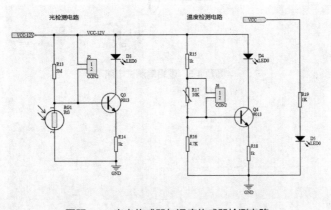

图题 4.3　光电传感器与温度传感器检测电路

4. 绘制图题 4.4 所示的脉冲发生器电路。要求如下。

（1）创建一个新元件库或打开已建元件库，并创建 555 集成电路的元件符号，将新建符号存入元件库中。

（2）用新建的元件符号与系统提供的默认库，完成图题 4.4 所示电路图的绘制。

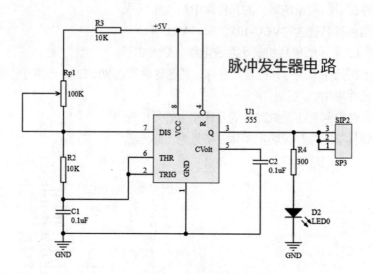

图题 4.4　脉冲发生器电路

5. 绘制图题 4.5 所示的逻辑笔测试电路。要求用系统默认库绘制。

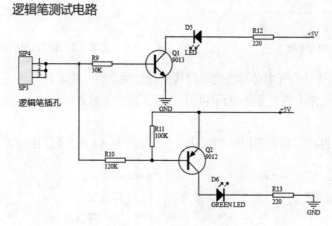

图题 4.5　逻辑笔测试电路

第 5 章 原理图的后续处理

本章主要内容

本章将介绍电气规则设置与编译项目方法、网络表和元件清单报表生成方法及文件输出方法。

本章建议教学时长

本章教学时长建议为 1 学时。

◆ 电气规则设置与编译项目：0.5 学时。

◆ 报表生成方法：0.5 学时。

本章教学要求

◆ 知识点：熟悉电气规则设置与编译项目的方法，掌握原理图的修改方法，熟悉网络表的生成方法，掌握元件清单与文件的输出方法。

◆ 重难点：电气规则设置与编译项目方法、原理图修改方法和报表生成方法。

5.1 电气规则设置与编译项目

原理图绘制完成后，还需要进行电气连接检查。电气连接检查可以检查原理图中是否有电气特性不一致的情况。例如，某个输出引脚连接到另一个输出引脚就会造成信号冲突，未连接完整的网络标签会造成信号断线，重复的流水号会使系统无法区分出不同的元件等。以上这些都是不合理的电气冲突现象，系统会按照我们的设置及问题的严重性分别以错误（Error）或警告（Warning）信息来提示我们。

还需要注意的是，即使通过编译后，在"Messages"面板中没有提示错误，也并不表示原理图的设计完全正确，我们还需要将网络表中的内容与所要求的功能反复对照和修改，直到完全正确为止。

5.1.1 设置电气连接检查规则

设置电气连接检查规则，首先要打开设计的原理图文档，然后执行"工程（C）"→"工程选项（O）…"命令（快捷键：C，O），此时会弹出图 5.1.1 所示的"Options for PCB Project led.PrjPcb"对话框。该对话框中默认打开"Error Reporting"（错误报告）选项卡。该对话框中有"Error Reporting"（错误报告）和"Connection Matrix"（连接矩阵）选项卡，可以单击这两个选项卡设置检查规则编译项目。在之后的设计中，可以根据需要修改"Error Reporting"选项卡中的设置。

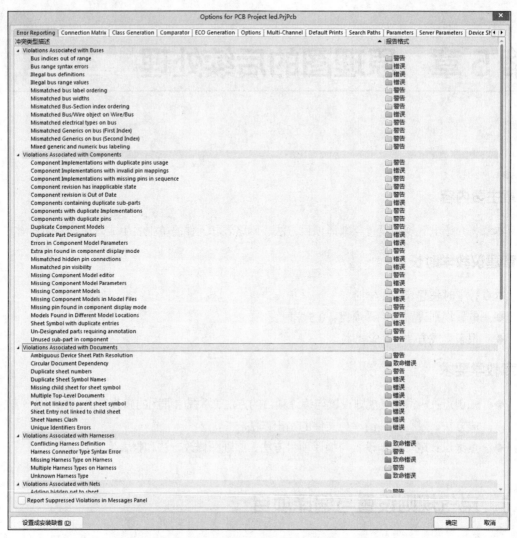

图 5.1.1 "Options for PCB Project led.PrjPcb"对话框

（1）"Error Reporting"选项卡。单击"Error Reporting"选项卡，进入图 5.1.1 所示的界面，其中可设置原理图的电气检查法则。当进行文件编译时，系统将根据设置进行电气规则检测。该选项卡中一般采用系统的默认设置。如果希望改变系统的设置，则应单击"报告格式"列中的项进行设置，设置有"不报告"（No Report）、"警告"（Warning）、"错误"（Error）和"致命错误"（Fatal Error）4 种选择。如果希望恢复默认设置，单击左下角的"设置成安装缺省（D）"按钮即可。

（2）"Connection Matrix"选项卡。单击"Connection Matrix"选项卡，进入图 5.1.2 所示的界面。

在该界面中，用户可以定义一切与违反电气连接特性有关报告的错误等级，特别是元件引脚、端口和方块电路图上端口的连接特性。

当对原理图进行编译时，错误信息将在原理图中显示出来。该选项卡中一般采用系统的默认设置。如果想改变错误等级的设置，单击其中的颜色块即可，每单击一次，颜色就改变一次，每种颜色代表不同的类型，分别为"不报告"（No Report）、"警告"（Warning）、"错误"（Error）和"致命错误"（Fatal Error）4 种类型。如果希望恢复默认设置，单击左下角的"设置成安装缺省（D）"按钮即可。

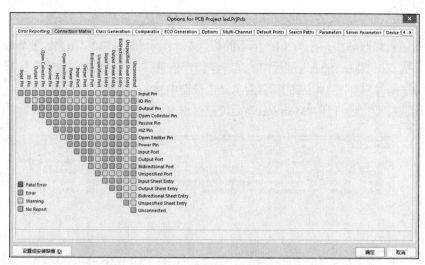

图 5.1.2 "Connection Matrix" 选项卡

5.1.2　编译项目

执行"工程（C）"（Project）→ "Compile PCB Project 工程文件名.PrjPcb"命令，编译项目。

当项目被编译后，若无错误提示，就表示通过了电气规则检查。如果有任何错误，它们都将显示在"Messages"面板上。如果电路图有严重的错误，"Messages"面板将自动打开，否则"Messages"面板不出现。项目编译完后，"Navigator"面板中将列出所有对象的连接关系，如图 5.1.3 所示。

如果需要打开"Messages"面板，只需单击原理图设计界面右下角的"Panels"按钮，执行"Messages"命令即可，如图 5.1.4 所示。消息框显示编译成功，没有错误。如有错误，则需找到错误位置进行修改调整。

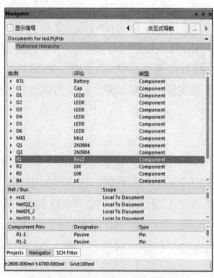

图 5.1.3 "Navigator" 面板

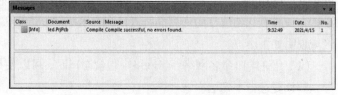

图 5.1.4 "Messages" 面板

5.1.3　原理图修改

当项目被编译后，如有错误或致命错误，"Messages"面板将自动弹出错误信息。

任何错误都将显示在"Messages"面板中，根据"Messages"面板中的提示，可以在原理图中找到错误位置进行修改调整。在图 5.1.5 所示的信息中，提示图中"R2"重名。要修改某一条错误信息，方法是先双击"Messages"面板中的某一条错误信息，该信息会在"细节"中显示详细信息和涉及的对象，同时原理图中相应的错误对象处于被选中状态，然后进行修改。注意，当错误等级为"警告"时，需要自己打开"Messages"面板进行修改。

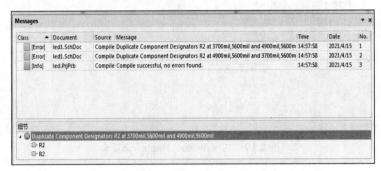

图 5.1.5 "Messages"面板中显示的错误信息

5.2 生成报表

Altium Designer 20 具有丰富的报表功能，可以方便地生成各种不同类型的报表，如输出网络表、元件清单等报表。

5.2.1 网络表

原理图中的网络表是简单的 ASCII 文本文件，它是具有电气连接关系的一组引脚、网络标签、端口、图样符号和线束入口的集合。网络表描述了原理图中每个元件的数据及它们之间连接的逻辑关系，描述的内容主要有两个方面：一是电路原理图中元件的信息（包括元件标识、元件引脚和 PCB 封装形式等）；二是网络的连接信息（包括网络名称、网络节点等）。网络表是进行 PCB 布线的基础与依据。网络表可以作为各种电路辅助设计软件之间传递数据的载体，便于移植到其他电子产品设计中。

1. 网络表选项设置

执行"工程（<u>C</u>）"→"工程选项（<u>O</u>）..."命令（快捷键：C，O），在弹出的"Options for PCB Project led.PrjPcb"对话框中，单击"Options"选项卡，出现图 5.2.1 所示的界面，在该界面中进行设置，一般默认勾选"允许页面符入口命名网络"复选框。图 5.2.1 所示界面中的"网络表选项"区域说明如下。

（1）允许端口命名网络：当网络中包含端口时，可以使用端口名称作为网络名，默认不使用此项，即该复选框不勾选。

（2）允许页面符入口命名网络：当网络中包含页面符入口时，可以使用页面符入口名称作为网络名，系统默认勾选该复选框。

（3）允许单独的管脚网络：允许仅包含单个引脚的网络，此时该引脚悬空。

（4）附加方块电路数目到本地网络：在本地网络名称上附加其所在页面的编号。

图 5.2.1　"Options"选项卡

（5）高等级名称优先：用高层次页面上命名的网络取代低层次页面上命名的网络。

（6）电源端口名优先：电源端口具有更高的优先级。

2. 基于单个原理图文件的网络表生成方法

（1）打开项目中的原理图文件，如图 5.2.2 所示，项目文件为"led.PrjPcb"，原理图文件为"led1.SchDoc"。

图 5.2.2　打开的工程文件

（2）执行"设计（D）"→"工程的网络表（N）"→"PCAD"（生成项目网络表）命令。图 5.2.3 所示是网络表生成命令菜单，在这里执行"PCAD"命令。

（3）系统自动生成一个网络表文件，文件名为"led1.NET"，存放在当前工程目录下的子目录中。文件路径为"D:\...\Project Outputs for led"。生成的网络文件自动加入到了"Projects"面板中，并且工程面板中自动建立了"Generated"目录，该目录下又自动建立了"Netlist Files"子目录，新建的网络表文件"led1.NET"就放在该目录下面，如图 5.2.4 所示。"led1.NET"文件的网络表格式与部分内容如图 5.2.5 所示。

图 5.2.3　网络表生成命令菜单

图 5.2.4　生成的网络表文件

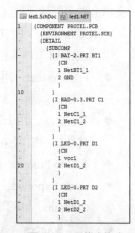

图 5.2.5　网络表格式

5.2.2 元件清单报表

使用 Altium Designer 20 可以生成原理图所用到的元件清单。元件清单主要包含元件的标识符、封装形式、库参考和每种元件的数量等内容。根据元件清单可以详细检查电路中各元件的详细信息，在采购元件时可以使用该清单，作为参考。下面以"led.PrjPcb"工程为例，介绍元件清单报表的生成方法。

1. 打开工程文件

打开项目文件"led.PrjPcb"，打开该项目中的原理图文件"led1.SchDoc"。

2. 打开"Bill of Materials"对话框

执行"报告（R）"→"Bill of Materials"命令，弹出图 5.2.6 所示对话框。

图 5.2.6 "Bill of Materials"对话框

（1）该对话框的左边是元件列表，列表中包含了多列，每列对应一个属性。单击某列的列名，会按照该列属性进行排序，再次单击，则反转排列顺序。拖动列名可以改变列的排列顺序。

将鼠标指针移到某一列的列名上，会出现"⊤"按钮，单击它会弹出该列的所有选项的菜单，通过该菜单可以过滤选项，只有被选中的选项才能在列表中显示。

（2）该对话框的右边是"Properties"表格属性设置区域。单击"⊙"按钮，可以隐藏该区域，再次单击则可以显示该区域。

"Properties"区域中有 2 个选项卡。

① "General"（常规设置）。

◆ File Format：用于设置报表的文件格式，包括 CSV、Excel、PDF、TXT、HTML、XML 等格式。

◆ Template：用于设置输出报表文件使用的模板，单击右边的"▼"按钮，可以选择模板文件，单击"···"用于按钮，可以指定模板文件的路径和文件名。

◆ Add to Project：用于设置是否将生成的元件清单文件加入工程中。

◆ Open Exported：设置是否打开输出文件。

② "Columns"（队列设置）。

◆ 在"Sources"区域中的"Drag a column to group"（将列拖动到组中）列表中，用来分组的属性可以有多个，系统会先按照第一个属性对所有元件进行分组，在此基础上，再按照第二个属性进行进一步细分，以此类推，直到处理完最后一个分组属性。在图 5.2.7 所示界面的 "Columns" 列表中，首先使用 "Comment" 属性进行分组，属性相同的元件被放进一组，然后使用 "Footprint" 属性对同一组中的元件进一步分组。

◆ "Sources" 区域中的 "Columns" 列表中列出了所有元件的属性。如果要增加用来分组的属性，可以在该列表中选中一个属性，然后将其拖动到上面的 "Drag a column to group" 列表中；如果要删除某个属性，只需要单击该属性右边的 " 🗑 " 按钮即可。

图 5.2.7　"Columns" 列表

"Columns" 列表用于列出系统提供的所有元件属性信息。对于需要查看的有用信息，使列表中的属性前面的按钮为 " ◉ "，即可在元件报表中显示出来。图 5.2.7 中使用了系统的默认设置，即只显示 "Comment"（注释）、"Deseription"（描述）、"Designator"（指示符）、"Footprint"（封装）、"LibRef"（库编号）和 "Quantity"（数量）。

单击 "Export…" 按钮，即可生成数据文件。生成的数据文件为.xlsx 格式。

5.2.3　文件输出

1. 智能 PDF 工具

智能 PDF 工具可以为某个设计文档或某个工程中的所有设计文档生成一个 PDF 文档。该文档包含了设计文档的内容，同时还可以创建多种对象的书签，方便用户浏览查看。

（1）在 "Projects" 面板中，选中需要生成 PDF 文档的工程文件。这里选择需要转换的工程文件为 "led.PrjPcb"。

（2）执行 "文件（F）" → "智能 PDF（M）…" 命令（快捷键：F，M），此时会弹出图 5.2.8 所示的 "智能 PDF" 对话框。

（3）单击 "Next" 按钮，进入图 5.2.9 所示的 "选择导出目标" 界面。在该界面中，可以选择需要转换的工程文件或原理图文件。

◆ 当前项目：选中该单选按钮，会将当前工程的所有文档都包含在创建的 PDF 文件中。

◆ 当前文档：选中该单选按钮，只会将当前设计文档包含在创建的 PDF 文件中。

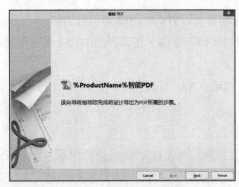

图 5.2.8　PDF 生成向导界面

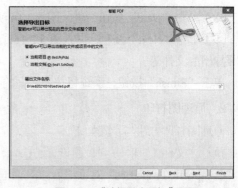

图 5.2.9　"选择导出目标" 界面

◆ 输出文件名称：该项用于设置输出文件存放路径与文件名称，这里选择需要转换的工程文件的文件名为"led.pdf"，存放路径为"D:\led20210316bak\led"。

（4）单击"Next"按钮，进入图 5.2.10 所示的"导出项目文件"界面。在该界面中，可以选择需要导出的文件。这里全选（采用默认值）。

（5）单击"Next"按钮，进入图 5.2.11 所示的"导出 BOM 表"界面。这里采用默认值。

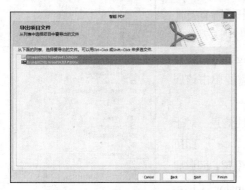

图 5.2.10 "导出项目文件"界面

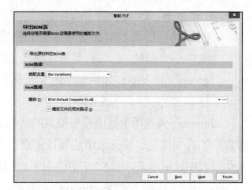

图 5.2.11 "导出 BOM 表"界面

（6）单击"Next"按钮，进入图 5.2.12 所示的"PCB 打印设置"界面。在该界面中，默认配置是将每个 PCB 文档分别打印一张，纸上重叠打印多个板层，包括 Top Overlay、Top Layer、Bottom Layer、Multi-Layer、Keep-Out-Layer 和多个 Mechanical Layer。

（7）单击"Next"按钮，进入图 5.2.13 所示的"添加打印设置"界面。在该界面中，可以设置额外的 PDF 打印选项。这里采用默认值。

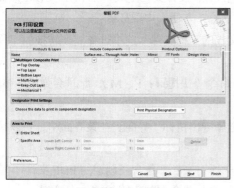

图 5.2.12 "PCB 打印设置"界面

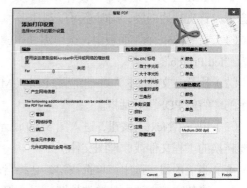

图 5.2.13 "添加打印设置"界面

（8）单击"Next"按钮，进入图 5.2.14 所示的"结构设置"界面。这里采用默认值。

（9）单击"Next"按钮，进入图 5.2.15 所示的"最后步骤"界面。在该界面中，可以设置是否打开导出的文件等。

单击"Finish"按钮，系统将按照前面的设置创建 PDF 文档，并使用 PDF 阅读软件将其打开。

2. 原理图打印

原理图打印方法与步骤如下。

执行"文件（F）"→"页面设置（U）..."命令（快捷键：F，U），此时会弹出图 5.2.16 所示的"Composite Properties"对话框。该对话框由 6 个区域组成，即"打印纸""缩放比例""校正""偏移""颜色设置"和底部的命令按钮。

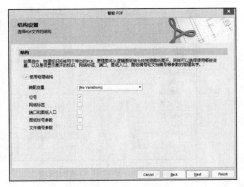

图 5.2.14 "结构设置"界面

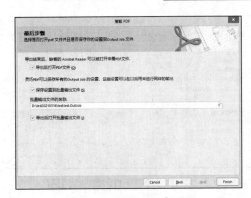

图 5.2.15 "最后步骤"界面

（1）"打印纸"区域。

◆ 尺寸（**Z**）：单击"▼"按钮，从弹出的下拉列表
中选择打印纸张的大小。

◆ 垂直（**T**）：选中该单选按钮，原理图将纵向打印。

◆ 水平（**L**）：选中该单选按钮，原理图将横向打印。

（2）"缩放比例"区域。

◆ 缩放模式：设置原理图的缩放模式，可以选择
"Scaled Print"（缩放打印）和"Fit Document On
Page"（适应打印纸）两个选项。

◆ 缩放（**S**）：设置原理图缩放倍数，只有在选择
"Scaled Print"（缩放打印）模式时，该项才激活。

图 5.2.16 "Composite Properties"对话框

（3）"校正"区域用于修正 x 轴、y 轴方向的缩放错误。只有在选择"Scaled Print"（缩放打印）
模式时，该区域才激活。

（4）"偏移"区域。

◆ 水平（**H**）：设置打印页面的水平页边距，如果设置为 0，则采用打印机要求的最小边距；
当勾选"居中"复选框时，该项被禁用，原理图会自动水平居中打印。

◆ 垂直（**V**）：设置打印页面的垂直页边距，如果设置为 0，则采用打印机要求的最小边距；
当勾选"居中"复选框时，该项被禁用，原理图会自动垂直居中打印。

（5）"颜色设置"区域。

◆ 单色：选中该单选按钮，原理图将黑白打印。

◆ 彩色：选中该单选按钮，原理图将彩色打印。

◆ 灰的：选中该单选按钮，原理图将灰色打印。

（6）命令按钮。

◆ 打印（**P**）：打印原理图纸。

◆ 预览（**V**）：预览原理图纸。

◆ 高级…：可打开"原理图打印属性"对话框，如图 5.2.17 所示，用来指定是否打印特殊符
号，另外还可以指定打印范围为整张图纸还是局部。

◆ 打印设置…：可打开打印机设置对话框，如图 5.2.18 所示，在"名称（**N**）"中，根据系
统当前安装的打印机填写设置，其他采用默认值。

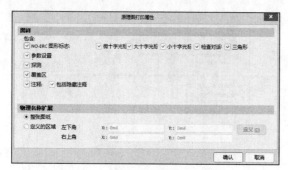

图 5.2.17 "原理图打印属性"对话框

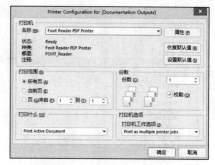

图 5.2.18 打印机设置对话框

思考与练习

一、思考题

1. 在原理图设计中，如何设置电气连接检查规则？
2. 在原理图设计中，如何编译项目？若编译后出现错误，如何查找和修改原理图中的错误？
3. 简述元件清单报表的生成方法。
4. 简述利用智能 PDF 工具为某个设计文档生成一个 PDF 文档的方法。
5. 简述基于单个原理图文件的网络表生成方法。
6. 简述设置电气连接检查规则的方法。

二、实践练习题

绘制图题 5.1 所示的 LED 照明电路。要求如下。

（1）建立工程文件。

（2）建立原理图文件。

（3）导入库文件。

（4）生成元件清单报表和 PDF 文件。

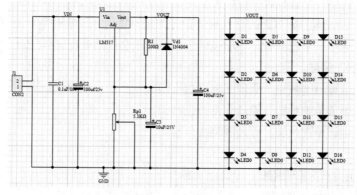

图题 5.1 LED 照明电路

第 6 章　原理图设计与绘制技巧

本章主要内容

本章将介绍原理图设计与绘制技巧、"Navigator"面板和"SCH Filter"面板的使用方法及查找相似对象的方法，最后将介绍批量修改元件参数的方法。

本章建议教学时长

本章教学时长建议为 1 学时。

- ◆ 原理图设计与绘制技巧：0.25 学时。
- ◆ "Navigator"面板和"SCH Filter"面板的使用：0.25 学时。
- ◆ 查找相似对象与批量修改元件参数：0.5 学时。

本章教学要求

- ◆ 知识点：掌握原理图设计与绘制技巧，熟悉"Navigator"面板和"SCH Filter"面板的使用方法，熟悉查找相似对象的方法；掌握批量修改元件参数的方法。
- ◆ 重难点：原理图设计与绘制技巧、批量修改元件参数。

6.1　原理图设计技巧

原理图是 PCB 设计的基础。在进行 PCB 设计前，需要进行原理图设计，将每个元件按一定的逻辑关系连接起来。下面介绍电路原理图设计的一些主要技巧。

（1）在设计电路原理图之前，需要分析电路的各个功能并进行绘图区域的合理规划，以增强原理图的可读性。

（2）实现芯片功能所需要的电阻、电容应该相对于自己作用的芯片就近摆放。

（3）电路原理图中具有相同作用的电阻可集中摆放，如上拉电阻。

（4）在电路设计中，可能全加入单片机、微处理器等这样的芯片（如 STC89C52、S3C2410 芯片），尤其是电源引脚可能全加入很多的微处理器，为了提高系统的抗干扰性能，需要对每一个电源引脚添加一个 $0.1\mu F$ 的高频陶瓷滤波电容，由于这样的电容对每一个电源引脚的作用是一样的，因此摆放时可像摆放上拉电阻元件符号一样，将所有电源引脚的高频滤波电容集中摆放在一起。

（5）接插件的摆放位置可根据实际需要进行调整，但最好将功能相似的接插件放到一起，如电源供电接插件等。

（6）虽然使用网络标签连接电路可以使原理图看起来简洁明了，但是如果电路原理中使用了太多网络标签，整个电路原理图中各网络的连接关系就会显得不清晰。所以如果导线连接关系比较简单，应尽量控制网络标签的使用。

（7）如果设计的电路不复杂，应该尽量在一张原理图中画完所有电路。

（8）如果电路较复杂，建议利用分模块或层次化的方法设计原理图，将复杂的原理图绘制为单层次式图纸。

（9）绘制原理图要注意元件排列整齐、紧凑、美观，原理正确，连线清晰，层次分明。

（10）原理图的正确与否直接关系到 PCB 的设计是否成功。所以原理图绘制完成后，在设计 PCB 之前，要对原理图进行仔细检查与整理。在检查原理图时，重点检查原理图的功能与原理是否正确、连线是否有遗漏、每个元件的封装是否正确、元件标识符号是否有遗漏或错误等。

6.2　原理图绘制技巧

6.2.1　栅格的使用

执行"工具（**T**）"→"原理图优先项（**P**）..."命令（快捷键：T，P），在弹出的对话框中，选择"Schematic"→"Grids"，此时会弹出图 6.2.1 所示"优选项"对话框。

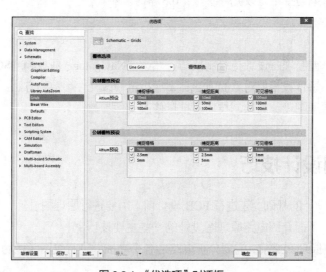

图 6.2.1　"优选项"对话框

（1）在"优选项"对话框中，可以改变栅格的显示模式与颜色。栅格的显示模式有"Line Grid"和"Dot Grid"。单击"栅格"右边的"▼"按钮，在下拉列表中选取所需的显示模式。

单击"栅格颜色"后面的"▢"按钮，此时会弹出图 6.2.2 所示的"选择颜色"对话框。可以根据自己的喜好定义栅格颜色。

（2）栅格预设。栅格的显示单位有英制与公制两种。单击"Altium 预设"按钮，在弹出的图 6.2.3 所示的栅格快速设置菜单中，可以快速设置栅格。

在预设置好栅格后，英制与公制都预设了 3 种栅格组合模式。按 G 键可以依次切换捕捉栅格移动步进的设定值，例如，在图 6.2.1 的预设中，捕捉栅格移动步长的值可在 10mil、50mil 和 100mil

之间切换，左下角的状态栏中会显示当前栅格值。因此，在绘制原理图时，根据需要按 G 键，就可以快速获得所需要的捕捉栅格步进值。

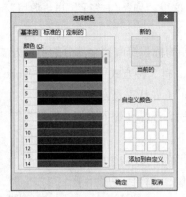

图 6.2.2　"选择颜色"对话框

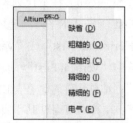

图 6.2.3　栅格快速设置菜单

6.2.2　智能粘贴

智能粘贴可以用来高效粘贴呈整列排放的元件。具体方法如下。

（1）选中要粘贴的元件，这里选中"SW-DPST"元件，将选中元件的标号设置为"S1"，并按 Ctrl+C 快捷键复制到剪贴板中。

（2）执行"编辑（E）"→"智能粘贴..."命令（快捷键：Shift+Ctrl+V），此时会弹出图 6.2.4 所示的"智能粘贴"对话框。

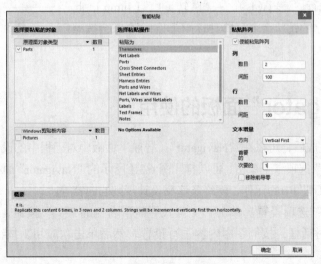

图 6.2.4　"智能粘贴"对话框

◆ 在"选择要粘贴的对象"区域中，如果选取了被粘贴对象，该对象将自动显示在"原理图对象类型"列表中。这里只选取了 1 个"Parts"元件。取消勾选"Windows 剪贴板内容"列表中的"Pictures"复选框。

◆ 在"选择粘贴操作"区域中选择"Themselves"。

◆ 在"粘贴阵列"区域中，勾选"使能粘贴阵列"复选框。在"列"与"行"区域中，"数目"是粘贴的列数或行数。"列"区域中的"间距"是列与列之间的距离，其值为正数时，粘贴的元件按从左到右的顺序排列；其值为负数时，粘贴的元件从右到左排列。"行"区域中的"间距"是行与行之间的距离，其值为正数时，粘贴的元件按从下到上的顺序排列；其值为负数时，粘贴的元件从上到下排列。这里"列"与"行"的"数目"分别选"2"和"3"；"间距"都设置为"1000mil"。

"文本增量"区域用来设置粘贴多个对象时，它们的标识符中数字部分的递增方式。单击"方向"右边的"▼"按钮，在下拉列表中设置递增方式。有 3 种方式可选择，即"None"（不设置）、"Horizontal First"（先从水平方向递增）、"Vertical First"（先从垂直方向递增），选中"Horizontal First"或"Vertical First"选项后，还需要输入递增数值。这里选中"Vertical First"。递增数值的填写如下。

"首要的"：粘贴元件时，在其中填写粘贴元件标识符的数字递增量。

"次要的"：在其中填写粘贴引脚编号的数字递增量，该栏目一般用于创建库元件场合。

设置完成后，单击"确定"按钮，得到图 6.2.5 所示的阵列图。删除元件 S1，则阵列中元件 S1 下面的线就自动去掉。

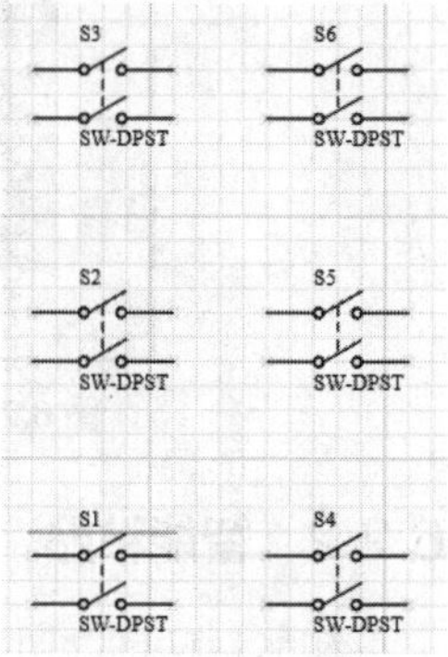

6.2.3　跳转

编辑复杂电路原理图时，需要在原理图上的不同位置间进行跳转。Altium Designer 20 提供多种跳转功能，可以跳转到指定位置，并将其置于编辑窗口中心处。

图 6.2.5　排列好的元件

跳转方法是：执行"编辑（E）"→"跳转（J）"（Jump），此时会弹出图 6.2.6 所示的跳转命令菜单。执行不同的命令就会按照所选方式跳转。

图 6.2.6　跳转命令菜单

6.3　"Navigator"面板的使用

工程文件编译完成后，可以在"Navigator"（导航）面板中对工程中的设计文件进行导航。在左下角的"Navigator"选项卡上单击，可以打开图 6.3.1 所示的"Navigator"面板。使用"Navigator"面板可以快速浏览原理图中的元件、网络及违反设计规则的内容等。

（1）"Navigator"选项设置。单击"交互式导航"右侧的"┅"按钮，此时会弹出图 6.3.2 所示的"优选项"对话框，按照图中内容进行设置，然后单击"应用"按钮，再单击"确定"按钮。

◆ "高亮方式"。在"高亮方式"区域中，有"选择""缩放""连接图""变暗""包含电源部分" 5 个复选框。"缩放"右侧的滑块向"远"（Far）一侧滑动，放大倍数减小，否则变大。"变暗"右侧的滑块向"不可见"（Far）一侧滑动，则未选中的对象将变暗，否则变亮。

（2）"Navigator"面板列表区。

第一列表区域显示当前工程包含的设计文档。选中某一个设计文档，其下方的列表会显示该设计文档中包含的电气对象。

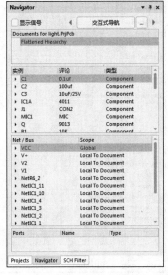

图 6.3.1　"Navigator"面板

图 6.3.2　"优选项"对话框

第二列表区域显示了当前选中的设计文档中包含的元件（实例）。单击每个元件前面的"▶"按钮，可展开该元件的参数、模型和引脚信息。选中每个元件，编辑窗口会切换到该设计文档，并高亮显示与选中的元件连接的其他元件。

第三列表区域显示出原理图中所有的网络和总线（Net/Bus）。单击网络前面的"▶"按钮，可展开该网络/总线包含的引脚（Pins）、网络标签（Net Label）、图形线条（Graphical Lines）、端口（Port）、图纸入口（Sheet Entry）。选中列表中的对象，编辑窗口会切换到该设计文档，并高亮显示与选中的对象连接的其他元件对象。

第四列表区域显示的内容由第二列表区域或第三列表区域中选中的对象决定。

应用举例，单击"交互式导航"按钮，将鼠标指针移到所选元件上并单击，如 C1，此时就会高亮与 C1 相连的所有元件，如图 6.3.3 所示。如果将鼠标指针移到所选网络上并单击，如网络，此时就会高亮与该网络相连的所有节点，同时工作区中其他网络与元件会处于灰色状态。

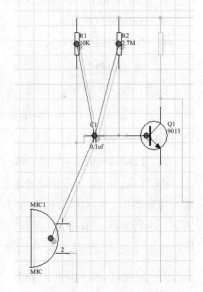

图 6.3.3　高亮与 C1 相连的所有元件

注意

要退出导航模式中的高亮显示模式，只需按快捷键 Shift+C 即可。

6.4　"SCH Filter"面板的使用

在进行原理图或 PCB 设计时，我们经常需要查看并编辑某些对象，但是在复杂的原理图中，尤其是在进行 PCB 设计时，要将所需的对象从原理图中分离出来是比较困难的。

Altium designe 20 提供了一个十分人性化的过滤功能。经过过滤后，被选中的对象将清晰地显示在工作窗口中，而其他未被选中的对象则呈现为半透明状。同时，未被选中的对象也变为不可操作的状态，我们只能对选中的对象进行操作。

过滤器（Filter）可在当前原理图中选中符合条件的对象、元件。被选中的对象、元件在原理图中高亮显示，并不会在"SCH Filter"面板中显示过滤结果。

在左下角的"SCH Filter"选项卡上单击，可以打开图 6.4.1 所示的"SCH Filter"（SCH 过滤器）面板。或者单击右下角的"Panels"按钮，在弹出的菜单中执行"SCH Filter"命令，也可以打开"SCH Filter"面板。

图 6.4.1　"SCH Filter"面板

1. "Limit search to"

"SCH Filter"面板中的"Limit search to"（搜索范围）用于指定搜索的范围。

◆ All Objects：在当前文档的全部对象中搜索（常用）。

◆ Selected Objects：在已经选定的对象范围内搜索。

◆ Non Selected Objects：在非选定的范围内搜索。

2. "考虑对象"

"SCH Filter"面板中的"考虑对象"（Consider objects in）用于选择要过滤的文档范围。其下拉列表中可选择"Current Document"（当前文档）、"Open Documents"（打开的文档）和"Project Documents"（在工程中的文档）3 个范围。

3. "Find items matching these criteria"

在"Find items matching these criteria"（寻找符合标准的项）下面的文本框内输入符合语法要求的搜索语句。文本框下边有 3 个按钮："Helper""Favorites""History"。这是用于设置输入搜索语句的 3 种方法，"Helper"用帮助器输入搜索语句，"Favorites"用以前收藏的语句搜索，"History"用以前用过的语句搜索。最常用的方法是"Helper"。

4. "Objects passing the filter"

"Objects passing the filter"（通过过滤器搜索出来的对象）用于把通过过滤器搜索出来的对象用不同的方式显示出来。

Select：把通过过滤器搜索出来的对象在 SCH 图中选中。

Zoom：把通过过滤器搜索出来的对象放大在 SCH 图中显示。

5. "Objects not passing the filter"

"Objects not passing the filter"（未通过过滤器搜索出来的对象）用于设置过滤器没有选中的对象的处理方式。

Deselect：在 SCH 图中，把过滤器没有选中的对象撤销选中状态。

Mask out：在 SCH 图中，把过滤器没有选中的对象屏蔽掉。

应用举例：利用帮助器输入搜索语句，搜索元件。

操作方法如下。

（1）单击"SCH Filter"面板中的"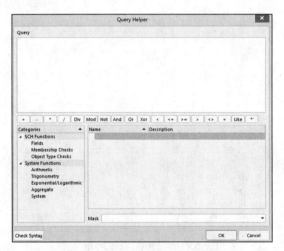Helper"按钮，此时会弹出图6.4.2所示的"Query Helper"（查询帮助器）对话框。

（2）单击"Object Type Checks"，"Query Helper"（查询帮助器）对话框右下方的列表中将显示所有要被选择的目标对象，如图6.4.3所示。向下拉列表中的滚动条，找到"Ispart"（元件）并双击，"Ispart"上跳到上面的"Query"文本框内，单击底部的"OK"按钮，再单击"SCH Filter"面板底部的"Apply"（应用）按钮，原理图中的元件即全部被选中。

图6.4.2 "Query Helper"对话框

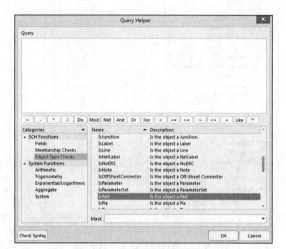

图6.4.3 "Query Helper"对话框显示
所有要被选择的目标对象

6.5 查找相似对象

使用"查找相似对象"命令选中同类对象、同类元件。查找范围有"Current Document"（在当前文档中查找）、"Open Documents"（在打开的文档中查找）、"Project Documents"（在打开工程中的文档中查找）。

例如，在原理图"Sheet1.SchDoc"和"Sheet2.SchDoc"中查找电阻名称（Design Item ID）为RES2的所有电阻。方法如下。

（1）在工程中打开"Sheet1.SchDoc"和"Sheet2.SchDoc"两个文件。

（2）在这两个原理图的任意一个窗口中，将鼠标指针对准原理图中要选中的任何一个对象（如R2）并右击，在弹出的下拉菜单中执行"查找相似对象"命令，此时会弹出图6.5.1所示的"查找相似对象"对话框。

（3）在"查找相似对象"对话框中，在"Design Item ID"右侧的"Any"上单击会出现下拉箭头，再单击下拉箭头，选择"same"。

（4）在"查找相似对象"对话框的底部有几个复选框："缩放匹配（Z）""选择匹配（S）""清除现有的（C）""屏蔽匹配（M）""打开属性（R）"等，将这几个复选框都勾选。

（5）在"选择匹配（S）"右边的范围选择对话框中，单击"▼"按钮，选择"Open Documents"

（在打开的文档中查找）。

（6）单击"应用（A）"按钮，再单击"确定"按钮，被选中的同类对象、元件被高亮显示。图 6.5.2 所示是部分被查找到的电阻。

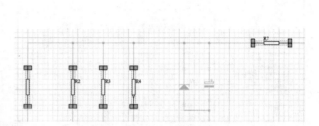

图 6.5.1　"查找相似对象"对话框　　　　　　图 6.5.2　部分被查找到的电阻

6.6　批量修改元件的属性

在原理图中，利用"查找相似对象"对话框和"Properties"面板，对选中的元件进行属性修改。

例如，将封装为 AXIAL0.4 的所有电阻的封装改为 AXIAL0.3。方法如下。

（1）将鼠标指针对准原理图中要选中的任何一个电阻并右击。

（2）在弹出的下拉菜单中，执行"查找相似对象"命令。

（3）在弹出的"查找相似对象"对话框中，在"Current Footprint"右侧的"Any"上单击会出现下拉箭头，单击下拉箭头，选择"same"。

（4）将"缩放匹配（Z）""选择匹配（S）""清除现有的（C）""屏蔽匹配（M）""打开属性（R）"复选框都勾选。在范围选择对话框中，单击"▼"按钮，选择"Current Document"（在当前文档中查找）。

（5）单击"应用（A）"按钮，再单击"确定"按钮，被选中的同类对象、元件被高亮显示。

（6）双击选中的任一元件，打开图 6.6.1 所示的"Properties"面板。在该面板中的"Footprint"区域中，单击"✐"按钮，此时会弹出图 6.6.2 所示的"PCB 模型"对话框，在该对话框的"名称"文本框中，将"AXIAL0.4"修改为"AXIAL0.3"即可，然后单击"确定"按钮，完成修改。

用这种方法也可以批量修改其他属性，如电阻的阻值等。

小知识

清除过滤器小知识：

在原理图中右击，在弹出的菜单中执行"过滤器"（filter）→"清除过滤器"命令或按快捷键 Shift+C 就可以清除过滤器。

图 6.6.1 "Properties"面板

图 6.6.2 "PCB 模型"对话框

思考与练习

一、思考题

1. 简述原理图设计的一些主要技巧。

2. 如何快速预设置栅格？在绘制原理图时，根据需要按什么键，就可以快速获得所需要的捕捉栅格步进值？

3. 在原理图绘制中，如何使用智能粘贴？

4. 编辑复杂电路原理图时，如何在原理图上的不同位置间进行跳转？

5. 简述"Navigator"面板的使用方法。

6. 简述"SCH Filter"面板的使用方法。

7. 在原理图中，如何使用"查找相似对象"命令？

8. 在原理图中，如何利用"查找相似对象"对话框和"Properties"面板，对选中元件的属性进行修改？

9. 如何选取多个元件？

10. 如何复制元件？需要用到多个相同的元件时，可以按住什么键，选中需要复制的元件？按住鼠标左键并拖动需要复制的元件，复制得到的元件的标号是否会自动修改？

11. 在原理图和 PCB 中查找元件的快捷键是什么？

12. 取消过滤的快捷键是什么？

13. 对于芯片功能所需要的电阻、电容，在 PCB 设计中，它们应该如何放置？

14. 在电路设计中，对于单片机、微处理器这样的芯片，尤其是电源引脚很多的微处理器，怎样做可以提高系统的抗干扰性能？

15. 在设计 PCB 时，接插件的摆放位置如何设置？

16. 在设计 PCB 时，为什么要将实际电气连线与网络标签连接电路配合使用？全部用网络标签连接电路有什么缺点？

17. 如果电路较复杂，怎样划分功能模块来绘制原理图？

二、实践练习题

1. 练习栅格设置。要求如下。

（1）捕捉栅格为"50mil"，可视栅格为"100mil"，电气栅格（即电气捕捉距离）为"40mil"。

（2）栅格显示模式为"Dot Grid"。

（3）栅格颜色为深灰色。

2. 练习快速预设置栅格菜单，在原理图中体会预设栅格的使用效果。

3. 练习跳转菜单命令的使用，在原理图中体会使用效果。

4. 练习"Navigator"面板的使用。要求如下。

（1）打开一个已经绘制完成的原理图。

（2）利用"Navigator"面板，快速浏览原理图中的元件、网络等内容。

5. 利用"查找相似对象"对话框和"Properties"面板，对选中的元件进行属性修改。例如，将封装为 AXIAL0.4 的所有电阻的封装改为 AXIAL0.6。

6. 绘制图题 6.1 所示的 LED 阵列电路。要求如下。

（1）建立工程文件与原理图文件。

（2）可见栅格设置为"100mil"。

（3）阵列设置：列数目为"3"，间距为"800mil"；行数目为"2"，间距为"-1000mil"。

（4）增量方向：方向选择"Vertical First"，"首要的"与"次要的"都设为"1"。

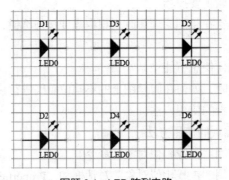

图题 6.1　LED 阵列电路

第 7 章　原理图设计进阶

07

本章主要内容

本章将介绍层次化原理图的概念与结构、层次化原理图设计方法、多通道设计方法等主要内容。

本章建议教学时长

本章教学时长建议为 1 学时。

◆　层次化原理图的概念与结构：0.25 学时。

◆　层次化原理图的设计方法：0.5 学时。

◆　多通道设计方法：0.25 学时。

本章教学要求

◆　知识点：了解层次化原理图、模块的概念，理解子图符号的父图（方块图）、子图的含义，掌握自上而下的层次原理图设计方法，多通道设计方法。

◆　重难点："自上而下"和"自下而上"两种层次电路设计方法，多通道设计方法。

7.1　层次化原理图的概念与结构

7.1.1　基本概念

对于不复杂的电路原理图，可以将整个原理图绘制在一张原理图纸上。但是，当设计大型、复杂系统的电路原理图时，如果将整个原理图设计在一张图纸上，就会使图纸变得十分复杂，不利于原理图的分析和检查排错，同时也难以让多人参与系统设计。

对于复杂的原理图，最好的设计方式是在设计原理图时，将其按功能分解成相对独立的模块，使电路描述的各个部分功能更加清晰。这样不但便于阅读与交流，而且使复杂的电路结构清晰、便于多人参与设计，也便于检查与修改。这样就可以大大缩短开发周期，提高模块电路的复用性和加快设计速度。

为了适应电路原理图模块化设计的需求，Altium Designer 20 提供了层次化原理图设计方法。所谓层次化设计，就是将一个复杂的设计任务分解成一系列有层次结构的、相对简单的电路设计任务。方法如下。

（1）把总体电路进行模块划分。

（2）制定每个或叫方块电路之间统一的输入/输出端口，便于模块之间的连接。

（3）绘制每个电路模块的电路原理图，该电路原理图一般称为子原理图。子原理图就是描述某一电路模块功能的普通电路原理图，只是这里的子原理图增加了一些输入/输出端口。

（4）在顶层图纸（即主图）内放置各电路模块及各电路模块之间的连接关系，因此在顶层图纸中不放置具体的元件。在下一层图纸中是各电路模块相对应的子原理图。子原理图内还可以放置电路模块。如果子原理图内放置电路模块，在它的下一层图纸中是与它相对应的子原理图，这样一层套一层，可以定义多层图纸。这样做还有一个好处，就是每张图纸不是很大，可以方便地用小规格的打印机来打印图纸（如 A4 图纸）。

7.1.2 基本结构

Altium Designer 20 支持"自上而下"和"自下而上"两种层次的电路设计方式。层次化原理图设计使用图纸符号（Sheet Symbol）来代表电路模块，使用图纸入口（Sheet Entry）来代表电路模块的对外连接端口。每个图纸符号都引用一张原理图，在其中绘制该模块的具体电路图。这些原理图构成了第二层次。第二层次的原理图也可以包含图纸符号，如果第二层包含了图纸符号，则需要在第三层建立与图纸符号相应的原理图。如此就形成了多层的电路设计结构。下面介绍"自上而下"和"自下而上"设计的基本结构。

1. "自上而下"设计电路结构

所谓"自上而下"设计，就是按照系统设计的思想，先对系统的最上层进行模块划分，设计顶层方块图（父图），标示系统最上层模块（方块电路）之间的电路连接关系。接下来分别对顶层方块图中各功能模块进行详细设计，分别细化各个功能模块的电路原理图（子图），如果在该层中增加了子模块（方块电路），则需要再增加一层，细化增加的子模块的电路原理图（子图）。"自上向下"的设计方法适用于较复杂的电路。图 7.1.1 所示是 3 层结构的"自上而下"设计结构图。

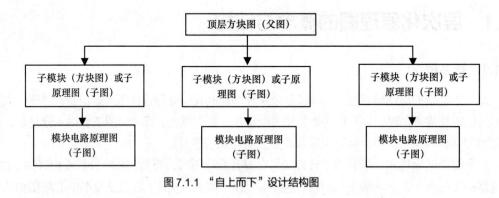

图 7.1.1 "自上而下"设计结构图

2. "自下而上"设计电路结构

进行"自下而上"设计时，应先设计各子模块电路原理图（子图），即先画出各个子模块的电路原理图，再由各个子模块的原理图生成相应的电路方块图。接着创建一个父图（方块图），将各个子模块连接起来，成为功能更强大的上层模块，完成一个层次的设计，经过多个层次的设计，直至满足项目要求。图 7.1.2 所示是一个两层结构的"自下而上"设计结构图。

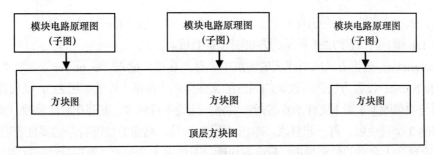

图 7.1.2 "自下而上"设计结构图

不管是采用"自上而下"，还是"自下而上"的层次设计方法，层次电路图设计的关键在于正确地传递各层次之间的信号。在层次化原理图的设计中，信号的传递主要通过方块图、方块图输入/输出端口、电路输入/输出端口来实现，它们之间有着密切的联系。

7.2 层次化原理图设计方法

层次电路图的所有方块图符号都必须有与该方块图符号相对应的电路原理图（该图称为子图），并且子图的内部也必须有子图输入/输出端口。同时，在与子图相对应的方块图中也必须有输入/输出端口，方块图输入/输出端口与子图中的输入/输出端口相对应，且必须同名。在同一项目的所有电路原理图中，同名的输入/输出端口之间，在电气上是相互连接的。如果在一个端口上有网络符号，则网络符号的名称建议与端口名称相同。

本节将以一个简单的光控 LED 照明电路为实例，介绍使用 Altium Designer 20 进行层次化设计的方法。虽然该电路不复杂，不用层次化原理图设计也可以完成 PCB 的设计任务，但该电路模块清晰，易于理解，以它为例能更好地掌握层次化原理图的设计方法。

7.2.1 "自上而下"地设计层次化原理图

"自上而下"的层次电路设计方法与操作步骤如下。

"自上而下"地设计层次化原理图

1. 创建一个项目文件

启动 Altium Designer 20，执行"文件（<u>F</u>）"→"新的…（<u>N</u>）"→"项目（<u>J</u>）…"命令（快捷键：F，N，J），此时会弹出"Create Project"对话框。

在"LOCATIONS"中选择"Local Projects"。设置"Project Name"为"led 层次 U-D.PrjPcb"。设置"Folder"为"D:\led20210316"。然后单击"Create"按钮。

2. 创建一张主电路图

新建一个原理图文件，在该文件中画一张主电路图（如文件名为"Top.SchDoc"）来放置方块图（Sheet Symbol）符号。

（1）在"Projects"面板中，右击"led 层次 U-D.PrjPcb"，在弹出的菜单中，执行"给工程增加新的（<u>N</u>）"（Add New to Project）→"Schematic"命令，在新建的"led 层次 U-D.PrjPcb"项目中添加一个默认名为"Sheet1.SchDoc"的原理图文件。

（2）将原理图文件另存为"Top.SchDoc"，设计图纸尺寸为 A4。其他设置保持默认值。

（3）单击" ▦ "按钮，或者执行"放置（<u>P</u>）"（Place）→"页面符（<u>S</u>）"（Sheet Symbol）命

令（快捷键：P，S）。图纸上会出现一个大的十字光标，并且悬浮着一个方块符号。

（4）按 Tab 键，打开图 7.2.1 所示的方块图设置面板。

◆ Designator：设置方块图所代表的图纸的名称，在该处输入"U_power"。

◆ File Name：设置方块图所代表的图纸的文件全名（包括文件的扩展名），以便建立起方块图与原理图（子图）文件的直接对应关系。此处不可修改，需要在后面修改。放置完成所需的 3 个模块后，再一起修改。单击"Ⅱ"按钮，结束方块图符号的属性设置。

（5）在原理图上合适的位置单击，确定方块图符号的左上角位置，然后拖动鼠标指针，调整方块图符号的大小，确定后单击，再继续在原理图上放置方块图符号。

（6）目前，系统还处于放置方块图状态，按 Tab 键，打开图 7.2.1 所示的方块图设置面板，在"Designator"文本框中输入"U_control"，单击"Ⅱ"按钮，结束方块图符号的属性设置。重复步骤（5），在原理图上放置第二个方块图符号。

（7）用放置第二个方块图符号的方法放置第三个方块图符号。注意在"Designator"文本框中输入"U_led"。

（8）现在修改 3 个方块图符号的文件名称，方法是：在"U_power"方块图上面的"File Name"字符上单击，选中该文本框，然后修改该文本框的内容为"Power.SchDoc"。用类似的方法，修改"U_control"方块图上面的"File Name"字符为"Control.SchDoc"，修改"U_led"方块图上面的"File Name"字符为"Led.SchDoc"。放置完成的上层原理图如图 7.2.2 所示。

图 7.2.1 方块图设置面板

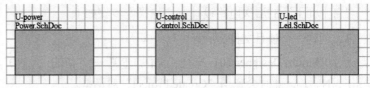

图 7.2.2 放置了 3 个方块图符号的上层原理图

3. 在方块图内放置端口

（1）单击"▣"按钮，或者执行"放置（P）"（Place）→"添加图纸入口（A）"（Add Sheet Entry）命令（快捷键：P，A）。

（2）把鼠标指针移到"U_power"的方块图内，按 Tab 键，打开图 7.2.3 所示的方块入口设置面板。在该面板中，各选项的含义如下。

◆ Name：端口名称，应将其设置为与对应的子图上对应端口相同的名称。

◆ I/O Type：它表示信号流向的确定参数，可选择未指定的（Unspecified）、输出端口（Output）、输入端口（Input）和双向端口（Bidirectional）。

◆ Harness Type：用来表示信号的线束类型。

◆ Font：字体大小与形状。

◆ Kind：端口外形种类。

（3）在方块入口设置面板的"Name"文本框中输入"Vcc1"，作为方块图端口的名称。在"I/O Type"下拉列表中选择"Output"项，将方块图端口设为输出口，单击"⏸"按钮，结束方块图符号的信号流向设置。

（4）在"U_power"方块图符号右侧单击，布置一个名为"vcc1"的方块图输出端口。

（5）用上面类似的方法，在"U_control"方块图符号中添加 1 个输入端口"vcc1"及两个输出端口"K"和"Z"。在"U_led"方块图符号中，分别添加 3 个输入端口"VCC1""K""Z"。布置完端口后的上层原理图如图 7.2.4 所示。

图 7.2.3　方块入口设置面板

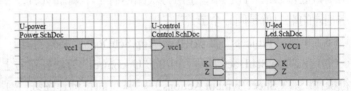

图 7.2.4　布置完端口后的上层原理图

4. 方块图之间的连线（Wire）

上层原理图的端口布置完成后，执行"放置（P）"（Place）→"线（W）"（Wire）命令（快捷键：P，W），或者单击"≋"按钮，绘制连线。找到需要连接的两个端口的端点，将鼠标指针移动到该端点并单击，表示从该引脚端点开始连线，移动鼠标指针到另一端点并单击，两个端点连接完成，并生成一条连接线。此时，仍处于绘制连线状态，用上述方法，完成所有的导线连接。连接完所有导线后，按 Esc 键退出连线状态。

完成的方块图电源部分和显示部分的上层原理图如图 7.2.5 所示。

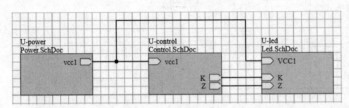

图 7.2.5　完成的方块图电源部分和显示部分的上层原理图

5. 由方块图生成电路原理图

（1）执行"设计（D）"（Design）→"从页面符创建图纸（R）"（Create Sheet From Sheet Symbol）命令（快捷键：D，R）。

（2）单击"U_power"方块图符号，系统将自动在"led 层次 U-D.PrjPcb"项目中新建一个名为"Power .SchDoc"的原理图文件，并置于"Top.SchDoc"原理图文件下面，如图 7.2.6 所示。原理图文件"Power.SchDoc"中自动布置了图 7.2.7 所示的 1 个端口，该端口的名字与方块图中一致。

图 7.2.6　自动创建的"Power.SchDoc"　　　　　　图 7.2.7　"Power.SchDoc"中自动布置的端口

注意　　　　　如果生成的图纸中没有端口，可以将页面符（即方块图）中的端口选中，复制到生成的图纸中。

（3）加载原理图符号库与封装库。这里原理图符号库有两个，分别是"light.SchLib"和"lm317led.SchLib"；封装库有两个，分别是"light.PcbLib"和"pcb2.PcbLib"。

（4）在新建的"Power.SchDoc"原理图中设计图 7.2.8 所示的原理图。

至此就建立了上层方块图"U_power"与下一层"Power.SchDoc"原理图之间的一一对应联系。父层（上层）与子层（下一层）之间，靠上层方块图中的输入/输出端口与下一层原理图中的输入/输出端口进行联系。此例中，上层方块图中有 1 个端口 vcc1，下层的原理图中也有 1 个端口 vcc1，名字相同的端口就是同一个节点。

（5）单击"Projects"面板中的"Top.SchDoc"，将其打开。

（6）在"Top.SchDoc"原理图中的"U_control"方块图符号上右击，在弹出的菜单中，执行"页面符操作（S）"（Sheet Symbol Actions）→"从页面符创建图纸（R）"（Create Sheet From Sheet Symbol）命令。

（7）在"Top.SchDoc"文件下面新建一个名为"Control.SchDoc"的原理图，原理图文件"Control.SchDoc"中自动布置了图 7.2.9 所示的 1 个输入端口"vcc1"和两个输出端口"K"与"Z"，该端口中的名字与方块图中一致。

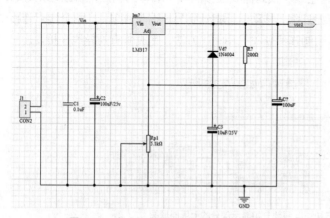

图 7.2.8　完成的"Power.SchDoc"原理图　　　　图 7.2.9　"Control.SchDoc"中自动布置的 3 个端口

完成的"Control.SchDoc"原理图如图 7.2.10 所示。

（8）用生成与设计"Control.SchDoc"原理图的方法，完成"Led.SchDoc"原理图的设计。完成后的"Led.SchDoc"原理图如图 7.2.11 所示。

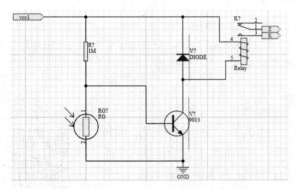

图 7.2.10　完成的"Control.SchDoc"原理图

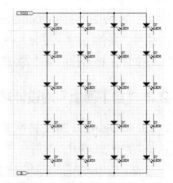

图 7.2.11　完成的"Led.SchDoc"原理图

（9）标注元件符号。单击"Projects"面板中的"Power.SchDoc"，将其打开。找到插座（CON2）符号，将鼠标指针移到"J?"上并双击，此时会出现图 7.2.12 所示的标识符编辑面板。设置"Value"为"J1"，然后将鼠标指针移到工作区图纸的合适位置并单击即可。用同样的方法修改所有的元件标识符。

注意　　可按照 7.2.3 小节介绍的层次化原理图自动标注元件符号的方法对每个元件进行自动标注，自动标注元件符号的效率比较高。

（10）执行"工程（C）"（Project）→"Compile PCB Project led 层次 U-D.PrjPcb"命令。编译原理图时，必须在顶层（鼠标指针放在"Top.SchDoc"文件上）。当项目被编译后，4 个原理图会按照上层原理图和下层原理图的结构重新排列，如图 7.2.13 所示。

图 7.2.12　标识符编辑面板

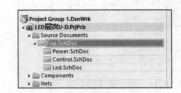

图 7.2.13　原理图排列结构

编译时，出现任何错误都将显示在"Messages"面板中。如果电路图有严重的错误，"Messages"面板将自动打开，否则"Messages"面板不出现。项目编译完后，"Navigator"面板中将列出所有对象的连接关系。

至此就完成了"自上而下"的层次化原理图设计。建立了上层原理图中的方块图"U_power"与下层原理图"Power.SchDoc"、方块图"U_control"与下层原理图"Control.SchDoc"及方块图

"U_led"与下层原理图"Led.SchDoc"之间一一对应的联系。

执行"文件（F）"（File）→"全部保存（L）"（Save All）命令（快捷键：F，L），保存项目中的所有文件。将新建的 4 个原理图文件按照其原名保存。

7.2.2 "自下而上"地设计层次化原理图

Altium Designer 20 支持传统的"自下而上"的层次电路图设计方法，即先设计子电路的原理图，然后从子电路原理图中生成电路模块，最后连接各个模块，形成上层原理图。下面以 7.2.1 小节的 LED 照明电路为例具体介绍"自下而上"的设计方法。

"自下而上"地设计
层次化原理图

1. 创建一个项目文件

（1）启动 Altium Designer 20，执行"文件（F）"→"新的…（N）"→"项目（J）…"命令（快捷键：F，N，J），此时会弹出"Create Project"对话框。

设置"Project name"为"led 层次 D-U.PrjPcb"。在"Folder"中填写设计文件存放的路径，将文件放置的位置设置为 D 盘，输入盘符与文件夹名称"D:\led20210316"，然后单击"Create"按钮。

（2）添加各个子原理图到该工程中，这里的文件是"Power.SchDoc""Control.SchDoc""Led.SchDoc"。执行"文件（F）"→"打开（O）"命令，找到需要添加的文件所在的文件夹，并将"Power.SchDoc""Control.SchDoc""Led.SchDoc"选中，然后单击"打开（O）"按钮。文件会以自由文档方式加入，如图 7.2.14 所示。

将文件加入工程中，方法是：选中"Power.SchDoc"文件，按住鼠标左键，拖动文件到工程文件上，松开鼠标，该文件就加入工程中了。用同样的方法加入"Control.SchDoc""Led.SchDoc"文件。将加入的所有文件另存到"led 层次 D-U"文件夹中。

2. 从子原理图生成方块图符号

（1）新建一个上层原理图文件，将它命名为"TopD-U.SchDoc"。

（2）单击"Projects"面板中的"TopD-U.SchDoc"，将其打开。注意：一定要打开该文件。

（3）执行"设计（D）"（Design）→"图纸生成图表符"（Create Sheet Symbol From Sheet）命令，打开图 7.2.15 所示的"Choose Document to Place"对话框。

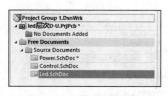

图 7.2.14　添加原理图文件

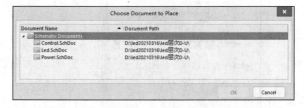

图 7.2.15　"Choose Document to Place"对话框

（4）在"Choose Document to Place"对话框中选择"Power.SchDoc"文件，单击"OK"按钮，移动鼠标指针到适当的位置并单击，将方块图放置好。用类似的方法生成子原理图"Control.SchDoc""Led.SchDoc"的电路方块符号图。根据"Power.SchDoc""Control.SchDoc""Led.SchDoc"子原理图完成的相应上层方块图符号，如图 7.2.16 所示。

（5）在上层方块图（TopD-U.SchDoc）内连线，在连线过程中，可以用鼠标指针移动方块图内的端口（端口可以在方块图的上、下、左、右 4 个边上移动），也可以改变方块图的大小，完成后的上层方块图（TopD-U.SchDoc）如图 7.2.17 所示。

图 7.2.16　完成的上层方块图符号

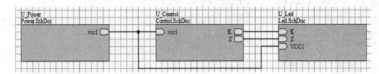

图 7.2.17　完成的上层原理图

（6）检查是否同步，即检查方块图入口与端口之间是否匹配。方法是：执行"设计（D）"→"同步图纸入口与端口（P）"（Synchronize Sheet Entries and Ports）命令，如果方块图入口与端口之间匹配，则弹出"Synchronize Ports to Sheet Entries In led 层次 D-U.PrjPcb"对话框，告知"所有图纸符号都匹配"，如图 7.2.18 所示。

图 7.2.18　显示方块图入口与端口之间匹配

（7）加载原理图符号库与封装库。这里原理图符号库有两个，分别是"light.SchLib"和"lm317led.SchLib"；封装库有两个，分别是"light.PcbLib"和"pcb2.PcbLib"。

（8）执行"工程（C）"（Project）→"Compile PCB Project led 层次 D-U.PrjPcb"命令。编译原理图时，必须在顶层（鼠标指针放在"TopD-U.SchDoc"文件上）。当项目被编译后，4 个原理图会按照上层原理图和下层原理图的结构重新排列。

（9）执行"文件（F）"→"全部保存（L）"（Save All）命令，保存项目中的所有文件。

至此，采用"自上而下"与"自下而上"的层次设计方法设计 LED 显示电路的过程结束。

7.2.3　层次化原理图自动标注元件符号

层次化原理图设计完成后，自动标注元件符号，既可以避免重复标注与漏标，也可以极大地提高标注效率。标注方法如下。

（1）执行"工具（T）"（Tool）→"标注（A）…"→"原理图标注（A）…"命令（快捷键：T，A，A），此时会弹出图 7.2.19 所示的"标注"对话框。

在该对话框中，设置"处理顺序"，选中"Down Then Across"，在"匹配选项"区域的列表中勾选"Comment"和"Library Reference"复选框。

在"原理图页标注"区域的列表中，可以勾选"原理图页"，设置"标注范围"及原理图的标注"顺序"。

◆ "标注范围"设为"All"。

◆ "顺序"可以重新设置，将鼠标指针移动到要修改顺序的数字单元格中并单击，单元格中
会出现"　"，按向上或向下箭头，可以增加或减少栏目中的数字。按照自己的需要可
以调整原理图注释顺序，在此实例中，顺序如图 7.2.20 所示。

（2）设置完成后，单击"更新更改列表"按钮，出现图 7.2.21 所示的对话框，单击"OK"按
钮，此时"接收更改（创建 CEO）"按钮由灰色变为白色。

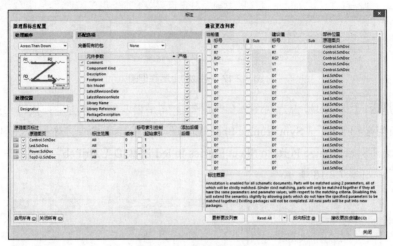

图 7.2.19 "标注"对话框

图 7.2.20 调整后的原理图注释顺序

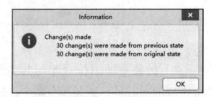

图 7.2.21 信息对话框

（3）单击"接收更改（创建 CEO）"按钮，出现图 7.2.22 所示的"工程变更指令"对话框。在
该对话框中，先单击"验证变更"按钮，然后单击"执行变更"按钮，最后单击"关闭"按钮，完
成元件符号的自动标注。

图 7.2.22 "工程变更指令"对话框

完成标注的电路原理图如图 7.2.23 所示，可以看到原理图中每个元件都已经标注。

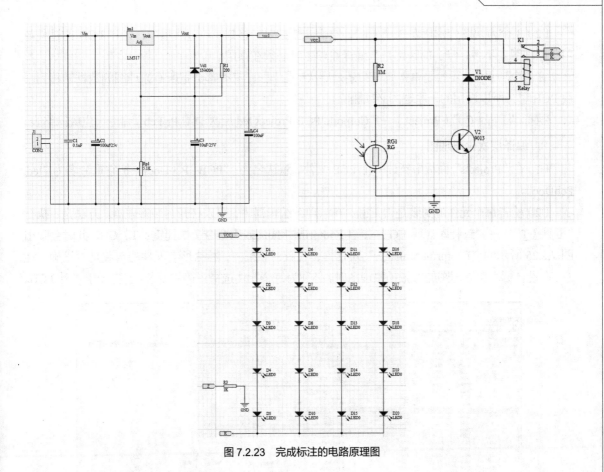

图 7.2.23　完成标注的电路原理图

7.2.4　层次化原理图的切换

1. 上层（方块图）→下层（子原理图）

单击""按钮，或执行"工具（T）"→"上/下层次"（Up/Down Hierarchy）命令，选中某一方块图并单击，即可进入下一层原理图。

2. 下层（子原理图）→上层（方块图）

单击""按钮或执行"工具（T）"→"上/下层次"（Up/Down Hierarchy）命令，将鼠标指针移动到子电路图中的某一个连接端口并单击，即可回到上层方块图。

> **注意**　一定要单击原理图中的连接端口，否则回不到上层方块图。

7.2.5　层次化原理图的 PCB 设计

继续以 LED 照明电路为实例，介绍层次化原理图的 PCB 设计方法。

1. 新建层次化原理图

（1）打开"led 层次 D-U.PrjPcb"工程文件，图 7.2.24 所示为该项目的层次图。

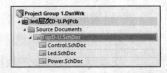

图 7.2.24　LED 照明电路的层次图

149

（2）3个方块图分别代表3个子图，它们的数据要转移到一块电路板中，设计PCB的过程与单张原理图差不多，唯一的区别是，编译原理图时必须在顶层。

在一个项目里，不管是单张原理图还是层次化原理图，有时都会把所有原理图的数据转移到一块PCB里，所以没用的子原理图必须删除。

执行"工程（C）"（Project）→"Compile PCB Project led 层次 D-U.PrjPcb"命令，生成网络表。

2. 编译层次化原理图

（1）在"Projects"面板中新建一个PCB文件，默认名为："PCB1.PcbDoc"。把它重命名为"led.PcbDoc"。

（2）检查每个元件的封装是否正确，在原理图编辑器中，可以打开封装管理器。方法是：执行"工具（T）"→"封装库管理（G）…"（Footprint Manager）命令（快捷键：T，G），此时会弹出图7.2.25所示的"Footprint Manager"对话框，在该对话框内，检查所有元件的封装是否正确。注意，在设计层次化原理图的每张子原理图时，必须为每个元件选择正确的封装，这样便于设计PCB。

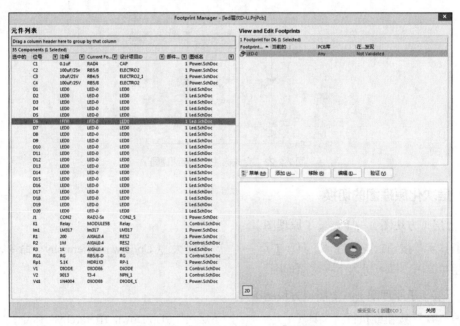

图 7.2.25 "Footprint Manager"对话框

（3）打开原理图"TopD-U.SchDoc"，检查原理图"TopD-U.SchDoc"有无错误，执行"工程（C）"（Project）→"Compile PCB Project led 层次 D-U.PrjPcb"命令。如果有错误，则"Messages"面板中会有提示，按提示改正错误后重新编译，没有错误后进行后续操作。

（4）环境参数设置。

① 按Q键，改变系统度量单位，使系统单位为公制（mm）。

② 按G键，在弹出的对话框中，选择鼠标指针的移动步进，这里选择1mm。

③ 设置原点。执行"编辑（E）"→"原点（O）"→"设置（S）"命令（快捷键：E，O，S），将鼠标指针移到PCB编辑区的左下角附近并单击，将此点设置为原点。

（5）绘制一个PCB的板框，将当前层切换到"Keep-Out Layer"，执行"放置（P）"→"Keepout（K）"→"线径（T）"命令，画出一个长为100mm、宽为70mm的边框，并在4个角上放置安装孔，安装孔内径为 2mm，外径为 3mm，如图 7.2.26 所示。

（6）执行"设计（**D**）"（Design）→ "Import changes from led 层次 D-U.PrjPcb"命令，此时会弹出图 7.2.27 所示的"工程变更指令"对话框。

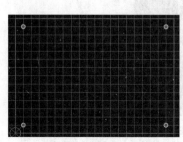

图 7.2.26　绘制 PCB 边框

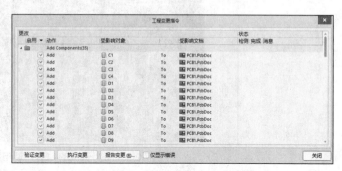

图 7.2.27　"工程变更指令"对话框

（7）单击"验证变更"按钮，验证有无错误之处，程序会将验证结果反应在对话框中右侧的"检测"一列中，通过验证的动作，在对应的"检测"一列中会显示绿色的"√"，否则为红色的"×"，表示没有通过验证。单击"执行变更"按钮，完成所有数据的转移，如图 7.2.28 所示。

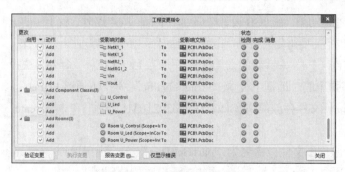

图 7.2.28　验证与执行变更

单击"关闭"按钮，关闭此对话框，原理图的数据就转移到了"led.PcbDoc"的 PCB 上，如图 7.2.29 所示。

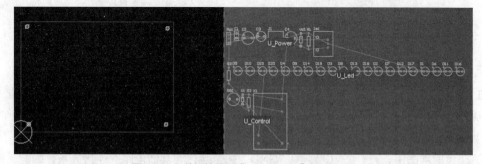

图 7.2.29　数据转移到"led.PcbDoc"的 PCB 上

（8）图 7.2.29 中包含了 3 个元件摆置区域（Room）（上述设计的 3 个模块电路）。分别将这 3 个区域的元件移动到 PCB 的边框内，用前文介绍的方法完成布局、布线等操作，在此不做讲解。将网络 VIN、VOUT 和 GND 线宽都设置为 1.5mm，其余线宽为 1mm。设计完成的 LED 照明电路 PCB 如图 7.2.30 所示。

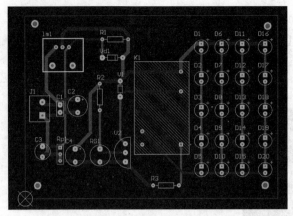

图 7.2.30　设计完成的 LED 照明电路 PCB

7.3　多通道 PCB 设计

7.3.1　多通道原理图设计

只要使用了多通道功能，在 PCB 设计中遇到多个相同的电路时，就不需要重复去复制原理图，也不需要重复去布局、布线。下面介绍多通道原理图设计方法。

多通道原理图设计

（1）执行"文件（F）"→"新的…（N）"→"项目（J）…"命令（快捷键：F，N，J），在弹出的对话框中设置"Project Name"为"U-通道.PrjPcb"。在"Folder"中填写设计文件存放的路径，如"D:\led20210316"，然后单击"Create"按钮。

（2）新建一个原理图文件，命名为"part.SchDoc"。在该原理图中，设计多个相同单元电路中的其中一个电路。图 7.3.1 所示为设计完成的单元电路的原理图。

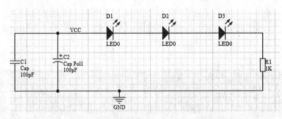

图 7.3.1　设计完成的单元电路的原理图

（3）将图 7.3.1 所示的原理图做成一个黑匣子以便与其他电路重复连接，因此要把原理图中与其他电路有连接关系的端口连到"Port"上。

① 单击"▣"按钮，再按 Tab 键，此时会出现图 7.3.2 所示的端口属性设置面板。

② 在该原理图中，只有"VCC"和"GND"两个端口与其他电路有连接关系，因此，要将它们连到两个"Port"上。

③ 设置"Name"为"VCC"，设置"I/O Type"为"Input"。

④ 单击"⏸"按钮，完成设置。

⑤ 移动鼠标指针到合适位置并放置"VCC"端口。用类似方法放置"GND"端口。设置好端口属性的原理图如图 7.3.3 所示。

图 7.3.2　端口属性设置面板

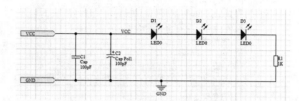

图 7.3.3　设置好端口属性的原理图

（4）新建一个原理图，命名为"top1.SchDoc"。执行"设计（D）"（Design）→"文件或图纸生成图表符"（Create Sheet Symbol From Sheet）"命令，打开图 7.3.4 所示的"Choose Document to Place"对话框。

（5）在"Choose Document to Place"对话框中选择"part.SchDoc"文件，单击"OK"按钮，移动鼠标指针到适当的位置并单击，将方块图符号放置好，如图 7.3.5 所示。这个方块图符号就是一个黑匣子。

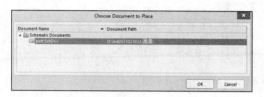

图 7.3.4　"Choose Document to Place"对话框

图 7.3.5　放置好的方块图符号

（6）双击黑匣子，弹出图 7.3.6 所示的图纸符号设置面板。然后在"Designator"文本框中输入复制的个数。输入"repeat(led,1,3)"，"led"是名字，"1,3"就是复制 3 次。保存设置后，黑匣子变成图 7.3.7 所示的方块图符号。

图 7.3.6　图纸符号设置面板

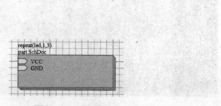

图 7.3.7　黑匣子

（7）设置相同电路中的元件生成 PCB 时的命名方式。执行"工程（**C**）"（project）→"工程选项（**O**）…"（project options）→"multi-channel"命令，出现图 7.3.8 所示的对话框。在"Room 命名类型"和"位号格式（**D**）"下拉列表中，分别选择图 7.3.8 所示的设置参数（"Flat Numeric With Names""$Component$ChannelAlpha"）。这样就可以避免 PCB 中元件名字太长。

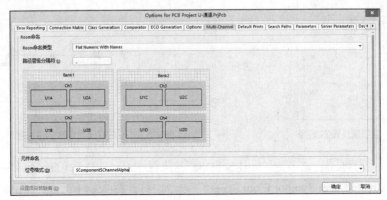

图 7.3.8 "Options for PCB Project"对话框

（8）完成原理图的整体设计，完成的原理图如图 7.3.9 所示。

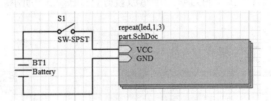

图 7.3.9 完成的原理图

7.3.2 多通道 PCB 设计

（1）用上述设计 PCB 的方法，设计一个 90mm × 70mm 的 PCB。执行菜单"设计（**D**）"→"Import changes from led.projpcb"命令，加载网络表。加载后，网络表与元件封装符号都转移到"led1.PcbDoc"的 PCB 上，如图 7.3.10 所示。

（2）用上述设计 PCB 的方法，完成电路布局布线的 PCB 如图 7.3.11 所示（图形经过处理）。

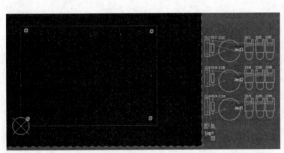

图 7.3.10 数据转移到"led1.PcbDoc"的 PCB 上的封装图

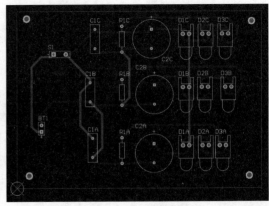

图 7.3.11 完成的 PCB

思考与练习

一、思考题

1. 在进行原理图设计时，为什么要用层次化原理图设计方法？

2. 层次化原理图设计中，有哪 3 个主要因素？

3. 简述"自上而下"设计的思想与方法。

4. 简述"自下而上"设计的思想与方法。

5. 简述如何从子原理图生成方块图符号。

6. 层次化原理图自动标注元件符号与单个原理图自动标注元件符号有什么区别？简述层次化原理图自动标注元件符号的方法。

7. 简要说明层次化原理图的切换方法。

8. 简述 Altium Designer 多通道原理图设计方法。

二、实践练习题

1. 绘制光控 LED 照明电路，使用层次化原理图设计方法，自建继电器原理图符号。参考电路如图题 7.1～图题 7.4 所示。要求如下。

（1）创建工程文件。

（2）采用"自下而上"的方法设计。

（3）建立 1 个顶层原理图和 3 个子原理图，并完成 3 个电路原理图的绘制。

（4）在顶层原理图中，根据 3 个子原理图建立方块图，并完成线路连接。

（5）编译后形成层次结构图。

（6）完成 PCB（PCB 尺寸自定义）的设计。

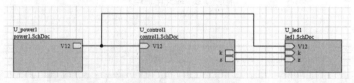

图题 7.1　顶层原理图

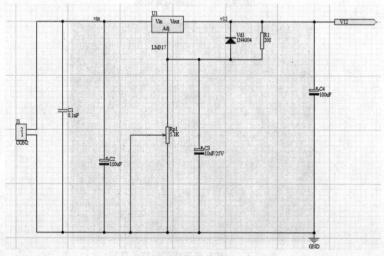

图题 7.2　电源电路

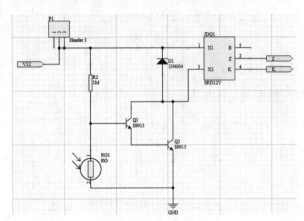

图题 7.3　控制电路

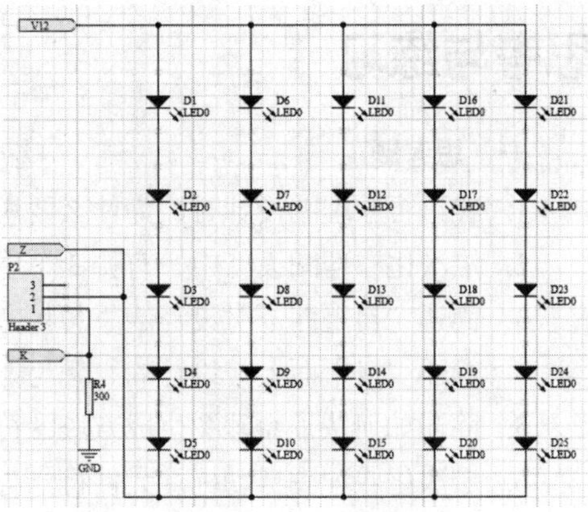

图题 7.4　LED 照明电路

2.　利用多通道设计方法设计 3 组稳压电路，要求如下。

（1）设计图题 7.5 所示的单元电源电路。

（2）利用多通道设计方法设计图题 7.6 所示的电源电路。变压器后面的稳压电源电路重复 3 次（3 通道）。

（3）依据图题 7.7 所示的 PCB 未布线的网络示意图完成 PCB 布线。PCB 外形与尺寸自定义。

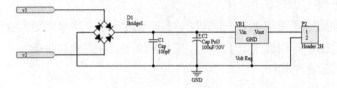

图题 7.5　单元电源电路

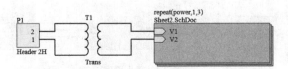

图题 7.6　3 通道电源电路

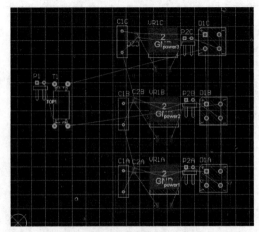

图题 7.7　PCB 未布线的网络示意图

第 8 章　PCB 设计基础

08

本章主要内容

本章将介绍 PCB 设计中的基本组件、PCB 设计方法与原则、PCB 设计流程、PCB 设计环境与工具的使用、PCB 布局与布线原则等主要内容。

本章建议教学时长

本章教学时长建议为 2 学时。

◆　PCB 设计中的基本组件与设计方法原则：0.5 学时。
◆　PCB 设计流程与环境：0.5 学时。
◆　PCB 的规划、布局、布线原则：1 学时。

本章教学要求

◆　知识点：了解 PCB 设计基本组件，掌握 PCB 设计方法，熟悉 PCB 设计流程，熟悉 PCB 设计环境与工具的使用方法，熟悉 PCB 的规划，熟悉 PCB 布局与布线原则。
◆　重难点：PCB 设计基本组件、PCB 布局与布线原则。

8.1　PCB 设计中的基本组件

电路原理图设计完成后，就需要设计 PCB。PCB 设计是电子设计中最重要的一步。在设计 PCB 之前，熟悉 PCB 的基本组件与作用，对于设计出符合要求、稳定可靠的 PCB 是必不可少的。下面介绍 PCB 常用的基本组件。

8.1.1　电路板

在设计 PCB 时，先要选择 PCB 的大小与层数。根据原理图的复杂程度、元件的封装、使用环境及成本要求，选择 PCB 的大小与层数（如单层板、双层板、多层板等）。

一般情况下，邦定板、单层板选择较薄的尺寸，双层板、面积较大的电路板选择较厚的尺寸。设计 PCB 时，电路板需划分为不同的层。以双层板为例，Top Layer（元件面层）在 PCB 正面，Bottom Layer（焊接面层）在 PCB 背面，它们都可布电源与地及信号线。Top Overlayer（元件面丝印层）是 PCB 正面的丝网印刷，可布元件标识符、说明文字。Bottom Overlay（焊接面丝印层）是 PCB 背面的丝网印刷，如果只有元件面放置元件，则此层可不用。Mechanical1 Layer（机械尺寸层）

用于标注尺寸，设定电路板外观，或设置板上的安装孔。Keep-Out Layer（禁止布线层）用于设置自动布线算法中不允许放置信号线的区域。Multi Layer（多层）用于设置焊盘、过孔的钻孔尺寸。

对于电路板的外形，应根据应用场合、安装尺寸做具体的分析与考虑。一般应用时，可将电路板设计成具有黄金分割比例的矩形，4 个角应是具有一定半径的圆弧。

8.1.2 连线

一般来讲，在设计 PCB 时，不同层的连线的作用不一样。例如，位于信号层、内电层的连线是导线，它们是电气连接线，如信号线、电源线等；位于其他层的连线是非电气连接线，用于设置布线范围、电路板外观等。

电气连线的线宽通常为 8mil，极限值为 5mil。线间距通常为 8mil，极限值为 5mil。若布线条件允许，信号线、电源线、地线可在一定范围内（80mil 以内）增加宽度。设置连线的宽度一般为 8mil。

位于信号层的导线是铜箔导线，用于连接每个焊盘，它是 PCB 最重要的部分。与铜箔导线有关的另外一种线，常常称为"飞线"，即预拉线。飞线是在进行 PCB 设计时，导入网络表后，系统根据规则自动生成的，它是用来指引布线的一种连线。图 8.1.1 中左边是飞线，右边是导线。

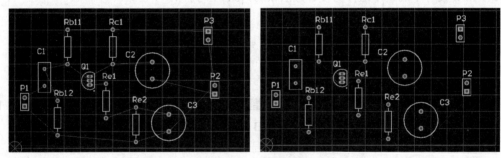

图 8.1.1 飞线与导线

飞线和铜箔导线有着本质的区别，飞线只是一种在形式上表示出各个焊盘间的连接关系，没有电气的连接意义；铜箔导线则是根据飞线指示的焊盘间的连接关系而布置的，是具有电气连接意义的导线。

8.1.3 焊盘

焊盘用于承载元件引脚，其作用是用焊锡将元件引脚与电路板上的铜箔导线连接起来。按常规应用，焊盘分为通孔焊盘（Pad）和表面贴装焊盘（Land）两种。

对于通孔焊盘，需要设置焊盘的形状、尺寸和孔径。通孔焊盘需要钻孔，而表面贴装焊盘则不需要钻孔。通孔焊盘的形状主要有矩形（Rectangular）、圆形（Round）、八角形（Octagonal）和圆角方形（Rounded Rectangle）4 种，而表面贴装焊盘一般为矩形。常见的焊盘形状如图 8.1.2 所示。

矩形　　　圆形　　　八角形　　圆角方形　　矩形
图 8.1.2 常见的焊盘形状

设计 PCB 时，应根据实际元件的引脚形状选择焊盘。焊盘尺寸应保证留有足够的焊接空间，焊盘直径一般比孔径大 20～40mil。孔径要比元件引脚的实际尺寸大 4～8mil。因此，通孔焊盘有过孔和焊盘两个直径参数。但要注意，有些元件焊盘过孔的形状不能设置为圆形，例如，电源插座的引脚一般为矩形，需在图纸上加以标注，并在工艺文件中加以说明。

对于表面贴装焊盘，需要设置焊盘的形状和尺寸。形状应根据实际元件的引脚形状选择。尺寸应比实际焊盘尺寸大 4～12mil。此类焊盘的孔径为 0（即无孔，无须钻孔）。注意，在表面贴装焊盘的附近区域（<12mil）内，不允许放置通孔焊盘或过孔，以防止在生产中进行回流焊时焊锡流失。

综上所述，在设计焊盘时，要考虑到元件形状、引脚大小、安装形式、受力及振动大小等。例如，某个焊盘通过电流大、受力大并且易发热，则可设计成泪滴状，集成电路第一个引脚的焊盘建议设计为矩形焊盘。

8.1.4 过孔

由于双层板和多层板有两个及以上的导电层，导电层之间相互绝缘，如果需要将某一层和另一层进行电气连接，一般通过过孔实现。过孔是一种穿透 PCB 并将两层的铜箔连接起来的金属化导电圆孔。

在需要连接处钻一个孔，然后在孔壁上沉积导电金属（又称电镀），这样就可以将不同的导电层连接起来。过孔的形状类似于圆形焊盘，可分为多层过孔（又叫通孔）、盲孔和埋孔 3 种类型。多层过孔就是从顶层直接通到底层，允许连接所有内部信号层的孔。盲孔是从表层连到内层的孔。埋孔是从一个内层连接到另一个内层的孔。过孔示意图如图 8.1.3 所示。

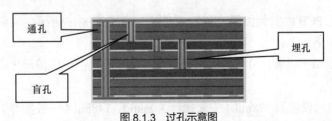

图 8.1.3　过孔示意图

过孔不能与焊盘混为一谈。但是，过孔与焊盘一样，也需要设置过孔孔径、孔盘尺寸。过孔的直径设置一般大于或等于 12mil，孔盘直径比孔径大 16mil。过孔的载流量越大，所需的孔径尺寸越大，例如，与电源线和地线相连接的过孔就要大一些。但过孔不宜设置得过大，否则将影响电路的外观。过孔上允许放置阻焊油墨，但是所有焊盘上不允许放置阻焊油墨。

8.1.5 标注

标注用于说明元件的标识符号（Designator）和注释（Comment），标注的内容与元件密切相关，它是元件属性的一部分。一般情况下，元件仅标注标识符号（即标号），而不标注注释，需特别标识的元件除外。标注示例如图 8.1.4 所示。标注设置基本原则如下。

（1）标注字符高度通常设置为 40～60mil，字符宽度设置为 6～10mil。

（2）标注应排列整齐，便于查找。

（3）标注不得放置于焊盘上，也不能放置在无法看到的区域。

（4）标注字符布置原则是不出歧义、见缝插针、美观大方。

图 8.1.4　标注

8.1.6　文字

文字标注在电路板上，能提供给操作者一些辅助提示信息，文字不是元件属性的一部分。文字需要设置尺寸、字体。文字标注示例如图 8.1.5 所示。文字基本设置原则如下。

（1）文字高度通常设置为 40～100mil，宽度为 6～15mil。

（2）建议在同一电路板上，所有的文字均具有统一的风格。

（3）文字的放置规则同标注。

图 8.1.5　文字标注

8.1.7　铺铜

铺铜位于信号层，有较强的抑制高频干扰的作用，也可改善加工工艺。铺铜可分为网格式铺铜（Grid Size>Track Width）和实心式铺铜（Solid）两种方式。具体使用哪一种铺铜方式应根据实际电路类型进行选择。铺铜示例如图 8.1.6 所示。铺铜原则如下。

（1）一般电路通常选用实心式铺铜，高频电路选用网格式铺铜。

（2）通常铺铜的电气网格尺寸（GridSize）大于或等于 20mil。

（3）铺铜与导线、焊盘、过孔的电气间距大于或等于 20mil。

（4）铺铜与同一网络内的过孔按直连方式（Direct Connect）连接，与焊盘按十字花盘方式（Relief Connect）连接。铺铜可设置为特定的形状。

图 8.1.6　铺铜

8.1.8　安装孔

安装孔用于设定 PCB 的安装位置、方式。安装孔示例如图 8.1.7 所示。安装孔的主要放置原则如下。

（1）安装孔由绘制于机械尺寸层的圆所决定。安装孔的直径与机械尺寸应匹配。

（2）安装孔一般可设置为 128mil（安装螺丝 3.0mm）、148mil（一般推荐）、168mil（安装螺丝 4.0mm）。

图 8.1.7　安装孔

（3）安装孔距离电路板的边距尽量保持一致，一般可设置安装孔圆心距电路板边距为 200mil、240mil。

（4）安装孔无须做搪锡处理（非金属化）。

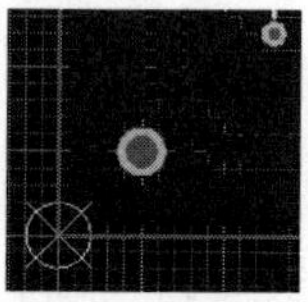

8.1.9　元件的封装

PCB 设计完成后，交付给 PCB 生产厂家进行生产。为了使生产出来的 PCB 可以安装大小和形状符合要求的各种元件，在设计 PCB 时，一定要选用与实际元件形状和大小及引脚相关的元件封装符号。电阻（R1、R7）、稳压二极管（VZ）和电容（C2）在 PCB 上的元件封装示例如图 8.1.8 所示。

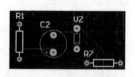

图 8.1.8　元件封装示例

8.1.10　网络与网络表

从一个元件的某个引脚上到该元件的其他引脚或到其他元件的引脚上的电气连接关系称为网

络。每个网络都有一个唯一的网络名称（也叫网络标签），有的网络名称是人为添加的，有的则是系统根据原理图连接关系自动生成的，系统自动生成的网络名称由该网络内两个连接点的引脚名称构成。

网络表是描述电路中元件特征和电气连接关系的集合，网络表一般可以从原理图中获取，它是原理图设计与 PCB 设计之间的纽带。

8.1.11 其他

针对具体的电路设计，可采用内电层分割、补泪滴（Teardrops）等功能来提高电路的整体性能。如果在特殊的应用场合，可在阻焊层（Top Solder Layer、Bottom Solder Layer）、助焊层（Top Paste Layer、Bottom Paste Layer）放置实心的图形区域（导线 Track、填充 Fill、圆弧 Arc 等），建立助焊区与阻焊区。

8.2 PCB 设计方法与原则

8.2.1 PCB 设计需要考虑的问题

电路原理图设计完成后，首先要确定所有元件的实物和所对应的元件封装。然后确认电路的功能，对单元电路可在实验板上用模拟运行方式验证。最后确定 PCB 的合理尺寸。PCB 设计直接影响着应用系统的抗干扰能力。因此，在设计 PCB 之前，建议认真考虑如下基本问题。

1. 元件

在进行 PCB 设计时，要考虑 PCB 上元件的数量与外形，即元件密度、元件大小、封装和有无特殊封装的元件等。所有元件的封装均需经过验证才能放置于 PCB 上。在选取元件时，建议优先考虑采用表面贴装元件。分立元件的封装形式应采用公司现有的标准封装库；表面贴装元件的封装形式应采用生产厂家提供的封装库。当新增元件时，应及时将其加入自己的元件封装库中，并在修改记录中说明。

2. 布局

对 PCB 进行整体布局，建议主要从以下几个方面考虑：整体布局有什么要求，元件布局有无位置要求，有无大功率的元件，元件散热有什么特殊要求。

3. 速率

在进行 PCB 设计时，要熟悉数字芯片的主要特性，尤其是速率。要考虑在 PCB 上如何进行分区，哪些是低速、中速、高速区，哪些是接口输入/输出区。

4. 信号

在进行 PCB 设计时，要考虑信号线的种类、速率及传送方向，信号线的阻抗控制要求，信号线所选用的传输线模型，总线的速率、走向及驱动情况，关键信号，以及需要采取的保护措施。

5. 电源

在进行 PCB 设计时，要考虑电源的种类、地的种类及对电源和地上的噪声容限要求，还有电源、地层平面的设置问题，电源与地平面的分割设计等问题。

6. 时钟线

在进行 PCB 设计时，要考虑时钟线的种类、速率，时钟线的来源和去向，单板内时钟延时的要求，时钟线最长走线要求，是否有锁相环，锁相环的倍频，驱动能力等问题。

7. 连接件

在进行 PCB 设计时，选择合适的连接件，将有助于改善电路板的布局，使电路整体更美观。建议采用国际标准的连接件，同时注意选择合适的外观尺寸、引脚间距（100mil、80mil、50mil）。在连接件附近要标注清晰的文字，说明该连接件的功能。连接件的放置应参考人们的使用习惯。

8.2.2 PCB 布局原则

PCB 通常可以按照电源区、模拟电路区、数字电路区、功率驱动区、用户接口区等划分电路板区域，各个区要按各自的电气特性放置元件，不可交叉放置元件。

布局的总体原则是元件排列美观，并使各元件之间的导线尽可能短。为了较好地完成 PCB 布局，在布局时应遵守如下原则。

1. 结构原则

根据结构图设置 PCB 的板框尺寸，按结构要素布置安装孔、接插件等需要定位的元件，并给这些元件赋予不可移动属性。按工艺设计规范的要求进行尺寸标注。

2. 设置禁止布局区域原则

根据结构图和生产加工时所需的夹持边距，设置 PCB 的禁止布线区、禁止布局区域。根据某些元件的特殊要求，设置禁止布线区。

3. 遵照"先大后小，先难后易"的布置原则

（1）重要的单元电路、核心元件应当优先布局。即优先布局关键元件（如单片机、DSP、存储器等），然后按照地址线和数据线的走向布局与放置其他元件。

（2）建议连接件统一放置于 PCB 的四周，方便操作。

（3）时钟元件应尽量靠近使用该时钟元件的元件。

（4）噪声元件与非噪声元件的间隔要远。

（5）I/O 驱动元件、功率放大元件要尽量靠近 PCB 的四周，并且要靠近其引出的接插件。

4. 信号方向一致原则

在 PCB 布局中，参考原理图，根据 PCB 的主信号流向安排主要元件。按照主信号流向与功能安排各个功能电路单元的位置，使布局便于信号流通，并使信号的流向尽可能保持一致。

5. 布局中的布线原则

在 PCB 布局中，应尽量满足以下布线原则。

（1）总的连线尽可能短，关键信号线最短。

（2）高电压、大电流信号与小电流、低电压的弱信号应该完全分开。

（3）模拟信号与数字信号分开，数字、模拟元件及相应的连线尽量分开并放置于各自的布线区域内。

（4）高频信号与低频信号分开。高频元件的间隔要充分大。元件布局应尽量使高速数字信号、敏感模拟信号连线短。

6. 发热元件放置原则

发热元件一般应均匀分布，以利于 PCB 和整机散热。除温度检测元件以外的温度敏感元件应远离发热量大的元件。对于一些严重发热的元件，必须安装散热片。

7. 美观实用与维修方便原则

PCB 布局时，既要考虑 PCB 美观实用，也要考虑 PCB 维修方便。所以在 PCB 布局时，一般依据下列原则进行。

（1）相同结构电路部分，尽可能采用"对称式"标准布局。

（2）按照均匀分布、重心平衡、版面美观的标准优化布局。

（3）在高频下工作的电路，要考虑元件之间的分布参数。一般电路应尽可能使元件平行排列。这样不但美观，而且装焊容易，易于批量生产。

（4）同类型插装元件在 x 或 y 轴方向上应朝同一个方向放置。同一种类型的有极性分立元件也要力求在 x 或 y 轴方向上保持一致，便于生产和检验。

（5）元件的排列要便于调试和维修。小元件周围不能放置大元件，需要调试的元件周围要有足够的空间。

（6）电位器、可变电容等元件应布放在便于调试的地方。

（7）对于质量较大的元件，其安装到 PCB 上时还要安装一个支架固定，以防止元件脱落。

8. 波峰焊原则

（1）需用波峰焊工艺生产的单板，其紧固件安装孔和定位孔都应为非金属化孔。当安装孔需要接地时，应采用分布接地小孔的方式与地平面连接。

（2）焊接面的贴装元件采用波峰焊焊接生产工艺时，电阻、电容元件的轴向要与波峰焊传送方向垂直，排阻及 SOP（PIN 间距大于等于 1.27mm）元件的轴向要与传送方向平行。PIN 间距小于 1.27mm（50mil）的 IC、SOJ、PLCC、QFP 等有源元件避免用波峰焊焊接。

9. 贴片元件原则

如果 PCB 中有 BGA 封装元件，那么在布局时，BGA 与相邻元件的距离要大于 5mm。其他贴片元件相互间的距离要大于 0.7mm。贴装元件焊盘的外侧与相邻插装元件外侧的距离要大于 2mm。如果 PCB 中有压接件，则在压接件周围 5mm 内不能有插装元件，在焊接面周围 5mm 内也不能有贴装元件。

10. 电磁兼容原则

在 PCB 布局时，还要考虑 PCB 的电磁兼容性，一般依照下列原则进行。

（1）IC 去耦电容要尽量靠近 IC 的电源引脚，并使之与电源和地之间形成的回路最短。

（2）元件布局应尽可能缩短高频元件之间的连线，设法减少它们的分布参数和相互间的电磁干扰。易受干扰的元件不能相互靠得太近，输入和输出组件应尽量远离。

（3）某些元件或导线之间可能有较高的电位差，因此应加大它们之间的距离，以免放电导致意外短路。带强电的元件与其他元件的距离尽量远，应尽量布置在调试时手不易触及的地方。

（4）PCB 的最佳形状为矩形，常规长宽比为 3：2 或 4：3。如果电路板的面积尺寸大于 200mm×150mm，则应考虑电路板所受的机械强度。

（5）在元件布局时，使用同一种电源的元件应尽量放在一起，以便于电源分隔。

（6）用于阻抗匹配的阻容元件的布局，要根据其属性合理布置。串联匹配电阻的布局要靠近该信号的驱动端，距离一般不超过 500mil。匹配电阻、电容的布局一定要分清信号的源端与终端，多负载的终端一定要在信号的最远端匹配。

（7）高频元件引脚引出的导线应尽量短，以减少对其他元件及其电路的影响。

11. 其他原则

（1）元件布局栅格的设置原则。一般 IC 元件布局时，栅格应设置为 50～100mil。小型表面贴装元件布局时，栅格设置应不少于 25mil。

（2）布局完成后，建议打印出装配图，供原理图设计者检查元件封装的正确性，并且确认 PCB、背板和接插件的信号对应关系，确认无误后方可开始布线。

8.2.3　PCB 布线原则

1. 平面层定义和分割平面层原则

（1）平面层一般用于电路的电源层和地层，由于电路中可能用到不同的电源层和地层，因此需要对电源层和地层进行分隔，其分隔宽度要考虑不同电源之间的电位差，电位差大于 12V 时，分隔宽度为 50mil；反之，可选 20～25mil。

（2）平面分割要考虑高速信号回流路径的完整性。

（3）当高速信号的回流路径遭到破坏时，应当在其他布线层给予补偿，以提供信号的地回路。

2. 布线原则

布线时，必须先对所有信号进行分类，对控制、数据、地址等总线进行区分，对 I/O 接口线进行分类。

（1）布线优先次序原则。关键信号线优先，如电源、模拟小信号、高速信号、时钟信号和同步信号等优先布线。信号线宽度合理，排列匀称，并尽可能减少过孔。信号线越短、越粗，信号传输效果就越好。要特别注意电源线、地线的放置，电源线、地线要尽量粗。时钟线垂直于信号线比平行于信号线所受干扰要小，条件允许时，时钟线要远离信号线。布线时要使用 45°或 135°的折线布线，不要使用 90°折线布线，这样可以避免高频信号的反射。石英晶体振荡器外壳接地线、时钟线要尽量短。

（2）密度优先原则。一是从 PCB 上连接关系最复杂的元件着手布线，二是从 PCB 上连线最密集的区域开始布线。

（3）自动布线原则。在布线质量满足设计要求的情况下，可以使用自动布线器进行布线，以提高工作效率。为了更好地控制布线质量，一般在运行前要详细定义布线规则。

（4）敏感信号布线原则。尽量为时钟信号、高频信号、敏感信号等关键信号提供专门的布线层，并保证其最小的回路面积。必要时应采取手动优先布线、屏蔽和加大安全间距等方法，保证信号质量。

（5）电源布线原则。电源层和地层之间的电磁兼容性（Electromagnetic Compatibility，EMC）环境较差，在此环境内应避免布置干扰敏感的信号。若 PCB 上具有模拟电路区、数字电路区、功率驱动区，则应使用单点接电源、单点接地原则。模拟电路的地线不能布成环路。时钟振荡电路、特殊高速逻辑电路部分用地线包围。

（6）有阻抗控制要求的网络应布置在阻抗控制层上。

（7）线宽设置原则。在 PCB 设计时，有大电流经过的地方用粗线（如 50mil），小电流的信号可以用细线（如 10mil）。通常的经验值是：$10A/mm^2$，即横截面积为 $1mm^2$ 的走线能安全通过的电流值为 10A。

PCB 导线的宽度应满足电气性能要求且便于生产，最小宽度主要由导线与绝缘基板间的黏附强度和流过的电流值所决定，但最小不宜小于 8mil，在高密度、高精度的印制线路中，导线宽度和间距一般可取 12mil。单层板实验表明，当铜箔厚度为 50μm，导线宽度为 1.0～1.5mm，通过电流 2A 时，温升很小。一般选用 40～60mil 宽度的导线就可以满足设计要求而不引起温升。印制导线的公共地线应尽可能粗，通常用大于 80～120mil 的导线。

在 DIP 封装的两引脚之间走线时，若走两根线，则焊盘直径可设为 50mil，线宽与线距都为 10mil；若走一根线，焊盘直径可设为 64mil，线宽与线距都为 12mil。

8.2.4　布线技术规范原则

1. 地线回路规则

地线回路规则即信号线与其回路构成的环面积要尽可能小。环面积越小，对外的辐射越少，接收外界的干扰也越小。针对这一规则，在地平面分割时，要考虑到地平面与重要信号走线的分布，防止由于地平面开槽等带来的问题。在双层板设计中，在为电源留下足够空间的情况下，应该将留下的部分用参考地填充，且增加一些必要的孔，将双层板两面的地信号有效连接起来，对一些关键信号尽量采用地线隔离，对一些频率较高的设计，需特别考虑其地平面信号回路问题，建议采用多层板。该规则使用示意图如图 8.2.1 所示。

2. 串扰控制规则

串扰是指 PCB 上不同网络之间因较长的平行布线引起的相互干扰。其原因主要是平行线间的分布电容和分布电感的作用。克服串扰的主要措施是加大平行布线的间距、在平行线间插入接地的隔离线及减小布线层与地平面的距离。

3. 屏蔽保护规则

对一些特别重要、频率特别高的信号，应该考虑采用铜轴电缆屏蔽结构设计，即将所布线的上、下、左、右用地线隔离，而且还要考虑好如何有效地让屏蔽地与实际地平面有效结合。该规则使用示意图如图 8.2.2 所示。

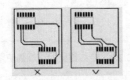

图 8.2.1　地线回路规则使用示意图

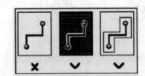

图 8.2.2　屏蔽保护规则使用示意图

4. 走线的方向控制规则

相邻层的走线方向成正交结构，避免让不同的信号线在相邻层的走向为同一方向，以减少不必要的层间串扰。当由于板结构限制（如某些背板）难以避免出现该情况，特别是信号的速率较高时，应考虑用地平面隔离各布线层，用地信号线隔离各信号线。该规则使用示意图如图 8.2.3 所示。

5. 走线的开环检查规则

为了避免产生"天线效应"，减少不必要的干扰辐射和接收，PCB 中一般不允许出现一端浮空的布线。该规则使用示意图如图 8.2.4 所示。

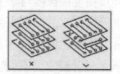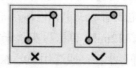

图 8.2.3　走线的方向控制规则使用示意图　　　图 8.2.4　走线的开环检查规则使用示意图

6. 阻抗匹配检查规则

同一网络的布线宽度应保持一致。因为线宽的变化会造成线路特性阻抗的不均匀，当传输速度较高时会产生反射，因此，在设计中应尽量避免这种情况。虽然在某些条件下，可能无法避免线宽的变化（如接插件引出线，BGA 封装的引出线等），但是在这种情况下，应该尽量减少中间线宽不一致部分的有效长度。该规则使用示意图如图 8.2.5 所示。

7. 走线终结网络规则

在高速数字电路中，当 PCB 布线的延迟时间大于信号上升时间（或下降时间）的 1/4 时，该导线即可看成传输线，为了保证信号的输入和输出阻抗与传输线的阻抗正确匹配，可以采用多种形式的匹配方法。

对于点对点（一个输出对应一个输入）连接，可以选择始端串联匹配或终端并联匹配。前者结构简单，成本低，但延迟较大。后者匹配效果好，但结构复杂，成本较高。

对于点对多（一个输出对应多个输入）连接，当网络的拓扑结构为菊花链时，应选择终端并联匹配。当网络为星形结构时，可以参考点对点结构。

星形和菊花链为两种基本的拓扑结构，其他结构可看成基本结构的变形，可采取一些灵活措施进行匹配。在实际操作中要兼顾成本、功耗和性能等因素，一般不追求完全匹配，只要将失配引起的反射等干扰限制在可接受的范围即可。该规则使用示意图如图 8.2.6 所示。

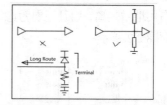

图 8.2.5　阻抗匹配检查规则使用示意图　　　　图 8.2.6　走线终结网络规则使用示意图

8. 走线闭环检查规则

防止信号线在不同层间形成自环。在多层板设计中容易发生自环问题，自环将引起辐射干扰。该规则使用示意图如图 8.2.7 所示。

9. 走线的分支长度控制规则

设计 PCB 时，要尽量控制分支的长度，一般的要求是 Tdelay<=Trise/20。该规则使用示意图如图 8.2.8 所示。

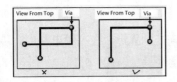

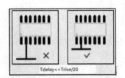

图 8.2.7　走线闭环检查规则使用示意图　　　　图 8.2.8　走线的分支长度控制规则使用示意图

10. 走线的谐振规则

走线的谐振规则主要针对高频信号设计而言，即布线长度不得与其波长成整数倍关系，以免产生谐振现象。该规则使用示意图如图 8.2.9 所示。

11. 走线长度控制规则

设计 PCB 时，应该让布线长度尽量短，以减少由于走线过长带来的干扰问题，特别是一些重要信号线，如时钟线，务必将其振荡器放在离元件很近的地方。对于驱动多个元件的情况，应根据具体情况决定采用何种网络拓扑结构。该规则使用示意图如图 8.2.10 所示。

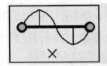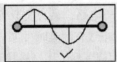

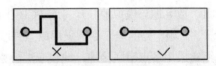

图 8.2.9　走线的谐振规则使用示意图　　　　　图 8.2.10　走线长度控制规则使用示意图

12. 倒角规则

PCB 设计中应避免产生锐角和直角，否则会带来不必要的辐射，同时工艺性能也不好。倒角规则使用示意图如图 8.2.11 所示。

13. 元件去耦规则

在 PCB 上增加必要的去耦电容，滤除电源上的干扰信号，使电源信号稳定。在多层板中，对去耦电容的位置一般要求不太高，但对双层板，去耦电容的布局及电源的布线方式将直接影响到整个系统的稳定性，有时甚至关系到设计的成败。该规则使用示意图如图 8.2.12 所示。

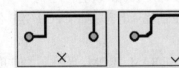

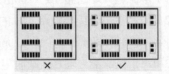

图 8.2.11　倒角规则使用示意图　　　　　　　图 8.2.12　元件去耦规则使用示意图

在双层板设计中，一般应该使电流先经过滤波电容进行滤波，然后供给元件使用。同时还要充分考虑元件产生的电源噪声对下游元件的影响。一般来说，采用总线结构设计比较好，在设计时，还要考虑传输距离过长而带来的电压跌落给元件造成的影响，因此必要时增加一些电源滤波环路，避免产生电位差。在高速电路设计中，能否正确地使用去耦电容，关系到整个 PCB 的稳定性。

14. 其他布线基本规则

（1）输入端导线与输出端导线应尽量避免平行布线，以免发生耦合。

（2）在布线允许的情况下，导线的宽度尽量大些，一般不低于 10mil。

（3）导线的最小间距是由线间绝缘电阻和击穿电压决定的，在允许布线的范围内应尽量大些，一般不小于 12mil。

（4）微处理器芯片的数据线和地址线应尽量平行布线。

（5）布线时尽量少转向，若需要转向，一般取 45°走向或圆弧形。在高频电路中，转向时不能取直角或锐角，以防止高频信号在导线转向时发生信号反射现象。

（6）电源线和地线的宽度要大于信号线的宽度。

8.2.5　抗干扰设计原则

PCB 的抗干扰设计与具体电路有着密切的关系，这里仅就 PCB 抗干扰设计的几项常用原则做一些说明。

1．电源线设计原则

根据 PCB 电流的大小，尽量增加电源线的宽度，减少环路电阻。同时使电源线、地线的走向和数据传递的方向一致，这样有助于增强抗噪声能力。

2．地线设计原则

（1）数字地与模拟地分开。若 PCB 上既有数字逻辑电路，又有模拟线性电路，则应使它们尽量分开。低频电路的地应尽量采用单点并联接地，实际布线有困难时可部分串联后再并联接地。高频电路宜采用多点串联接地，地线应短而粗，高频组件周围尽量用栅格状大面积地箔。

（2）接地线应尽量加粗。若接地线用很细的线，则接地电位将随电流的变化而变化，抗噪性能较低。因此，应将接地线加粗，使它能通过 3 倍于 PCB 上的允许电流。如有可能，接地线应在 2mm 以上。

（3）接地线构成闭环路。只由数字电路组成的 PCB，其接地电路布置成闭环路大多能提高抗噪声能力。

3．去耦电容配置原则

PCB 设计的常规做法之一是在 PCB 的各个关键部位配置适当的去耦电容。去耦电容的一般配置原则如下。

（1）电源输入端跨接 10~100μF 的电解电容器。如有可能，接 100μF 以上的更好。

（2）原则上每个集成电路芯片的电源都应布置一个 0.01pF 的瓷片电容，如果 PCB 空隙不够，则可每 4~8 个芯片布置一个 1~10pF 的钽电容。

（3）对于抗噪能力弱、关断时电源变化影响较大的元件，如 RAM、ROM，应在芯片的电源线和地线之间直接接入去耦电容。

（4）电容引线不能太长，尤其是高频旁路电容不能有引线。

（5）在 PCB 中有接触器、继电器、按钮等组件时，操作它们时均会产生较大的火花放电电流，必须采用 RC 电路来吸收放电电流。一般 R 取 1~2kΩ，C 取 2.2~47μF。

（6）CMOS 的输入阻抗很高，且易受感应，因此对不使用的输入引脚要接地或接电源。

（7）使用排阻作为上拉电阻或下拉电阻。排阻的公共端接电源或地线，在实际使用过程中，如果排阻值较大，则会通过公共端耦合引起误动作；排阻值较小则增加系统功耗。因此，排阻阻值要慎选，公共端所接地线或电源线要粗，最好配有去耦电容。

4. 旁路电容原则

旁路电容的作用是提高系统配电的质量，降低在 PCB 上从元件电源、地引脚转移出不想要的共模射频能量。这主要通过产生交流旁路来消除无意义的能量，降低元件的 EMI 分量，另外其还可以提供滤波功能。

旁路电容一般在 $10\sim470\mu F$ 范围内，若 PCB 上有许多集成电路、高速开关和具有长引线的电源，则应该选择大容量的电容或采用多个电容。

5. 储能电容原则

数字电路的实际功能就是对 0、1 信号的传递，完成对这两种状态的变换。当数字电路逻辑门的状态发生变化时，即负载发生变化时，电源线上有电流突变，电源线的电感变大，从而电源线上会产生电位差并且会产生辐射。

减少辐射的有效方法是使用储能电容。储能电容可为芯片提供所需要的电流，并且将电流变化局限在较小的范围内，从而减少辐射。

储能电容（铝、钽电容）除了用于自激频率电路的去耦外，还可以为元件提供直流功率。储能电容一般放在下列位置。

（1）PCB 的电源端。

（2）子卡、外围设备和子电路 I/O 接口与电源终端连接处。

（3）功率损耗电路和元件的附近。

（4）输入电压连接器的最远位置。

（5）远离直流电压，输入连接器的高密元件位置。

（6）时钟产生电路和脉动敏感元件附近。

8.2.6　PCB 设计的可制造性原则

对于 PCB 设计人员来说，产品的可制造性（工艺性）是一个必须考虑的因素，如果 PCB 设计不符合可制造性（工艺性）要求，则会大大降低产品的生产效率，严重情况下甚至会导致所设计的产品根本无法制造出来。下面简要介绍 PCB 设计的可制造性原则。

1. 图号

PCB 必须有一个图号，图号必须是唯一的，最好有一定规则，否则不利于生产管理。

2. 加工要素的确定

加工要素可以根据以下几个方面确定。

（1）板材厂家、板厚、型号等根据需要进行确定。

（2）孔径（导通孔、元件孔、安装孔、异形孔等）及是否金属化。

（3）外形（板边缘、切口、开槽）位置及尺寸公差。

（4）表面涂覆确定，包括 Au、Ni、Pb/Sn、OSP 和阻焊层的确定。

（5）标志。字符、层序或 UL、周号、公司商标的确定。

（6）特殊加工要求（如沉孔、插头倒角、大面积漏锡、特性阻抗）。

（7）检验标准：如国标、国军标或航天部标及其他标准。

3. 设计基准

PCB 的机械加工图都必须有基准点，通常是 PCB 上的机械安装孔的中心。CAD 制作的基准点与机械加工图的基准点应当一致。

4. 导线宽度

导线宽度依据导线的载流量确定，即在规定的环境温度下，导线能持续承受而且稳定温度不超过允许值的最大电流。在不违背设计的电气间距的前提下，应设计较粗的导线。

5. 导线间距

在布线空间允许的情况下，导线间距应该尽量大一些，并且保证均匀。导线间距需要考虑如下几点。

（1）线到线、盘到盘、盘到线的距离。

（2）图形距板边的距离（V-CUT、金手指、邮票孔）。

6. 拼板

在 PCB 生产中，设备的轨道系统有一个夹持 PCB 的尺寸范围，一般生产线的夹持范围为：50mm×50mm～460mm×460mm。小于 50mm×50mm 的 PCB 需要设计成拼板形式，拼板可采用平排、对拼、鸳鸯板的形式。

一般来说，PCB 拼板可采用邮票孔技术或双面对刻 V 形槽的分割技术。采用邮票孔技术时，注意搭边应均匀分布在每块拼板的四周，以避免焊接时 PCB 受力不均匀而变形。邮票孔的位置应靠近 PCB 内侧，防止拼板分离后邮票孔处残留的毛刺影响整机装配。采用双面 V 形槽时，V 形槽的深度应控制在两边槽之和 1/3 左右，要求刻槽尺寸精确，深度均匀。

多个 PCB 拼在一起可以节省开板费。可以采用在机械层画线，然后标注 V-CUT 的方式，让厂家知道开槽位置。或者用邮票孔技术在需要分割的地方画一串过孔，邮票孔一般用 1.0mm 的孔，间距为 2mm，放 3 个为一组。

7. 焊盘与孔径

（1）一般情况下，通孔元件采用圆形焊盘，焊盘的直径大小为通孔孔径的 1.8 倍以上，单层板焊盘直径不小于 2mm，双层板焊盘尺寸与通孔直径最佳比为 2.5，对于能用于自动插件机的元件，其双层板的焊盘比其标准孔径大 0.5～0.6mm。所有焊盘单边不小于 0.25mm，整个焊盘直径不大于元件孔径的 3 倍。

（2）对于 PTH 孔，使用圆形引线时，孔径与引线的直径之差不能太大，否则在元件的插装或焊接时都会出现问题。

（3）为方便制造，设计时应尽量保证一种焊盘尺寸对应一种孔径，不应该一种焊盘尺寸对应几种孔径或几种焊盘对应一种孔径，这主要是为了生成钻孔文件时快捷、方便而不出错。

（4）导通孔的焊盘在条件容许时尽量做大点，以减小生产难度，提高成品率。

（5）安装孔应以焊盘的形式给出孔位和孔径，而不能在字符层以圆弧的形式标注安装孔，要根据是否需要焊环确定焊盘的大小。

（6）在设计阻焊图形时，焊盘应以 PAD 的形式表示，而不能用 Trace 进行填充，否则转化为光绘数据时，不能自动生成阻焊图形。

（7）字符、标记以印出后美观、容易辨认为原则。

8. 数据接口

（1）图形数据：尽量提供给 PCB 厂家 RS274X 格式的光绘数据，如果提供 RS274-D 格式的数据，则必须提供一份标准的 D 码表，并且说明光绘数据格式，如坐标模式、数据单位等。

（2）数据应采用 ASCII 格式。

（3）几层图形要对齐，并且是从上到下的透明图形，不能为镜像。

（4）钻孔数据要标明成品孔径大小、成品公差、孔数和孔化状态。

（5）需提供最后的成型边框。

（6）有 V-CUT 时需标明 V-CUT 的位置、角度、深度。

（7）对于插头的倒角需标明角度及深度。

（8）有拼板时，需提供拼板方式示意图。

9. BGA 的焊盘设计

BGA 是目前日益流行的一种元件封装，其良好的可焊性和电气性能，使更多的人选择这种封装，其焊盘设计又直接或间接地影响其焊接效果，所以应引起重视。BGA 的焊盘设计原则如下。

（1）PCB 焊盘的直径不能小于 BGA 焊球的最小直径，但也不能过大。

（2）阻焊尺寸比焊盘尺寸大 0.10～0.15mm。

（3）BGA 周围通孔在金属化后，必须采用介质材料或导电胶进行堵塞，高度不能超过焊盘高度。

（4）防止波峰焊时焊锡从孔贯穿到元件面引起短路。

（5）避免元件焊接后焊剂留在孔内。

10. 辅助工艺边

辅助工艺边（简称工艺边）主要用于设备的夹持与定位，以及异形边框补偿。焊接完成后将其去掉，辅助工艺边不能算 PCB 的有效面积，但对于设备来说，是必不可少的。

（1）一般工艺边的宽度 $D \geqslant 5$mm。

（2）工艺边处可采用 V-CUT 或邮票孔的办法解决。

（3）工艺边上可以打上定位孔，以便部分设备进行孔定位。

11. 基准点设计

基准点是所有全自动设备识别和定位的标示点。

（1）标示点焊盘的表面镀层尽量要求平整，反光性好。

（2）标示点周围应做一块背景区，背景区内不能有其他焊盘、丝印和阻焊。

（3）标示点的直径不能大于 3mm，也不能小于 0.5mm，一般为 1mm 的圆形焊盘。

（4）标示点表面可为裸铜、铅锡、镀金。

（5）如果是孤立的标示点，应设计保护环。

8.3　PCB 设计流程

PCB 设计是在原理图的基础上进行的，绘制好原理图后，就可以进行 PCB 设计了。PCB 设计流程如图 8.3.1 所示。

PCB 设计流程主要包括新建工程、创建原理图文件、创建 PCB 文件、规划 PCB、加载元件封装库及网络表、元件布局、设置布线规则、布线、生成报表文件及保存并打印输出等。下面介绍 PCB 设计流程中的几个主要设计步骤。

1. 创建原理图文件

在原理图设计之前，需要创建工程文件与原理图文件，如果使用系统默认的集成库，可以不加载原理图符号库，如果需要使用自己创建的原理图符号库，或调用外来原理图符号库或集成库，就需要加载这些原理图符号库。完成原理图设计，并编译生成网络表。

2. 创建 PCB 文件

在设计 PCB 之前，先要创建 PCB 文件，在创建 PCB 文件的同时，系统会自动弹出 PCB 编辑器，PCB 的设计工作是在 PCB 编辑环境中完成的。

3. 规划 PCB

在设计 PCB 之前，先对 PCB 进行规划，规划的主要内容包括定义电路板的尺寸、大小及形状，设定电路板的板层及设置参数等，这是一项极其重要的工作，它是后面进行 PCB 设计的一个基本框架。

4. 加载元件封装库及网络表

加载网络表之前，必须先装入元件封装库。如果在设计原理图时加载了封装库，则此时可以不加载元件封装库。一般来讲，现在的原理图符号库中的元件符号基本上都绑定了元件的封装符号，有的元件符号可能绑定了多个封装符号。但有些例外，如元件符号绑定的封装符号不符合要求时，就需要另外加载符合要求的封装库，然后在原理图中对需要修改元件封装的元件进行手动绑定。

原理图中每个元件都要有一个与所用元件实物匹配的元件封装符号，检查无误后，就可以加载网络表。

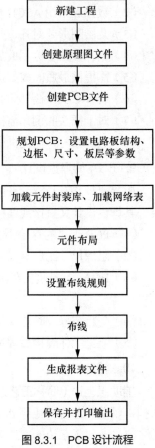

图 8.3.1　PCB 设计流程

5. 元件布局

布局就是将元件（这里的元件是指封装符号）摆放在 PCB 中的合适位置。这里的"合适位置"包含两个意思，一是元件所放置的位置能使整个 PCB 符合电气信号流向设计及抗干扰等要求，而且看上去整齐美观；二是元件所放置的位置有利于布线。

6. 设置布线规则

在布线之前，对于有特殊要求的元件、网络标签，一般需要设置布线规则，如进行安全间距、导线宽度、布线层的设置。

7. 布线

布局与布线规则设置完成后，就可以开始布线了。布线就是依据网络连线，绘制电气导线，将元件的各个焊盘进行电气连接。布线操作既可以自动完成，也可以手动完成。若自动布线无法完全解决或产生布线冲突，可利用手动布线加以调整。

8. 生成报表文件及保存并打印输出

完成 PCB 的布线后，保存 PCB 文件与其他相关的所有设计文件，然后利用各种图形输出设备，输出 PCB 制造文件与元件清单文件。

8.4　PCB 设计环境工具介绍

PCB 设计环境工具

8.4.1　创建 PCB 文件

打开工程文件，工程文件中应该包含了 PCB 设计所需要的所有原理图文件，并且编译完成，没有错误，才能进行下一步的 PCB 设计。在打开的工程文件中创建 PCB 文件，主要有以下两种方法。

第一种方法：执行"文件（F）"→"新的…（N）"→"PCB（P）"命令（快捷键：F，N，P），即可创建 PCB 文件。

第二种方法：在"Projects"面板中，选中工程文件并右击，在弹出的菜单中执行"添加新的…到工程（N）"→"PCB"命令，创建 PCB 文件。

执行"文件（F）"→"保存为（A）"命令，将新 PCB 文件重新命名为*.PcbDoc 并保存。注意，"*"为自己定义的名称。

8.4.2　PCB 编辑器与主菜单

在工程项目中创建了 PCB 文件，或打开了一个 PCB 文件后，就会自动打开 Altium Designer 20 的 PCB 编辑器。PCB 编辑器的功能与原理图编辑器的功能类似如图 8.4.1 所示；PCB 编辑器主要由 PCB 主菜单、PCB 标准工具栏、布线工具栏、地址栏、快捷工具栏、工程面板、PCB 编辑工作区、状态栏、板层按钮和面板按钮（面板转换、弹出式面板和弹出式菜单）组成。

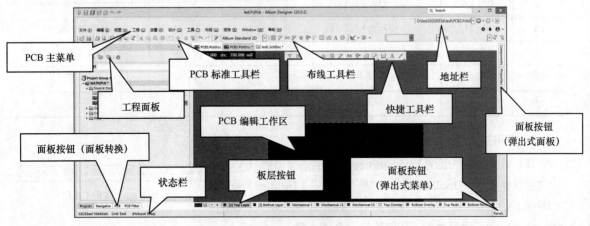

图 8.4.1　PCB 编辑器

在 PCB 编辑器环境下，主菜单也发生了变化，它与 PCB 设计匹配，PCB 主菜单位于 PCB 编辑器环境的左上方，如图 8.4.2 所示，其中有"文件（F）"（File）、"编辑（E）"（Edit）、"视图（V）"（View）、"工程（C）"（Project）、"放置（P）"（Place）、"设计（D）"（Design）、"工具（T）"（Tools）、"布线（U）"（Route）、"报告（R）"（Reports）、"Window（W）"（窗口）和"帮助（H）"（Help）基本操作菜单项。我们可以利用这些菜单完成 PCB 设计文件的创建与 PCB 设计。

PCB 编辑工作区是 PCB 设计的主窗口，主要用于进行元件的布局、布线等操作，PCB 的设计在此区域中完成。其他主要菜单与工具介绍如下。

图 8.4.2　PCB 主菜单

8.4.3　PCB 工具栏与快捷键

1．PCB 标准工具栏

Altium Designer 20 的 PCB 标准工具栏如图 8.4.3 所示。该工具栏与原理图标准工具栏基本相同。具体含义可以参考表 4.3.1。

图 8.4.3　PCB 标准工具栏

2．布线工具栏

打开或关闭布线工具栏（Wiring），可执行"视图（V）"（View）→"工具栏（T）（Toolbars）"→"布线"（Wiring）命令，如图 8.4.4 所示。布线工具栏功能如表 8.4.1 所示。

图 8.4.4　布线工具栏

表 8.4.1　布线工具栏功能

按钮	快捷键	功能	按钮	快捷键	功能
	Shift +A	对选中的对象自动布线		P，E	通过边沿放置圆弧
	Crtl + W	交互式布线		P，F	放置填充
	P + M	交互式多根布线		P，G	放置多边形铺铜
	P，I	交互式布差分对连接	A	P，S	放置字符串
	P，P	放置焊盘		P，C	放置元件
	P，V	放置过孔			

3．实用工具栏

打开或关闭实用工具栏（Utilities），可执行"视图（V）"→"工具栏（T）（Toolbars）"→"应用程序"（Utilities）命令如图 8.4.5 所示。该工具栏包含实用工具、对齐工具、发现选择、放置尺寸、放置 Room 和栅格等多个子工具。

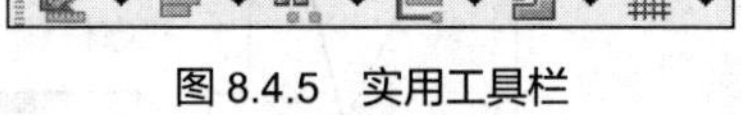

图 8.4.5　实用工具栏

4．过滤器工具栏

过滤器工具栏如图 8.4.6 所示。该工具栏可以根据网络、元件标识符号等过滤参数，使符合条件的元件符号在 PCB 编辑窗口中高亮显示。可以单击右侧的"清除当前过滤器"按钮或按快捷键 Shift+C，清除过滤器。

5．导航工具栏

导航工具栏如图 8.4.7 所示。该工具栏用于指示当前页面的位置，利用"退后"和"前进"按钮可以切换系统中打开的文件。

图 8.4.6　过滤器工具栏　　　　　　　　　　　图 8.4.7　导航工具栏

8.4.4　PCB 层选项卡

Altium Designer 20 中包含许多工作层，它们都有各自的用途和含义，层在 PCB 层选项卡栏中是通过不同的颜色来区分的。PCB 上的层按照用途可以分为三大类。

第一类是电气层，Altium Designer 20 最多支持 32 个信号层和 16 个内部平面层。信号层主要用于布置导线，其实就是 PCB 中的铜箔层。平面层通常用来连接电源和地网络。

第二类是机械层，Altium Designer 20 最多支持 16 个机械层，机械层用来定义 PCB 的外形，放置尺寸标注线，描述制造加工细节及其他在加工制造中需要的信息。

第三类是特殊层，主要包括顶层和底层丝印层、顶层和底层阻焊层、顶层和底层助焊层、钻孔层、禁止布线层、多层、DRC 错误层和钻孔位置层等。

在 Altium Designer 20 中，打开 PCB 编辑器，系统默认设置了几种常用的层类型，图 8.4.8 所示是一个两层 PCB 设计的层选项卡。在一般设计中，使用这些默认的层管理基本上能满足我们的设计需求。随着设计的 PCB 层数不同，打开的层选项卡也不同。层选项卡用于切换 PCB 工作的层面，将鼠标指针移动到所需选中的一个层的选项卡上并单击，所选中的层就为当前层。下面介绍几种常用的工作层。

图 8.4.8　PCB 的层选项卡

1. 信号层（Signal Layer）

对于双层板来说，信号层就是顶层（Top Layer）和底层（Bottom Layer）。Altium Designer 20 提供了 32 个信号层，包括 Top Layer、Bottom Layer 和 30 个 Mid Layer（中间层）。Top Layer 是铜箔所在层的最顶层，一般用于放置元件，对于双层板或多层板，可以用来布置导线。Bottom Layer 和 Top Layer 相对应，Bottom Layer 一般用于布置导线与焊接元件，在双层板或多层板中也可以放置元件。多层板的中间层主要用于放置信号走线。

2. 丝印层（Silkscreen）

丝印层主要用于绘制元件封装的轮廓线、元件的标识符号、标称值或型号及各种注释文字等，方便用户读板。Altium Designer 20 提供了顶丝印层（Top Overlayer）和底丝印层（Bottom Overlayer），在丝印层上制作的所有标示和文字都是用绝缘材料印制到电路板上的，不具有导电性。

3. 机械层（Mechanical Layer）

机械层主要用于放置标注和说明等，例如尺寸标记、过孔信息、数据资料、对齐标记、装配说明及其他机械信息。Altium Designer 20 提供了 16 个机械层 Mechanical1～Mechanical16。Mechanical 1 Layer 通常用作 CNC 切割线，如板框、安装孔和 V 形槽等。

4. 阻焊层（Solder Layer）和锡膏防护层（Paste Layer）

阻焊层主要用于放置阻焊剂，防止焊接时由于焊锡扩张引起短路，Altium Designer 20 提供了顶阻焊层（Top Solder）和底阻焊层（Bottom Solder）。

锡膏防护层主要用于安装表面贴装元件（SMD），Altium Designer 20 提供了顶防护层（Top

Paste）和底防护层（Bottom Paste）。

小知识

阻焊层与助焊层的区别：

阻焊层（Top Solder Layer、Bottom Solder Layer）是指 PCB 上要涂抹绿（或深蓝色）油的部分。助焊层（Top Paste Layer、Bottom Paste Layer）是机器贴片时要用的焊盘部分，是对应所有贴片元件的焊盘，助焊层的大小与 Top Layer/Bottom Layer 一样，它是用来开钢网漏锡的。根据实际情况可以放置实心的图形区域，建立助焊区与阻焊区。

5. 禁止布线层（Keep-Out Layer）

禁止布线层主要用于定义在 PCB 上能够有效放置元件和布线的区域。在该层绘制一个封闭区域作为布线有效区，在该区域外是不允许自动布局和布线的。

6. 多层（Multi Layer）

PCB 上焊盘和穿透式过孔是要穿透整个 PCB 的。焊盘和过孔要与不同的导电图形层建立电气连接关系，因此系统专门设置了一个抽象的层，即多层。一般来讲，焊盘与过孔都要设置在多层上，如果关闭此层，焊盘与过孔就无法显示出来。

7. 钻孔层（Drill Layer）

钻孔层提供 PCB 制造过程中的钻孔信息（如焊盘、过孔就需要钻孔）。

8.4.5　PCB 状态栏

PCB 状态栏在 PCB 编辑器窗口的左下方，用于显示鼠标指针指向的坐标值、元件的网络位置、所在层和有关参数及编辑器当前的工作状态。

8.4.6　快捷工具栏

PCB 快捷工具栏如图 8.4.9 所示。它与原理图快捷工具栏类似。其功能与菜单栏中的功能基本相同。这也是与旧版的 Altium Designer 软件不同的地方。在新版的快捷工具栏中，将鼠标指针移动到所需的工具按钮上右击，就会弹出相应的菜单。对 PCB 进行编辑所需要的命令，几乎都可以在该快捷工具栏中找到。

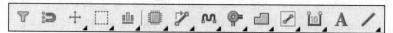

图 8.4.9　PCB 快捷工具栏

8.4.7　"PCB"面板

利用"PCB"面板，可以对 PCB 设计中的各类对象进行浏览、选择、高亮显示及编辑，它是一个具有全局意义的重要面板。

单击工程面板下方的"PCB"选项卡，即可打开图 8.4.10 所示的"PCB"面板。或者单击右下角的"Panels"按钮，在弹出的菜单中执行"PCB"命令，也可以打开"PCB"面板。

"PCB"面板的功能与原理图的"Navigator"面板相似，可用于对 PCB 上的各种对象进行精确定位，并以特定的效果显示出来。在该面板中还可以对各种对象的属性进行编辑操作。

1.　定位对象的设置

单击"PCB"面板顶端的"▾"按钮，此时会弹出图 8.4.11 所示的下拉列表。

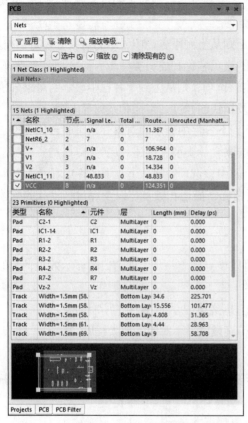

图 8.4.10　"PCB"面板

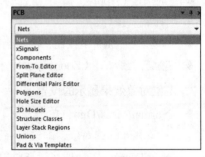

图 8.4.11　下拉列表

- ◆　"xSingals"（X 信号）：xSingals 本质上是两个节点之间被定义的路径。选中该选项，从上到下各栏中显示的对象分别是 X 信号分类、选中的分类中所有 X 信号以及选中 X 信号的相关信息。

- ◆　"Nets"（网络）：选中该选项，则从上到下各栏中显示的对象分别是网络分类、选中的分类中所有网络及选中网络的相关信息。

- ◆　"Components"（元件）：选中该选项，则从上到下各栏中显示的对象分别是元件分类、选中的分类中所有元件及选中元件的相关信息。

- ◆　"From-To Editor"（连接指示线编辑器）：选中该选项，则从上到下各栏中显示的对象分别是信号的输入/输出网络、单个的输入网络和单个的输出网络及网络的各种显示。

- ◆　"Split Plane Editor"（分割中间层编辑器）：选中该选项，则从上到下各栏中显示的对象分别是"Split Plane"（分割层）与"Split Plane"（分割层）的网络信息。

- ◆　"Differential Pairs Editor"（差分对编辑器）：选中该选项，则从上到下各栏中显示的对象分别是差分对类型、当前差分对及当前差分对中的网络。

- ◆　"Polygons"（铺铜）：选中该选项，则从上到下各栏中显示的对象分别是铺铜分类、铺铜名称及选中铺铜的相关信息。

◆ "Hole Size Editor"（钻孔尺寸编辑器）：选中该选项，则从上到下各栏中显示的对象分别是不同类型的选择条件及焊盘（钻孔）尺寸、数量、所属层等相关信息。

◆ "3D Models"（3D 模型）：选中该选项，则从上到下各栏中显示的对象分别是元件分类、选中分类中的所有元件及选中元件的 3D 模型。

◆ "Structure Classes"（结构类）：选中该选项，则从上到下各栏中显示的对象分别是结构类、选中结构类中的类名和类的类型及选中类的成员名称和成员类型。

◆ "Layer Stack Regions"（层堆栈区域）：选中该选项，则从上到下各栏中显示的对象分别是层堆栈名称、层数和层堆栈区域名称，以及折线的角度、半径和系列等内容。

◆ "Unions"（联合体）：选中该选项，则从上到下各栏中显示的对象分别是联合体类型、联合体的名称、元素、层、网络，以及选中的联合体类型、描述和层等信息。

◆ "Pad &Via Templates"（焊盘与过孔模板）：选中该选项，则从上到下各栏中显示的对象分别是库名称、模板的库名称、类型、模板名称、描述和数量，以及焊盘和过孔的描述等信息。

2. "PCB" 面板按钮

◆ "应用"（Apply）按钮：过滤筛选对象，可以恢复到上一步工作窗口的显示效果，类似于"撤销"操作。

◆ "清除"（Clear）按钮：清除当前筛选状态，即完全显示 PCB 中的所有对象。

◆ "缩放等级…"（Zoom Level）按钮：可以精确设置显示对象的放大程度。

3. 定位对象效果显示的设置

◆ Normal/Mask/Dim：单击"▾"按钮，此时会弹出下拉列表，在其中可选择如何显示筛选对象和非筛选对象，即设置筛选状态。

● "Normal"选项将筛选对象和非筛选对象都正常显示。

● "Mask"选项将非筛选对象屏蔽显示（采用灰度）。

● "Dim"选项将非筛选对象淡化显示（仍采用彩色）。

◆ "选中"（Select）：用于设置在定位对象时是否显示该对象的选中状态，一般勾选该复选框。

◆ "缩放"（Zoom）：用于设置在定位对象时是否同时放大该对象，一般勾选该复选框。

◆ "清除现有的"（Clear Existing）：勾选该复选框，则在开始本次过滤筛选前，清除上次的筛选状态；取消勾选该复选框，则上次筛选出来的对象保持其状态不变。

4. PCB 袖珍视图窗口

在"PCB"面板的最下面是 PCB 袖珍视图窗口，如图 8.4.12 所示。

PCB 袖珍视图窗口中的中间绿色部分为电路板，双线空心边框为此时显示在工作窗口的区域。在袖珍视图窗口中，可以通过鼠标操作对 PCB 进行快速移动及视图的放大与缩小等操作。

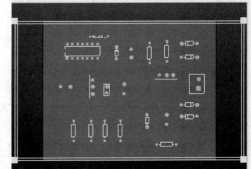

图 8.4.12　PCB 袖珍视图窗口

思考与练习

一、思考题

1. 简述 PCB 设计中的基本组件。

2. 飞线和铜箔导线有什么区别？

3. 常见的焊盘有哪几种？

4. 简述过孔在 PCB 中的作用，以及过孔与焊盘的区别。

5. 铺铜的作用是什么？

6. 简述网络与网络表的作用。

7. 开始设计 PCB 时，应该先考虑哪些基本问题？

8. 在 PCB 设计时，为什么要遵照"先大后小，先难后易"的布置原则？

9. 什么是信号方向一致原则？请简要说明。

10. 在 PCB 布局中，布局应尽量满足哪些要求？

11. 在 PCB 布局中，发热元件如何放置？

12. PCB 布局时，如何使用美观实用与维修方便原则？

13. PCB 布局时，如果有 BGA 封装元件与其他贴片元件，如何使用贴片元件原则？

14. 在 PCB 布线中，如何使用布线优先次序原则？

15. 在 PCB 布线中，如何使用密度优先原则？

16. 在 PCB 布线中，如何使用自动布线原则？

17. 在 PCB 布线中，对敏感信号如何布线？

18. 在 PCB 布线中，怎样使用电源布线原则？

19. 在 PCB 布线中，怎样使用线宽设置原则？

20. 布线技术规范原则有哪些？如何使用？

21. 简述电源线设计原则。

22. 简述地线设计原则。

23. 在 PCB 设计中，如何使用去耦电容配置原则？

24. 简述设计的可制造性原则。

25. 简述 PCB 设计流程。

26. 在 PCB 设计时，设计一个 2 层板，需要用到哪些层？每层的作用是什么？

27. 阻焊层与助焊层有什么区别？

28. 在 PCB 编辑器中，使用的布线工具栏中有哪些按钮？其作用是什么？

29. PCB 上的层按照用途可以分为哪几大类？各有什么作用？

30. PCB 层选项卡的作用是什么？

31. 在 PCB 编辑器中，PCB 状态栏在什么地方？它有什么作用？

32. "PCB"面板有什么作用？

二、实践练习题

1. 打开 Altium Designer 20，创建一个 PCB 设计工程文件，再创建一个 PCB 文件，进入 PCB 设计编辑界面。熟悉 PCB 编辑环境。要求如下。

（1）在 PCB 编辑器环境下，在左边的"Projects"面板下方，依次单击"Projects""PCB""PCB Filter"选项卡，分别打开相应的面板，熟悉打开的面板的功能与作用，了解其用法。

（2）PCB 编辑器环境下方有系统默认打开的层选项卡，依次单击层选项卡，熟悉主要层选项卡打开的层的含义与用途。

（3）利用"视图（**V**）"菜单，练习打开与关闭工具栏（如 PCB 标准、布线、导航、过滤器与应用工具）。

（4）练习关闭工程文件和打开工程文件。

2. 打开 Altium Designer 20，创建一个 PCB 设计工程文件。要求如下。

（1）加载一个已经设计完成的原理图文件并编译。

（2）创建一个 PCB 文件，进入 PCB 设计编辑界面。

（3）加载网络表。

（4）练习菜单与快捷键的使用。

（5）练习"Panels"按钮的使用，打开与关闭相应的面板。

第9章 PCB 设计进阶

本章主要内容

本章将介绍 PCB 的规划、载入网络表、PCB 布局与布线方法等主要内容。

本章建议教学时长

本章教学时长建议为 2 学时。

◆ PCB 的规划与网络表载入方法：0.5 学时。

◆ PCB 布局的方法：0.5 学时。

◆ PCB 布线的方法：1 学时。

本章教学要求

◆ 知识点：熟悉 PCB 的规划方法与网络表加载方法，熟悉 PCB 布局与布线设计方法。

◆ 重难点：PCB 的布局和布线规则及其设计方法的使用。

9.1 PCB 的规划

在设计 PCB 之前，先要考虑并确定 PCB 物理边框的尺寸设置、PCB 图纸设置、电路层设置、所用 PCB 的层的显示与颜色的设置、布线区域的设置等内容，然后导入网络表进行 PCB 设计。

9.1.1 PCB 的板形绘制

PCB 的物理边界就是 PCB 的实际大小和形状。按照业内习惯的做法，通常在机械层（Mechanical 1）定义板形。在定义板形之前，需要进行环境参数的设置。方法如下。

（1）设置度量单位。系统单位为公制（mm）和英制（mil）。按 Q 键可以在公制（mm）和英制（mil）之间切换。

（2）设置栅格。按 G 键，在弹出的菜单中，选择鼠标指针的移动步进。

（3）设置原点。执行"编辑（E）"→"原点（O）"→"设置（S）"命令（快捷键：E, O, S），将鼠标指针移到 PCB 编辑工作区左下角附近并单击，将此点设置为原点。

我们可以手动绘制 PCB 的板形，也可以在其他 CAD 软件（如 AutoCAD 等）中绘制好外形图，生成 DXF 或者 DWG 文件，然后将其导入 Altium Designer 软件中。

1. 电路板的边框线设置

根据所设计的 PCB 在产品中的位置、空间的大小、形状及与其他部件的配合来确定 PCB 的外形和尺寸。具体方法如下。

（1）新建一个 PCB 文件，使它处于当前 PCB 编辑工作区中。单击 PCB 编辑工作区下方的"Mechanical 1"层选项卡，将编辑区域切换到机械层，使机械层为当前层。

（2）执行"放置（P）"→"走线（L）"命令（快捷键：P，L），然后将鼠标指针移到原点并单击，即可进行画线的操作，每单击一次就确定一个固定点。通常将板的形状定义为矩形，当然也可以根据实际情况定义成其他形状。

（3）当放置的线组成一个封闭的边框时，就可以结束边框的绘制。右击或按 Esc 键即可退出画线状态。

（4）设置边框属性。双击任意边框线就会出现图 9.1.1 所示的边线设置面板。

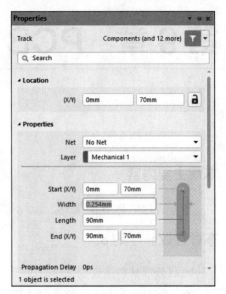

图 9.1.1　边线设置面板

- ◆ "Net"（网络）：该下拉列表用于设置边界框的电气网络，通常边框不属于任何网络，因此一般设置为"No Net"。
- ◆ "Layer"（层）：该下拉列表用于设置边框线所在的电路板层；开始创建边界区域时，如果没有选择边界所在的工作层，在此可以修改到所需的工作层。
- ◆ "🔒"：处于此状态时，边框将被锁定，无法对该边框线进行移动等操作。
- ◆ "Width"（线宽）：设置走线宽度，默认值为 0.254mm。

关闭边线设置面板，则完成对选中边框线的设置。

2. PCB 布线框设置

设置好 PCB 的尺寸后，再确定 PCB 布线框的尺寸。将当前层切换到"Keep-Out Layer"层，执行"放置（P）"→"Keepout（K）"→"线径（T）"命令（快捷键：P，K，T），在距离电路板边框尺寸 2mm 处单击开始画线。画完边框线的效果如图 9.1.2 所示。

注意

在设置 PCB 电气边界时，一定要选择禁止布线层，电气边界线要封闭，否则会影响后面的自动布局布线；可以通过双击边界线，打开"轨迹"对话框，设置线宽。

3. 修改 PCB 边框的外形大小

使用 Altium Designer 20 设计 PCB 时，如果发现 PCB 的形状大小不满足自己的要求，重新修改 PCB 形状大小的操作方法如下。

打开要修改的 PCB 文件，如果 PCB 尺寸有些大，可以裁剪一部分。将鼠标指针移动到 PCB 的左上角，按住鼠标左键，拖动鼠标指针到右下角，使所选区域包含 PCB 边框，松开鼠标左键，就选中了 PCB 的边框。执行"设计（D）"→"板子形状（S）…"→"按照选择对象定义（D）…"命令（快捷键：D，S，D），裁剪后的 PCB 如图 9.1.3 所示。

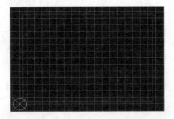

图 9.1.2 画完边框与布线框的效果

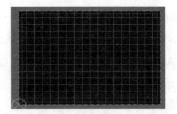

图 9.1.3 裁剪后的 PCB

如果要扩大 PCB 绘图区域，则根据所需板子外形，在任意一层绘制一个封闭区域，将外形包括在内，如图 9.1.4 所示。执行"设计（ D）"（Design）→"板子形状（ S）…"→"按照选择对象定义（ D）…"命令（快捷键：D，S，D），扩大后的 PCB 如图 9.1.5 所示。在扩大的区域中，设置 PCB 的外形与禁止布线区。

图 9.1.4 绘制封闭区域

图 9.1.5 扩大后的 PCB

9.1.2 PCB 图纸参数的设置

在 PCB 编辑器中，PCB 图纸参数的设置是利用"Properties"面板进行的。单击软件窗口右下角的"Panels"按钮，在弹出的菜单中执行"Properties"命令，打开图 9.1.6 所示的板参数选项面板。在该面板中可以设置 PCB 图纸参数，其作用范围就是当前的 PCB 文件，该面板主要由 6 个区域组成。下面分别介绍每个区域的作用。

1. "Selection Filter"（选择过滤器）

展开" ▸ Selection Filter "区域，如图 9.1.7 所示。PCB 编辑器中的选择过滤器与原理图编辑器中的选择过滤器功能一致，只有当所需的对象类型被选中时，才能在 PCB 图纸中选择该类型的对象，否则无法选中。

图 9.1.6 板参数选项面板

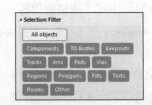

图 9.1.7 "Selection Filter"区域

2．"Snap Options"（捕获选项）

展开"▶ Snap Options"区域，如图 9.1.8 所示。该区域用于配置 PCB 图纸中的自动捕获选项，其中包括"All Layers""Current Layer""Off"等选项。

◆ 当选中"All Layers"时，即使不在当前层，鼠标指针也可以自动捕获"Objects for Snapping"中配置的对象。

◆ 当选中"Current Layer"时，鼠标指针只在当前选中的层自动捕获"Objects for Snapping"中配置的对象。

◆ 当选中"Off"时，自动捕获命令被关闭。

◆ Snap Distance：单击其右边的"▾"按钮，在弹出的下拉列表中可以选择捕捉距离数据的大小。

◆ Axis Snap Range：轴捕捉范围采用默认值。

3．"Board Information"（板信息）

展开"▶ Board Information"区域，如图 9.1.9 所示。该区域中显示出了当前 PCB 图纸的基本信息。

图 9.1.8 "Snap Options"区域

图 9.1.9 "Board Information"区域

PCB 图纸的基本信息主要包括：板子的大小、元件的总数（包括顶层元件数量和底层元件数量）、PCB 的层数、网络数量及其他图元等参数。

单击"Reports"按钮，在弹出的对话框中，可以全部选择或部分选择生成报告的项目，可以按照需求生成电路板信息报告。

4．"Grid Manager"（栅格管理器）

展开"▶ Grid Manager"区域，如图 9.1.10 所示。在该区域中，勾选"Comp"列的复选框表示在摆放元件时，网格不消失。

单击"Add"按钮，可以增加坐标系（有笛卡儿坐标系和极坐标系）。

双击当前坐标系所在行，此时会弹出图 9.1.11 所示的对话框，利用该对话框可以对当前坐标系的基本信息进行设置。

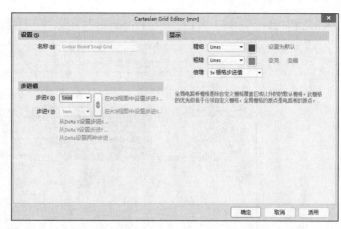

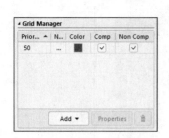

图 9.1.10　"Grid Manager"区域　　　　图 9.1.11　"Cartesian Grid Editer"对话框

在"显示"区域中，单击"精细"和"粗糙"右边的"▼"按钮，可以选择栅格的显示方式。有 3 种显示方式："Lines"（线）、"Dot"（点）和"Do Not Draw"。

5. "Guide Manager"（向导线管理器）

展开" ▸ Guide Manager "区域，如图 9.1.12 所示。在该区域中，单击"Add"按钮，可以增加向导线。单击"Place"按钮，可以在 PCB 图纸中放置向导线。选中要删除的向导线，再单击" 🗑 "按钮，即可删除所选中的向导线。

6. "Other"（其他）

展开" ▸ Other "区域，如图 9.1.13 所示。在"Units"（单位）下面有"mm"和"mils"两个按钮。当"mils"被单击（淡蓝色）时，系统使用英制单位 mil，一般常用英制单位；当"mm"被单击（淡蓝色）时，系统使用公制单位 mm。

图 9.1.12　"Guide Manager"区域　　　　图 9.1.13　"Other"区域

9.1.3　PCB 层叠管理

在进行 PCB 布局布线之前，需要预先设置电路板的板层结构，即需要确定制作几层板。设计好的多个板层通过制作工艺压合在一起，最终形成多层电路板。在 Altium Designer 20 中，PCB 的板层结构是通过层叠管理器完成的。

层叠管理是对信号层和内电层进行管理。通常所说的几层板，都是指信号层与内电层（电源与地）。在进行 PCB 设计时，可以根据需要设置 PCB 的层数。层叠管理操作方法如下。

（1）执行"设计（D）"（Design）→"层叠管理器（K）…"（LayerStackManager）命令（快捷键：

D，K），此时会打开图 9.1.14 所示的"Properties"面板，同时创建并打开"*.PcbDoc"（Stackup）文件。

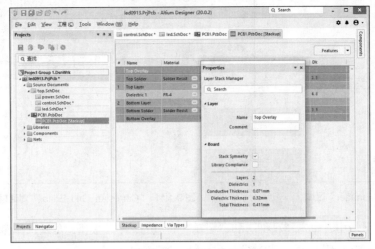

图 9.1.14　"Properties"面板

（2）在图 9.1.14 所示的界面中，执行"Edit"→"Add Layer"命令可以增加板层。也可以在"Tools"菜单中执行"Presets"命令，如图 9.1.15 所示，在弹出的子菜单中，选择标准模板层，这里选择 4 层板，即"4 Layer（2xSignal，2xPlane）"，此时会显示图 9.1.16 所示的板层结构。设计单层板或双层板时，使用系统默认设置，不进行修改。

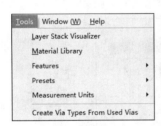

图 9.1.15　"Tools"菜单

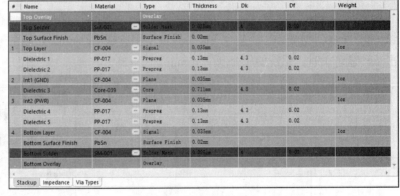

图 9.1.16　4 层板的板层结构

（3）执行"Tools"→"Layerstack visualizer"（层叠观察图）命令，此时会弹出图 9.1.17 所示的层叠观察图对话框。单击" 3D "按钮，此时会显示图 9.1.18 所示的 4 层板设计示意图。

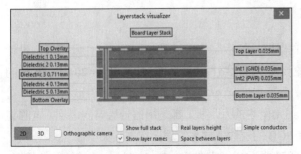

图 9.1.17　层叠观察图对话框

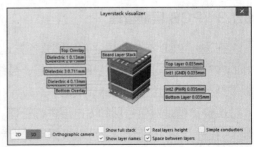

图 9.1.18　4 层板设计示意图

9.1.4　PCB 的层管理

PCB 的层管理与层叠管理概念是不一样的。PCB 的层管理是对各个层的颜色、显示（或隐藏）、高亮（或关闭高亮）及层分组进行管理。PCB 编辑器内显示了各个层，而且各个层具有不同的颜色，以便于区分。对层进行分组管理，可以优化 PCB 设计电路，提高设计效率。用户也可以根据个人习惯进行设置，并且可以决定该层是否在编辑器内显示出来。

1. 层的隐藏与显示

将鼠标指针移到图 9.1.19 所示的任意一个 PCB 层选项卡上，然后右击，即可弹出图 9.1.20 所示的层管理选项菜单。

| | LS | ◀ | ▶ | ■ [1] Top Layer | ■ [2] Bottom Layer | ■ Mechanical 1 | ■ Mechanical 13 | ■ Mechanical 15 | □ Top Overlay | ■ Bottom Overlay | ■ Top Paste | ■ Bottom Paste |

图 9.1.19　PCB 层选项卡

利用弹出的层管理选项菜单，执行相应的菜单命令，可以使当前的层显示、隐藏、高亮或关闭高亮。执行菜单命令后的实际效果可在今后的具体应用中去体会。

2. 层的分组管理

在 PCB 设计中，一个完整的 PCB 图形由许多层"叠合"而成，因此在 PCB 设计中，为了方便，一般将不同类型的层归为一类，这样可以提高设计效率。例如，可以将具有电气属性的层放在一起，将没有电气属性的层放在一起。

在 Altium Designer 20 中，系统默认设置了几种常用的层类型，在一般设计中，使用这些默认的层管理，基本上能满足设计要求。但是，我们也可以执行"设计（D）"（Design）→ "管理层设置（T）…"命令（快捷键：D，T），在弹出的图 9.1.21 所示的子菜单中进行分组设置。单击图 9.1.19 中的"LS"按钮，也可以打开图 9.1.21 所示的子菜单。利用子菜单中的命令可以快速打开层管理的不同类型组合。

图 9.1.20　层管理选项菜单

图 9.1.21　"管理层设置"子菜单

3. 层颜色设置

进行 PCB 层颜色的设置，可以按 L 键或单击"LS"按钮左边的颜色按钮（按钮颜色是当前层的颜色），打开图 9.1.22 所示的"View Configuration"（视图配置）面板，在该面板中，可以清楚地看到所有的层是按照分组进行管理的。

Layers & Colors：在该界面中，当单击不同层左侧的"👁"按钮时，可以显示/隐藏该层。单击当前层左侧的颜色按钮，可以修改当前层的颜色，建议不要修改，使用系统默认的颜色。还可以设置层的其他属性。

单击"View Options"选项卡，可以进入图 9.1.23 所示的"View Options"选项卡界面。对于整个 PCB 的设计来讲，当层的数量比较多时，会显得比较混乱，大大降低设计效率。为了方便对层管理，可以在"View Options"选项卡界面中进行设置，很方便地对不同的层和对象进行显示、隐藏和按照不同透明度进行显示的设置。这样就可以极大地提高设计效率。在"View Options"选项卡界面中，根据实际情况，可以对不同的层和对象进行显示、隐藏和按照不同透明度进行显示的设置。

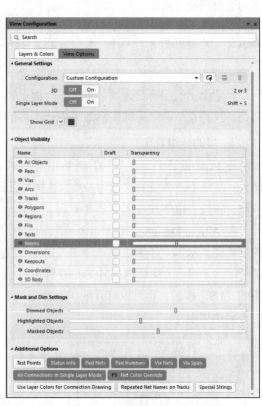

图 9.1.22 "View Configuration"面板

图 9.1.23 "View Options"选项卡界面

当单击不同对象左侧的" 👁 "按钮时，可以显示/隐藏当前对象。在对象处于显示状态下，勾选"Draft"（草图）列中的复选框时，可以看到只显示对象的边缘，对象内部处于空白状态。

当调整"Transparency"（透明度）时，可以看到所选对象的透明度发生明显变化。

当所有层都处于显示状态时，这些层是叠在一起的。在 PCB 编辑工作区内，按快捷键 Shift+S，可以进行层显示切换。按一次之后，当前选中的层会被高亮显示，其他层灰色显示。再按一次之后，其他层全部隐藏，只显示当前层。

9.2　载入网络表

规划好 PCB 后，就可以载入网络表。网络表是原理图与 PCB 连接的纽带。加载网络表就是将原理图中元件的相互连接关系及元件封装尺寸数据输入 PCB 编辑器中，实现原理图向 PCB 的转化，以便进一步设计 PCB。

9.2.1 设置同步比较规则

同步设计就是原理图与 PCB 文件在任何情况下保持同步，不管是先设计原理图，再设计 PCB，还是同时设计它们，最终都要保证原理图中元件的电气连接意义与 PCB 图中的电气连接意义完全相同。实现这个目的的最终方法是使用同步器，因此同步比较规则的设置是至关重要的。执行"工程（C）"→"工程选项（O）..."命令（快捷键：C，O），打开"Options for PCB Project"对话框，单击"Comparator"选项卡，进入同步比较界面，如图 9.2.1 所示。

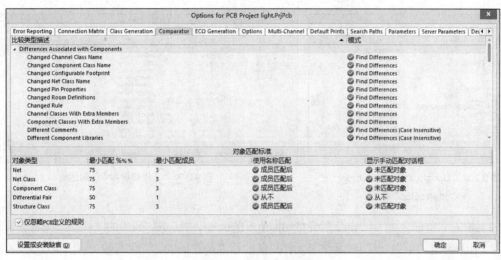

图 9.2.1 同步比较界面

单击"设置成安装缺省"按钮，将该对话框中的各配置恢复为软件安装完成后的默认值。默认状态是比较所有的不同值，进行原理图和 PCB 同步设计。用户也可以根据自身设计需求进行设置。设置完成后，单击"确定"按钮，即可关闭该对话框。

9.2.2 载入网络表的准备

将原理图中的设计信息转换到新的空白 PCB 文件中，要完成以下准备工作。

（1）进行原理图的检查。原理图的检查主要是编译检查和验证设计检查项目（或工程）中所有原理图电气连接的正确性与元件封装的正确性。

（2）加载库文件。确认与原理图和 PCB 文件相关联的所有元件库都已经加载，保证原理图文件中所指定的封装形式在可用库文件中都能找到并且可以使用。

（3）新建 PCB 文件。新建的 PCB 文件必须添加到与原理图文件相同的项目中。

9.2.3 载入网络表与封装

Altium Designer 20 提供了两种载入网络表与元件封装的方法。

第一种方法是在原理图编辑环境中，执行"设计（D）"→"Update PCB Document 文件名.PcbDoc"命令。

第二种方法是在 PCB 编辑环境中，执行"设计（D）"→"Import Changes From 文件名.PrjPcb"命令。

这两种方法的本质是相同的，都是通过启动"工程变更指令"对话框来完成。

下面介绍在原理图编辑环境中，执行"设计（D）"→"Update PCB Document 文件名.PcbDoc"命令载入网络表与封装的方法。

（1）在原理图编辑环境中，执行"设计（D）"→"Update PCB Document PCB1.PcbDoc"命令，如图 9.2.2 所示。

（2）执行完上述命令后，系统将对原理图和 PCB 图的网络表进行比较，并弹出一个"工程变更指令"对话框，如图 9.2.3 所示。

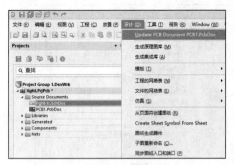

图 9.2.2 "Update PCB Document
PCB1.PcbDoc"命令

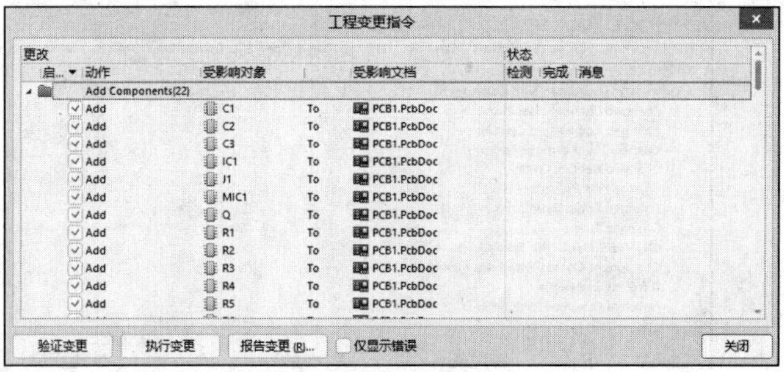

图 9.2.3 "工程变更指令"对话框

（3）单击"验证变更"按钮，系统将扫描所有的改变，"状态"列中的"检测"列将会显示检查结果，出现绿色"√"，说明对网络与元件封装的检查是正确的，变化有效。当出现红色"×"时，说明改变不可执行，需要回到以前的步骤中进行修改，然后重新进行更新。单击"验证变更"按钮后对网络与元件封装的检查结果，如图 9.2.4 所示。

图 9.2.4 对网络与元件封装的检查结果

如果网络与元件封装检查错误，一般是因为没有装载可用的集成库，无法找到正确的元件封装。解决方法是到原理图编辑器中，在原理图中找到封装出错的元件，并手动添加所需的封装。

（1）完成网络与元件封装检查后，单击"执行变更"按钮，系统将网络与元件封装装入 PCB1.PcbDoc 文件中，如果装入正确，则"状态"列中的"完成"列将显示出绿色"√"，如图 9.2.5 所示。

图 9.2.5 完成网络与元件封装的装入

（2）单击"报告变更（R）…"按钮，打开生成的载入报告，如图 9.2.6 所示。

（3）单击"关闭"按钮，关闭"工程变更指令"对话框，这时可以看到 PCB 图布线框的右侧出现了导入的所有元件的封装模型，如图 9.2.7 所示。如果看不到封装模型，可以按快捷键 V+D。就全部显示出来了。

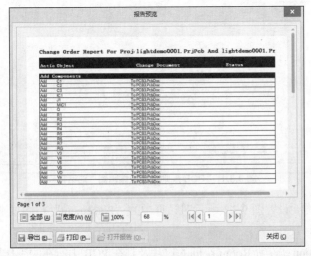

图 9.2.6 载入报告

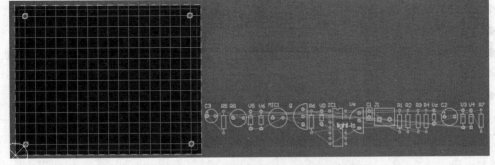

图 9.2.7 PCB 中导入的所有元件的封装模型

9.3 PCB 布局

在导入网络表后，就需要对 PCB 进行布局。PCB 布局就是确定元件在 PCB 上的位置。元件布局是否合理不仅关系到后期布线的难度，同时也关系到电路板实际工作情况的好坏。布局是布线的基础，如果元件的布局不合理，就不可能实现理想的布线。合理的布局是 PCB 设计成功的第一步。布局有手动布局、自动布局和交互式布局 3 种方式。布局要遵循一些基本原则，布局的原则可以参看 8.2.2 小节。下面分别介绍自动布局、手动布局和交互式布局的基本方法。

9.3.1 自动布局

自动布局是指设计人员布局前先设定好设计规则，系统自动在 PCB 上进行元件的布局。在 PCB 编辑环境中，执行"设计（D）"→"规则"命令，即可打开"PCB 规则及约束编辑器"对话框，如图 9.3.1 所示。

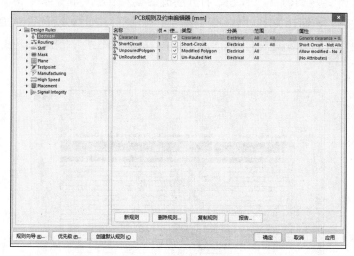

图 9.3.1 "PCB 规则及约束编辑器"对话框

在自动布局时，需要设置图 9.3.1 所示对话框中的"Placement"布局规则。展开"Placement"区域，如图 9.3.2 所示。

◆ Room Definition：设置 Room 空间的尺寸及其在 PCB 中所在的工作层。

◆ Component Clearance：设置自动布局时元件封装之间的安全距离。

◆ Component Orientations：设置元件封装在 PCB 上的放置方向。

◆ Permitted Layers：设置元件封装所在的工作层。

◆ Nets to Ignore：设置自动布局时可以忽略的一些网络，在一定程度上提高布局的质量和效率。

◆ Height：设置元件封装的高度范围。

进入 PCB 编辑环境，在设置好布局规则后，在 Altium Designer 20 中执行"工具（T）"→"器件摆放（O）"（Component Placement）命令（快捷键：T，O），此时会弹出图 9.3.3 所示的子菜单。

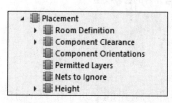

图 9.3.2 "Placement"区域

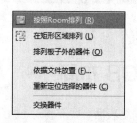

图 9.3.3 "器件摆放"子菜单

从图 9.3.3 所示的子菜单中可以看到，Altium Designer 20 进行了优化，取消了"自动布局"命令。下面分别介绍自动布局子命令。

◆ "按照 Room 排列（R）"命令，用于在指定空间内部排列元件。执行该命令后，在要排列元件的空间区域内单击，元件即自动排列到该空间内部。

◆ "在矩形区域排列（L）"命令，用于将选中的元件排列到矩形区域内。使用该命令前，需要选中要进行排列的元件。执行该命令后，用鼠标绘制一个矩形，选中的元件会自动排列在矩形中。

◆ "排列板子外的器件（O）"命令，执行该命令前，先选中要移出电路板区域的元件，执行该命令后，选中的所有元件会被移动到电路板区域外。

◆ "依据文件放置（F）…"命令，执行该命令后，会打开文件加载对话框，可以从中指定并加载 PIK 文件。

◆ "重新定位选择的器件（C）"命令，该命令可以将选中的元件连续不断地放置到 PCB 编辑工作区。

◆ "交换器件"命令。在 PCB 布局时，有时需要将两个元件互换位置，利用该命令即可完成。

9.3.2　手动布局

手动布局是根据电路设计要求，在 PCB 上对元件进行布局。手动布局主要通过移动、旋转和排列元件，将元件放置到电路板内合适的位置，使电路的布局最合理。手动布局对设计者的设计经验要求较高，需要长期实践，效率低。但是，手动布局往往更能符合实际工作需要，实用性更强，而且有利于后期的布线操作。

1. 移动命令

在 PCB 编辑工作区中，将鼠标指针移动到所需移动的元件上，按住鼠标左键，将元件拖入紫色方框中，移到合适的位置后，松开鼠标左键将元件放下。用同样的方法，将所有元件封装符号拖入紫色方框中的合适位置。用该方法也可以将元件在图纸中（紫色框内）任意移动。

将元件全部移到紫色方框中后，将鼠标指针移动到 sheet1 深红色区域并单击，深红色区域会变成灰色，按 Delete 键，即可删除该区域，同时，紫色区域内的元件封装符号变成黄色。图 9.3.4 所示为放至完成的 PCB。

调整元件封装的位置，尽量对齐元件，并对元件的标注文字进行重新定位、调整。方法是执行"编辑（E）"→"移动（M）"命令（快捷键：E，M），此时会弹出图 9.3.5 所示的子菜单。

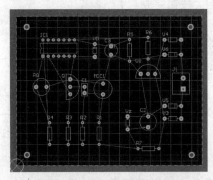

图 9.3.4　元件放置完成的 PCB

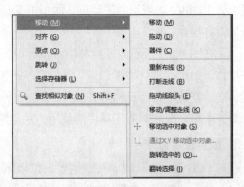

图 9.3.5　"移动"子菜单

在弹出的子菜单中，有"移动（M）""拖动（D）""器件（C）"3个命令，它们都可以移动元件，但是这3个命令是有区别的。

（1）"移动（M）"命令（快捷键：E，M，M）。可以移动PCB上的任何元件，执行该命令后，当选中需要移动的元件时，元件可以随鼠标指针一起移动，当移动到适合位置时单击，可以重新定位该元件，右击则取消移动命令。

（2）"拖动（D）"命令（快捷键：E，M，D）。当选中的对象是元件等类型时，其作用和"移动"命令类似。如果选中的对象是网络线、导线等对象，则可以调整走线。

（3）"器件（C）"命令（快捷键：E，M，C）。移动所选中的元件。

（4）"移动选中对象（S）"命令（快捷键：E，M，S）。该命令可以将选中的所有对象一起移动。

（5）"旋转选中的（O）…"命令（快捷键：E，M，O）。当选中一个对象时执行该命令，会弹出一个旋转角度对话框，如图9.3.6所示。

图9.3.6 旋转角度对话框

在该对话框输入对象需要旋转的角度，正值为顺时针旋转，负值为逆时针旋转。在单击"确定"按钮后，需要确定旋转的中心点，将鼠标指针移到旋转中心点并单击，对象发生旋转。

（6）"翻转选择（I）"命令（快捷键：E，M，O）。在PCB设计中，元件只允许放置在主板的顶层和底层，它们无法摆放在PCB的内部。"翻转"就是将"顶层元件"变换到"底层"或将"底层元件"变换到"顶层"。操作方法如下。

方法一：选中需要翻转的元件，执行"编辑（E）"→"移动（M）"→"翻转选择（I）"命令（快捷键：E，M，I），就完成了元件的翻转。

方法二：当元件被拖动并处于悬浮状态时，按L键即可完成翻转操作。

2. 对齐命令

无论是手动布局还是自动布局，都是将需要移动的对象根据电路的特性要求放置在PCB上特定的位置。放置好元件后，一般需要进行排列对齐操作，利用对齐工具，可以提高PCB布局排列的效率，使布局更加整齐和美观。操作方法如下。

（1）选择所要对齐的元件。

（2）执行"编辑（E）"→"对齐（G）"命令（快捷键：E，G），此时会弹出图9.3.7所示的子菜单。或单击工具栏中的相关按钮完成相应的对齐操作。

（3）在图9.3.7所示的子菜单中，执行相关对齐命令，完成相关对齐操作。如执行"左对齐（L）"命令后，所有被选中的元件会自动移动，向最左边的一个元件对齐。

对齐菜单命令和对齐工具栏的使用方法与原理图中类似。

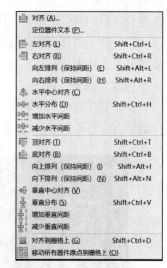

图9.3.7 "对齐"子菜单

3. 原点设置命令

在对PCB进行布局时，往往需要定位坐标原点来进行辅助操作。方法如下。

（1）执行"编辑（E）"→"原点（O）"→"设置（S）"命令（快捷键：E，O，S），可以对坐标原点进行设置。

（2）执行"编辑（E）"→"原点（O）"→"复位（R）"命令（快捷键：E，O，R），可以对坐标原点进行复位，即清除原点。

4. 删除命令

删除命令的使用与在原理图中使用删除命令类似。选中要删除的对象，按 Delete 键，即可删除所选对象。

5. 批量摆放

在 PCB 的布局中，元件的数量一般比较多。当 PCB 元件较多时，需要使用批量操作方式对元件进行布局。可以用下面两种方法批量摆放元件。

第一种方法是执行"在矩形区域排列（L）"命令，该命令在实际使用中应用得最多，它可以将被选中的元件按照矩形区域的方式进行快速摆放。具体操作方法如下。

（1）选中所需摆放的元件，可以是一个或多个。

（2）执行"工具（T）"→"器件摆放（O）"→"在矩形区域排列（L）"命令（快捷键：T，O，L）。

（3）在 PCB 编辑工作区域的合适位置画一个矩形框，此时所选中的元件将会均匀地摆放在矩形区域内。

第二种方法是执行"重新定位选择的器件（C）"命令（快捷键：T，O，C），该命令可以将选中的元件连续不断地放置到 PCB 中。操作方法如下。

（1）选中需要摆放的所有元件。

（2）执行"工具（T）"→"器件摆放（O）"→"重新定位选择的器件（C）"命令（快捷键：T，O，C），鼠标指针上会自动出现一个元件，如图 9.3.8 所示。

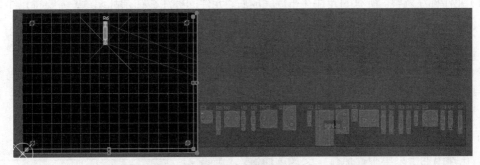

图 9.3.8　执行"重新定位选择的器件（C）"命令结果

（3）将元件移到紫色方框内的合适位置并单击，该元件就会放置到此位置。此时，鼠标指针上会自动出现下一个元件，移到合适位置后单击，放置该元件。

（4）重复此操作，直到放置完全部元件。

（5）在 PCB 中任意位置单击，取消选中的元件。

6. 元件交换

在 PCB 布局时，有时需要将两个元件互换位置，利用"交换器件"命令即可完成。方法如下。

（1）选中需要互换的两个元件。

（2）执行"交换器件"命令。

小技巧

（1）将鼠标指针移到字符或元件上，按住鼠标左键，再按空格键，可以旋转字符或元件，每按一次空格键就旋转90°。

（2）用鼠标指针快速选中元件的方法如下。

① 将鼠标指针移到需选中元件上单击，即可选中。

② 如果要选中多个元件，只需按住 Shift 键，然后连续选中所需元件即可。

③ 将鼠标指针移动到所选元件区域的左上角上，按住左键，并拖动到区域的右下角，松开鼠标即可选中区域中的全部元件。

④ 如果要取消选中的元件，只需在该区域外任意地方单击即可。

9.3.3 交互式布局

1. 交互式布局的步骤

交互式布局

从全局出发，综合自动布局与手动布局的优点，可以将二者结合起来使用，这就是交互式布局。"交互式"就是利用原理图的设计逻辑来摆放元件。交互式布局是 PCB 布局中使用最多的一种方式。对于有特殊要求的元件可以进行手动布局；对于要求不是很高的元件可以用自动布局，之后还可以进行手动调整。交互式布局能够加快布局速度，同时也可以使布局结果达到最优。交互式布局主要包括以下几个步骤。

（1）关键元件布局。对于有特殊要求的元件，可以遵照设计原则进行手动布局，然后锁定这些元件的位置，再进行自动布局。

（2）半自动布局。设置自动布局设计规则，然后执行自动布局相应的子命令，完成元件半自动布局。

（3）交互式布局。在半自动布局完成后，对位置不理想的元件进行手动调整，使布局达到最优。

（4）元件标注调整。所有的元件在布局完成后，元件的标注往往杂乱无章，需要将元件的标注放置到便于识别的位置，以便后期进行装配和调试。

2. 交互式布局的方法

在 Altium Designer 20 中，可以利用"交叉选择模式"和"交叉探针"进行交互式布局。下面分别介绍利用"交叉选择模式"和"交叉探针"进行交互式布局的方法。

（1）"交叉选择模式"。交互式布局的前提是执行交互式布局命令。操作方法如下。

① 执行"工具（<u>T</u>）"命令。

② 在弹出的子菜单中，执行"交叉选择模式"命令，使该命令左侧的图标处于选中状态，即四周有蓝色的方框，如图 9.3.9 所示。

图 9.3.9 "交叉选择模式"处于选中状态

将原理图与 PCB 进行左右摆放，方便进行交互式布局。操作方法如下。

① 将鼠标指针移到 PCB 文件名标签上（图中文件名为 PCB4.PcbDoc）并右击，此时会弹出如图 9.3.10 所示的分割菜单。

② 执行"垂直分割（<u>V</u>）"命令，即可得到分割后的图形，如图 9.3.11 所示。

在"交叉选择模式"被选中的状态下，单击原理图中的某一个需要摆放的元件，在 PCB 图纸中会高亮显示，此时可以移动元件到适合的地方。同样，在 PCB 图纸中选中一个元件或多个元件，原理图图纸中对应的元件也会被选中。

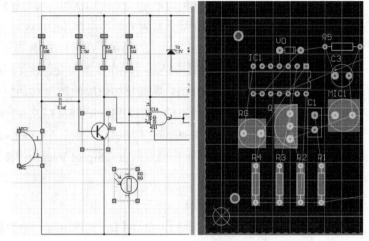

图 9.3.10　分割菜单　　　　　　　　　　图 9.3.11　分割后的图形

（2）"交叉探针"。交叉探针用于辅助 PCB 交互式布局命令。对于比较大的工程图纸来讲，元件的数量可能有成千上万个，原理图的图纸也可能有几十个，则在"交叉选择模式"下很难快速定位一个元件的位置。这时利用"交叉探针"就可以快速定位一个元件位置，操作方法如下。

① 在 PCB 编辑器中打开需要查找的原理图与 PCB 文件。

② 执行"工具（T）"命令，在弹出的菜单中执行"交叉探针（C）"命令。

③ 在原理图图纸上找到需要定位的元件并单击，此时在 PCB 图纸上会快速定位该元件。在 PCB 编辑工作区上方，单击该 PCB 文件选项卡，PCB 图纸会显示在 PCB 编辑窗口中，可以发现被定位的元件会高亮显示，其他的元件以暗灰色方式显示。同样，在 PCB 上找到需定位的元件，利用"交叉探针"也可以在原理图图纸上快速定位该元件，在原理图中被定位的元件会高亮显示，其他的元件以暗灰色方式显示。

使用清除过滤器（快捷键：Shift+C）可以清除元件的选中状态。

9.4　PCB 布线

布线是在 PCB 上通过走线和放置过孔来连接元件的过程。因为 PCB 上的元件是从网络表导入的，而且电气连接已经用飞线表示出来，所以这里的布线实际上是用真正的导线来代替飞线。在 PCB 设计中，布线是完成产品设计的重要步骤，在整个 PCB 设计中，布线的工作量最大，对设计者的要求也最高。

PCB 布线分为单面布线、双面布线和多层布线 3 种。Altium Designer 20 通过提供先进的交互式布线工具及 Situs 拓扑自动布线器来简化这项工作，只需轻触一个按钮就能对整个 PCB 或其中的部分进行最优化布线。自动布线虽然操作方便、布通率很高，但在实际设计中，通过自动布线的 PCB，布线仍然有不合理的地方，需要我们手动调整 PCB 上的布线，以便达到最佳的设计效果。

PCB 设计的好坏对电路抗干扰能力影响很大，因此在进行 PCB 设计时，必须遵守 PCB 设计规则，并应按照符合抗干扰设计的要求，使设计的 PCB 获得最佳性能。

9.4.1 PCB 设计规则设置

Altium Designer 20 的 PCB 编辑器是一个规则驱动环境。在放置导线、移动元件或者自动布线等过程中，Altium Designer 20 都会监测每个动作，并检查设计是否仍然完全符合设计规则。如果不符合，则系统会立即警告，强调出现的错误。在进行 PCB 布线前，应该根据 PCB 的实际需要先设置设计规则，后无论是自动布线还是手动布线都要受到设计规则的约束。

Altium Designer 20 的"PCB 规则及约束编辑器"对话框有 10 类设计规则，它们分别是"Electrical"（电气规则）、"Routing"（布线规则）、"SMT"（表面贴装规则）、"Mask"（阻焊设计规则）、"Plane"（内电层规则）、"Testpoint"（测试点规则）、"Manufacturing"（制板规则）、"High Speed"（高频电路规则）、"Placement"（布局规则）、"Signal Integrity"（信号完整性规则）。我们可以通过该对话框完成相应的规则设置。

1. "Electrical"（电气规则）

（1）"Clearance"子规则。执行"设计（<u>D</u>）"（Design）→"规则（<u>R</u>）"（Rules）命令（快捷键：D，R），打开"PCB 规则及约束编辑器"对话框。在该对话框左边的规则列表中，展开"Electrical"，可以看到需要设置的电气子规则有"Clearance""Short-Circuit""Un-Routed Net""Un-Connected Pin""Modified Polygon""Creepage Distance"。展开"Clearance"，如图 9.4.1 所示。

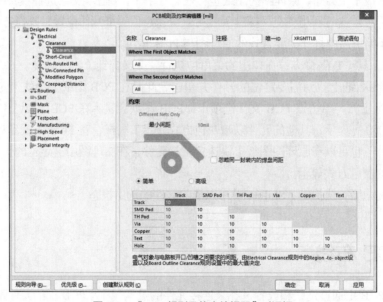

图 9.4.1 "PCB 规则及约束编辑器"对话框

"Clearance"子规则主要用于设置 PCB 中具有电气特性的对象之间的间距。在 PCB 中具有电气特性的对象包括导线、焊盘、过孔和铜箔填充区等，在间距设置中可以设置导线与导线、导线与焊盘、焊盘与焊盘及导线与过孔之间的最小安全距离。在单层板和双层板的设计中，首选值为 10～12mil，4 层以上的 PCB 首选值为 7～8mil，最大安全间距一般没有限制。

在图 9.4.1 所示的界面中，右侧为电气设置区域。该区域上半部分用来设置规则的名称、注释说明信息，指定规则的作用范围。下半部是"约束"（Constraints）区域，用来设置规则的约束条件。安全间距设计规则采用了二元设计规则。在"Where The First Object Matches"（第一优先匹配的对象所处位置）下拉列表中，指定第一类对象；在"Where The Second Object Matches"（第二优先匹配的对象所处位置）下拉列表中，指定第二类对象。下拉列表中的内容如下。

◆ "All"：适用于所有对象，为系统默认值。

◆ "Net"：选中后，其右侧第一个下拉列表被激活，可以从中选择电路中的网络，设计规则会作用于该网络中的焊盘、过孔、导线、铺铜等。

◆ "Net Class"：选中后，其右侧第一个下拉列表被激活，可以从中选择电路中的网络类，设计规则会作用于该网络类中的所有网络。

◆ "Layer"：选中后，其右侧第一个下拉列表被激活，可以从中选择电路板层，设计规则会作用于该板层中的所有电气对象。

◆ "Net and Layer"：选中后，其右侧第一个下拉列表被激活，可以在其中分别选择电路板层和网络，设计规则会作用于指定的板层和指定的网络。

◆ "Custom Query"：适用于自定义网络。

（2）"Short-Circuit"子规则。该子规则用于设置短路的导线是否允许出现在 PCB 上，其设置界面如图 9.4.2 所示。

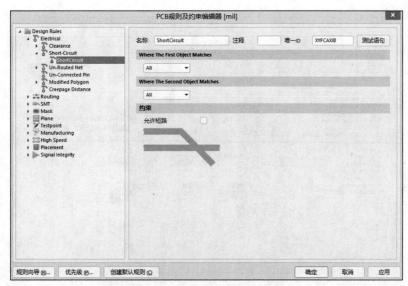

图 9.4.2 "Short-Circuit"子规则

在该界面的"约束"区域内，只有一个复选框，即"允许短路"复选框。若勾选该复选框，则表示在 PCB 布线时允许设置的匹配对象中的导线短路。系统默认为不勾选的状态。

（3）"Un-Routed Net"子规则。该子规则用于检查 PCB 中指定范围内的网络是否已经完成布线，对于没有布线的网络，仍然以飞线的形式保持连接。

（4）"Un-Connected Pin"子规则。该子规则用于检查指定范围内的元件引脚是否已经连接到网络，对于没有连接到网络的引脚，给予警示，显示为高亮状态。

（5）"Modified Polygon"子规则。该子规则用于检测多边形铺铜是否被废弃或已经被修改，但还没有被修补。在该界面的"约束"区域中有 2 个复选框，即"允许隐藏显示"（Allow shelved）复选框和"允许修改"（Allow modified）复选框。

若勾选"允许隐藏显示"复选框，则此设计规则范围内的所有多边形，以及当前被废弃的多边形，将不会被标记为违反规则。系统默认为不勾选的状态。

若勾选"允许修改"复选框，则所有属于此设计规则范围的多边形，以及当前准备修改但未做修改的多边形，将不会被标记为违反规则。系统默认为不勾选的状态。

（6）"Creepage Distance"子规则：该子规则用于设置爬电距离。一般情况下，采用系统默认值。

安全间距规则除了可以统一设置为相同的规则外，还可以设置具体对象与对象之间的间距。方法是将"最小间距"后面的参数修改为"N/A"，然后修改需要修改的对象之间的间距。

2. "Routing"（布线规则）

Altium Designer 20 中的布线子规则包括"Width"（线宽）、"Routing Topology"（布线拓扑）、"Routing Priority"（布线优先级）、"Routing Layers"（布线层）、"Routing Corners"（布线拐角）、"Routing Via Style"（布线过孔样式）、"Fanout Control"（扇出控制）、"Differential Pairs Routing"（差分对布线）。下面分别简要说明这些规则的作用与设置方法。

（1）"Width"子规则。该子规则用于设置 PCB 布线时允许采用的导线宽度。在"PCB 规则及约束编辑器"（PCB Rules and Constraints Editor）对话框中，展开"Routing"以显示相关的布线子规则，然后展开"Width"以显示宽度规则，再单击"Width"下的"Width"，进入图 9.4.3 所示的"Width"子规则界面。

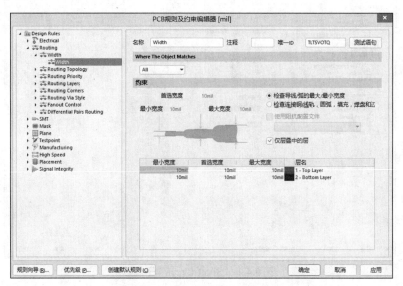

图 9.4.3 "Width"子规则界面

在图 9.4.3 所示的"约束"（Constraints）区域中，可以设置导线的宽度，有最大宽度、最小宽度和首选宽度 3 个参数。其中最大宽度和最小宽度确定了导线的宽度范围，而首选宽度则为导线放置时系统默认的导线宽度值。

在图 9.4.3 所示的"约束"区域中，还包含了两个单选按钮。

◆ 选中"检查导线/弧的最大/最小宽度"单选按钮。

◆ 勾选"仅层叠中的层"（Layers Layerstack Only）复选框后，表示当前的宽度规则只适用于图层堆栈中所设置的工作层。系统默认为选中状态。

Altium Designer 20 设计规则系统的一个强大功能是同种类型可以定义多种规则，每个规则有不同的对象，每个规则目标的确切设置是由规则的范围决定的，规则系统使用预定义优先级来确定规则适用的对象。

规则设置完成后,是按照规则的优先级别顺序执行的。如果要改变规则的优先级别,可以单击"优先级(P)..."按钮,调整布线网络的优先级别。

下面以案例讲解"Width"子规则的使用方法。例如,在原理图中有"VCC"和"GND"网络,将其导入 PCB 后,要求为"VCC"和"GND"网络各添加一个新的宽度约束规则,导线的"最大宽度"(Max Width)、"最小宽度"(Min Width)和"首选宽度"(Preferred Width)都为 30mil,其余网络设置为 10mil。添加新的宽度约束规则操作步骤如下。

① 在左边的规则列表中进行以下操作。

◆ 展开"Routing"显示相关的布线规则,右击"Width",在弹出的菜单中,执行"新规则(W)..."(New Rule)命令,一个新的名为"Width_1"的规则被创建。

◆ 再次新建一个名为"Width_2"的规则,图 9.4.4 所示为添加"Width_1""Width_2"导线宽度规则的界面。

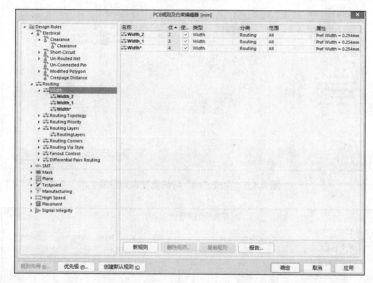

图 9.4.4　添加"Width_1""Width_2"导线宽度规则的界面

② 在"PCB 规则及约束编辑器"对话框中进行以下操作。

◆ 单击"Width"中的"Width"导线宽度规则,以修改其范围和约束条件。

◆ 设置导线的"最大宽度"(Max Width)、"最小宽度"(Min Width)和"首选宽度"(Preferred Width)都为 10mil。

◆ 设置"名称"为"all",名称"all"会在规则列表中自动更新。

◆ 单击"Where The Object Matches"下拉列表的"▾"按钮,在下拉列表中选择"All"。

◆ 单击"应用"按钮,设置完成后,如图 9.4.5 所示。

注意　规则没有设置完成,不要单击"确定"按钮,否则就会退出"PCB 规则及约束编辑器"对话框。

③ 在"PCB 规则及约束编辑器"对话框中进行以下操作。

◆ 单击名为"Width_1"的导线宽度规则以修改其范围和约束条件。

◆ 设置导线的"最大宽度"(Max Width)、"最小宽度"(Min Width)和"首选宽度"(Preferred

Width）都为 30mil。

◆ 设置"名称"为"vcc"，名称"vcc"会在左边的规则列表中自动更新。

◆ 单击"Where The Object Matches"下拉列表的"▼"按钮，在下拉列表中选择"Net"。单击右侧出现的下拉列表的"▼"按钮，在弹出的下拉列表中选择"VCC"。

◆ 单击"应用"按钮，设置完成后如图 9.4.6 所示。

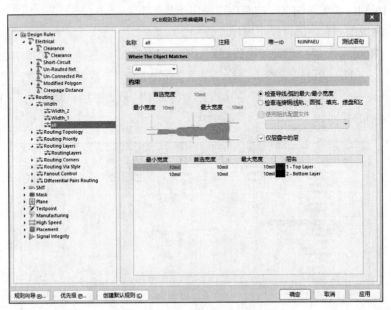

图 9.4.5　完成"all"导线宽度规则设置

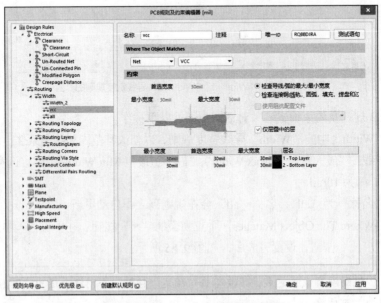

图 9.4.6　完成"vcc"导线宽度规则设置

④ 用以上方法，单击名为"Width_2"的导线宽度规则，以修改其范围和约束条件。

◆ 设置"名称"为"gnd"。

◆ 单击"Where The Object Matches"下拉列表的"▼"按钮，在下拉列表中选择"Net"。单

击右侧出现的下拉列表的 "▼" 按钮，在弹出的下拉列表中选择 "GND"。

◆ 设置导线的 "最大宽度"（Max Width）、"最小宽度"（Min Width）和 "优选宽度"（Preferred Width）都为 30mil。

◆ 单击 "应用" 按钮，设置完成。

注意导线的宽度由自己决定，主要取决于所设计的 PCB 的大小与元件的数量。

⑤ 单击 "优先级（P）..." 按钮，此时会弹出图 9.4.7 所示的 "编辑规则优先级"（Edit Rule Priorities）对话框，"优先级"（Priority）列的数字越小，优先级越高。

图 9.4.7　"编辑规则优先级" 对话框

◆ 可以单击 "降低优先级（D）"（Decrease Priority）按钮，降低选中对象的优先级。

◆ 单击 "增加优选级（I）"（Increase Priority）按钮，增加选中对象的优先级，图 9.4.7 所示的 "gnd" 的优先级最高，"all" 的优先级最低。

◆ 单击 "关闭" 按钮，关闭 "编辑规则优先级" 对话框。

◆ 单击 "应用" 按钮，再单击 "确定" 按钮，关闭 "PCB 规则及约束编辑器" 对话框。

当手动布线或使用自动布线器时，"gnd" 导线宽度为 30mil，"vcc" 导线宽度为 30mil，其余的导线宽度均为 10mil。

（2）"Routing Topology" 子规则。该子规则用于设置自动布线时同一网络内各节点间的布线方式。设置界面如图 9.4.8 所示。

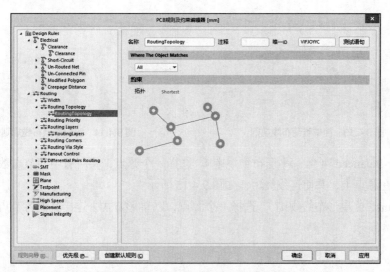

图 9.4.8　"Routing Topology" 子规则界面

单击 "拓扑" 下拉列表的 "▼" 按钮，此时会弹出图 9.4.9 所示的下拉列表，在其中可以选择同一网络内各节点间的布线方式。

① "Shortest"（最短布线规则）。该规则是指尽可能使连接导线总长最短，它是系统的默认设置，如图 9.4.10 所示。

图 9.4.9 "拓扑"下拉列表

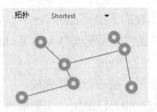

图 9.4.10 最短布线规则

② "Horizontal"（水平布线规则）。该拓扑规则是指尽可能地先用水平导线进行布线。该规则适用于元件水平方向空间较大的情况，如图 9.4.11 所示。

③ "Vertical"（垂直布线规则）。该拓扑规则是指尽可能地先用垂直导线进行布线。该规则适用于元件垂直方向空间较大的情况，如图 9.4.12 所示。

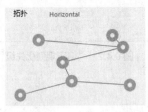

图 9.4.11 水平布线规则

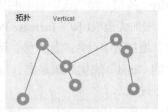

图 9.4.12 垂直布线规则

④ "Daisy-Simple"（简单雏菊布线规则）。该拓扑规则是指从一点到另一点连通所有节点，并使连线最短，如图 9.4.13 所示。

⑤ "Daisy-MidDriven"（雏菊中点布线规则）。选择一个源点，以它为中心向左右连通所有节点，并使连线最短，如图 9.4.14 所示。

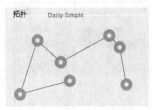

图 9.4.13 简单雏菊布线规则

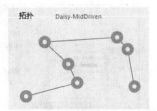

图 9.4.14 雏菊中点布线规则

⑥ "Daisy-Balanced"（雏菊平衡布线规则）。选择一个源点，将所有中间节点数目平均分组，所有组都连接在源点上，并使连线最短，如图 9.4.15 所示。

⑦ "Starburst"（星形布线规则）。选择一个源点，以星形方式去连接其他各节点，并使连线最短，如图 9.4.16 所示。

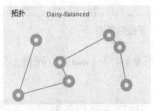

图 9.4.15 雏菊平衡布线规则

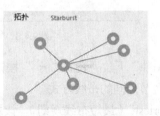

图 9.4.16 星形布线规则

（3）"Routing Priority"子规则。该规则用于设置自动布线时 PCB 中各网络布线的先后顺序，如图 9.4.17 所示。布线优先级默认值为 0。

图 9.4.17　"Routing Priority"子规则

与增加线宽规则方法类似，该规则可以增加网络的优先级。

◆　右击"Routing Priority"，在弹出的菜单中执行"新规则（W）…"（New Rule）命令，建立一个新的名为 Routing Priority _1 的子规则。

◆　在"约束"区域中设置"布线优先级"。级别的取值范围为 0～100，数字越大，相应的级别越高。

（4）"Routing Layers"子规则。该规则用于设置自动布线过程中各网络允许布线的工作层，如图 9.4.18 所示。系统默认为所有网络允许布线在任何层。

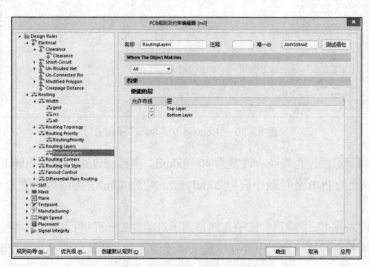

图 9.4.18　"Routing Layers"子规则

（5）"Routing Corners"子规则。该规则用于定义布线时导线的拐角方式，如图 9.4.19 所示。

◆　系统提供了 3 种可选模式：45°、90°和圆弧形。系统默认为 45°角模式。

◆　"类型"可以在 3 种模式中选择设置为任意一种。

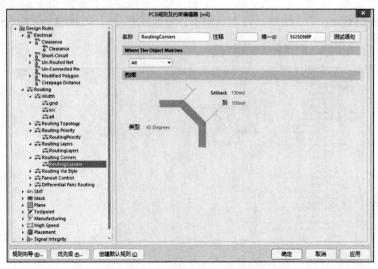

图 9.4.19 "Routing Corners" 子规则

（6）"Routing Via Style" 子规则。该规则用于设置自动布线时放置过孔的尺寸，如图 9.4.20 所示。

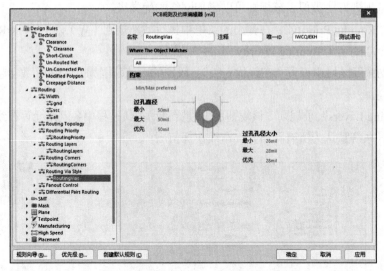

图 9.4.20 "Routing Via Style" 子规则

◆ 单层板和双层板过孔外径应设置为 40～60mil，内径应设置为 20～30mil。

◆ 4 层及以上的 PCB 外径最小值为 20mil，最大值为 40mil；内径最小值为 10mil，最大值为 20mil。

（7）"Fanout Control" 子规则。该子规则是用于对贴片式元件进行扇出式布线的规则。扇出就是将贴片式元件的焊盘通过导线引出并在导线末端添加过孔，使其可以在其他层面上继续布线。

系统提供了 5 种默认的扇出规则，它们分别对应于不同封装的元件，即 "Fanout_BGA" "Fanout_LCC" "Fanout_SOIC" "Fanout_Small" "Fanout_Default"。建议使用默认规则，如图 9.4.21 所示。

上述几种扇出规则除了适用范围不同外，其 "约束" 区域中的设置项基本是相同的。

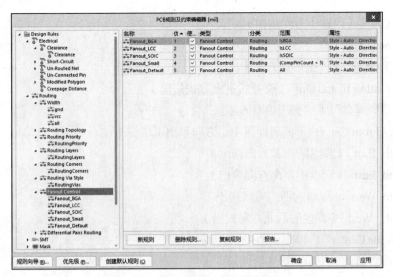

图 9.4.21 "Fanout Control"子规则

图 9.4.22 所示为 "Fanout_Default" 规则的设置界面。"约束"区域的下拉列表有"扇出类型""扇出方向""方向指向焊盘""过孔放置模式"4 项。

图 9.4.22 "Fanout_Default"规则的设置界面

① "扇出类型"下拉列表中有 5 项。

◆ "Auto"（自动扇出）。

◆ "Inline Rows"（同轴排列）。

◆ "Staggered Rows"（交错排列）。

◆ "BGA"（BGA 形式排列）。

◆ "Under Pads"（从焊盘下方扇出）。

② "扇出方向"下拉列表中有 6 项。

◆ "Disable"（不设定扇出方向）。

◆ "In Only"（仅输入方向扇出）。

◆ "Out Only"（仅输出方向扇出）。

◆ "In Then Out"（先进后出方式扇出）。

◆ "Out Then In"（先出后进方式扇出）。

◆ "Alternating In and Out"（交互式进出方式扇出）。

③ "方向指向焊盘"下拉列表中有 6 项。

◆ "Away From Center"（偏离焊盘中心方向扇出）。

◆ "North_East"（焊盘的东北方向扇出）。

◆ "South_East"（焊盘的东南方向扇出）。

◆ "South_West"（焊盘的西南方向扇出）。

◆ "North _West"（焊盘的西北方向扇出）。

◆ "Towards Center"（正对焊盘中心方向扇出）。

④ "过孔放置模式"下拉列表中有两项。

◆ "Close To Pad（Follow Rules）"（遵从规则的前提下，过孔靠近焊盘放置）。

◆ "Centered Between Pads"（过孔放置在焊盘之间）。

（8）"Differential Pairs Routing"子规则。该规则用于对一组差分对设置相应的参数，如图 9.4.23 所示。

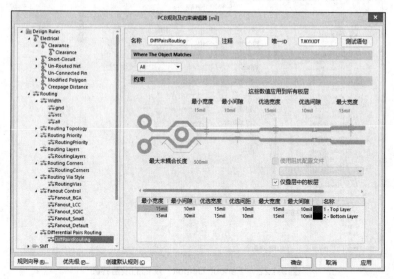

图 9.4.23 "Differential Pairs Routing" 子规则

在"约束"区域中需要对差分对内部两个网络之间的线宽（Width）、间隙（Gap）及"最大未耦合长度"（Max Uncoupled Length）进行设置，以便在交互式差分对布线器中使用，并在 DRC 校验中进行差分对布线的验证。

3. "SMT"（表面贴装规则）

"SMT"主要用于设置表面贴装元件的走线规则，其中包含 4 个子规则，但是每个子规则都没有提供默认的具体设计规则。用户可以自行定义新设计规则来满足实际电路的需求。

（1）"SMD To Corner"子规则，即 SMD 焊盘与导线拐角处最小间距规则。系统没有提供默认设计规则。新建一个设计规则后，其"约束"区域如图 9.4.24 所示，可以设置距离值。该规则在自

动布线和交互式布线时都会起作用，即从贴片焊盘引出的走线只有大
于该最小距离后才能转向。

（2）"SMD To Plane"子规则。SMD 焊盘如果要与内部电源平面
层连接，则需要引出与电源层过孔的最小间距规则。该规则用于设置
从贴片焊盘中心到过孔中心的距离，如图 9.4.25 所示。

图 9.4.24　"SMD To Corner"
子规则

（3）"SMD Neck-Down"子规则（SMD 焊盘颈缩率子规则），用于
制定焊点宽度与连接线宽度之比。新建一个设计规则后，其"约束"区域如图 9.4.26 所示，其中"收
缩向下"的默认值为 50%。

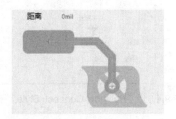

图 9.4.25　"SMD To Plane"子规则

图 9.4.26　"SMD Neck-Down"子规则

4．"Mask"（阻焊设计规则）

阻焊设计规则用来设置阻焊层和助焊层与焊盘的间距。该规则包含 2 个子规则。

（1）"Solder Mask Expansion"子规则（阻焊层收缩量子规则）。阻焊层就是电路板上涂抹的一
层绝缘漆，通常为绿色，也有蓝色、黄色和红色等。为了焊接方便，阻焊剂铺设的范围与焊盘之间
需要预留一定的空间，如图 9.4.27 所示。系统默认"顶层外扩"与"底层外扩"值为 4mil。

（2）"Paste Mask Expansion"子规则（助焊层收缩量子规则）。助焊层用来定义锡膏放置的部
位。助焊层的数据可以用来制作钢网。其"约束"区域如图 9.4.28 所示。系统默认"扩充"值为 0。

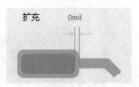

图 9.4.27　"Solder Mask Expansion"子规则　　　　图 9.4.28　"Paste Mask Expansion"子规则

5．"Plane"（内电层规则）

"Plane"规则主要用于设置焊盘或过孔与内电层的连
接规则，该规则包含 3 个子规则。

（1）"Power Plane Connect Style"子规则（电源层连接
类型子规则）。该规则用于设置属于电源网络的焊盘或过
孔与电源平面层的连接方式。其"约束"区域如图 9.4.29
所示。

（2）"Power Plane Clearance"子规则（电源层安全间
距子规则）。该规则用于设置不与电源平面相连的通孔式
焊盘或过孔与电源平面之间的安全间距。其"约束"区域
如图 9.4.30 所示。

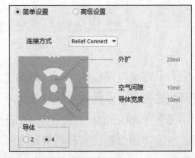

图 9.4.29　"Power Plane Connect Style"
子规则

（3）"Polygon Connect Style"子规则（焊盘与铺铜连接类型子规则）。该规则用于设置焊盘与铺铜的连接方式。其"约束"区域如图 9.4.31 所示。

图 9.4.30 "Power Plane Clearance"子规则   图 9.4.31 "Polygon Connect Style"子规则

6."Testpoint"（测试点规则）

"Testpoint"主要用于设置制造和装配过程中用到的测试点的相关规则，其包含 4 个设计子规则。

（1）"Fabrication Testpoint Style"子规则（制造用测试点样式子规则）。该规则用于设置制造用测试点的样式，其设置界面如图 9.4.32 所示，在其中可以设置测试点的形状与各种参数。

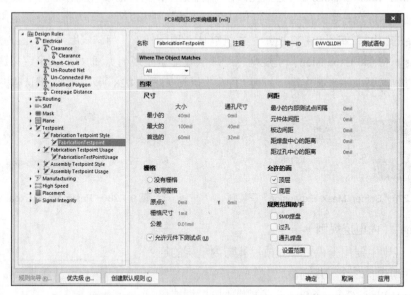

图 9.4.32 "Fabrication Testpoint Style"子规则

为了方便电路板的调试，PCB 上引入了测试点。测试点连接到某个网络上，形式与过孔类似，在调试过程中可以通过测试点引出电路板上的信号。

（2）"Fabrication Testpoint Usage"子规则（制造用测试点使用设计子规则）。该规则用于设置测试点的使用参数，其设置界面如图 9.4.33 所示。

（3）"Assembly Testpoint Style"子规则（装配测试点样式子规则）。该规则用于设置装配测试点的样式，与制造用测试点样式规则类似。

图 9.4.33　"Fabrication Testpoint Usage"子规则

（4）"Assembly Testpoint Usage"子规则（装配测试点使用子规则）。该规则用于设置装配测试点使用参数，与制造用测试点使用参数规则类似。

7. "Manufacturing"（制板规则）

"Manufacturing"用于设置与生产制造电路板相关的规则。它包含以下几种设计子规则。

（1）"Minimum Annular Ring"子规则（焊盘铜环最小宽度子规则）。该规则用于设置环状图元内外间距的下限，新建一个设计规则后，系统默认值为 10mil。

（2）"Acute Angle"子规则（锐角限制子规则）。新建一个设计规则后，系统默认值为 90°，该规则的设置值应不小于 90°。

（3）"Hole Size"子规则（孔径限制子规则）。该规则用于设置焊盘与过孔的孔径大小。

（4）"Layer Pairs"子规则（配对层设置子规则）。该规则用于设置是否强制检查实际使用的钻孔层对与系统设置的钻孔层对的匹配情况。

（5）"Hole To Hole Clearance"子规则（孔间间距设置子规则）。该规则用于设置不同钻孔间的最小间距。其"约束"区域如图 9.4.34 所示。

（6）"Minimum Solder Mask Sliver"子规则（阻焊层上最窄宽度子规则）。该规则用来设置约束阻焊层上最窄部分的宽度。其"约束"区域如图 9.4.35 所示。

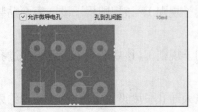
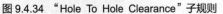

图 9.4.34　"Hole To Hole Clearance"子规则

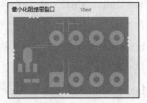

图 9.4.35　"Minimum Solder Mask Sliver"子规则

（7）"Silk To Solder Mask Clearance"子规则（丝印与元件焊盘间距子规则）。该规则用于设置丝印层的图元与阻焊层开口处的图元（如裸露在外的焊盘或过孔等）的间距。其"约束"区域如图 9.4.36 所示。

（8）"Silk To Silk Clearance"子规则（丝印间距子规则）。该规则用于设置丝印层对象之间的最小间距。其"约束"区域如图 9.4.37 所示。

图 9.4.36 "Silk To Solder Mask Clearance"子规则

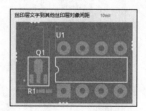

图 9.4.37 "Silk To Silk Clearance"子规则

（9）"Net Antennae"子规则（网络天线子规则）。一端开路的铜箔走线或者铜箔圆弧会形成天线，达到一定长度会向外辐射信号。网络天线规则用于约束这种一端开路的网络天线的最大允许长度。其"约束"区域如图 9.4.38 所示。

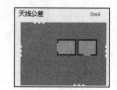

图 9.4.38 "Net Antennae" 子规则

8．"High Speed"（高频电路规则）

"High Speed"用来提供与高速电路板设计相关的规则，其包含 7 个设计子规则，每个子规则没有默认的规则，需要新建规则。

（1）"Parallel Segment"子规则（平行走线子规则）。该规则用于设置平行走线间距，如图 9.4.39 所示。

（2）"Length"子规则（网络长度限制子规则）。该规则用于设置传输高速信号的导线的长度。

（3）"Matched Lengths"子规则（网络长度匹配子规则）。该规则用于设置匹配网络传输导线的长度。

（4）"Daisy Chain Stub Length"子规则（菊花状布线分支长度限制子规则）。其"约束"区域如图 9.4.40 所示。

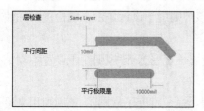

图 9.4.39 "Parallel Segment"子规则

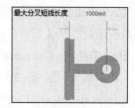

图 9.4.40 "Daisy Chain Stub Length"子规则

（5）"Vias Under SMD"子规则（SMD 焊盘下过孔限制子规则）。该规则用于设置表面贴装元件焊盘下是否允许出现过孔。

（6）"Maximum Via Count"子规则（最大过孔数目限制子规则）。该规则用于设置布线过孔数量的上限。其"约束"区域如图 9.4.41 所示。

（7）"Max Via Stub Length（Back Drilling）"子规则（最大通孔长度设置子规则）。其"约束"区域如图 9.4.42 所示。

9．"Signal Integrity"（信号完整性规则）

信号完整性规则用于设置信号完整性所涉及的各项要求与约束条件。这里的设置会影响到电路的信号完整性仿真。设置内容如下。

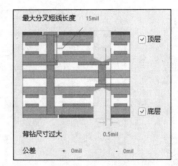

图 9.4.42 "Max Via Stub Length"子规则

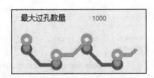

图 9.4.41 "Maximum Via Count"子规则

（1）Signal Stimulus：激励信号主要有"Constant Level"（直流）、"Single Pulse"（单脉冲信号）和"Periodic Pulse"（周期性脉冲信号）。

（2）Overshoot-Falling Edge：信号下降沿的过冲约束设计规则。

（3）Overshoot-Rising Edge：信号上升沿的过冲约束设计规则。

（4）Undershoot-Falling Edge：信号下降沿的反冲约束设计规则。

（5）Undershoot-Rising Edge：信号上升沿的反冲约束设计规则。

（6）Impedance：阻抗约束设计规则。

（7）Signal Top Value：信号高电平约束设计规则。

（8）Signal Base Value：信号低电平约束设计规则

（9）Flight Time-Rising Edge：上升沿的上升时间约束规则。

（10）Flight Time-Falling Edge：下降沿的下降时间约束规则。

（11）Slope-Rising Edge：上升沿斜率约束规则。

（12）Slope-Falling Edge：下降沿斜率约束规则。

（13）Supply Nets：电源网络规则。

9.4.2 自动布线

Altium Designer 20 提供了强大的自动布线功能。自动布线就是系统根据用户设定的布线规则，利用布线算法，自动在各个元件间进行连线，实现元件之间的电气连接关系，进而快速完成 PCB 的布线工作。自动布线主要是通过执行"布线（U）"（Route）→"自动布线（A）"子菜单中的命令进行的。不仅可以进行整体布线，还可以对指定区域、网络及元件进行单独布线。下面分别介绍自动布线的使用方法。

1. "All"方式

以图 9.4.43 所示的布局完成的 PCB 为例，按照上一小节介绍的布线设计规则，对布线网络进行设置，PCB 设置为单层板。

（1）设置布线设计规则，网络为 VCC、GND、V1、V2、V+的线宽都设置为 1.5mm，其他网络都设置为 1mm。由于是单层板，因此取消勾选"Top Layer"对应的复选框，如图 9.4.43 所示。

（2）完成上述参数设置后，执行"布线（U）"（Route）→"自动布线（A）"（Auto Route）→"全部（A）…"（All）命令（快捷键：U，A，A），此时会弹出图 9.4.44 所示的"Situs 布线策略"（Situs Routing Strategies）对话框。该对话框分为上下两个区域，即"布线设置报告"与"布线策略"区域。

图 9.4.43 布线规则设置　　　　　　图 9.4.44 "Situs 布线策略"对话框

①"布线设置报告"区域用于对布线规则的设置及其受影响的对象进行汇总报告。该区域还包含 3 个设置按钮。

- ◆ "编辑层走线方向…"按钮用于设置各信号层的布线方向，单击该按钮，可以打开"层方向"对话框。
- ◆ "编辑规则…"按钮，单击该按钮，可以打开"PCB 规则及约束编辑器"对话框，对于各项规则可以继续进行修改或设置。
- ◆ "报告另存为…"按钮，单击该按钮，可以将规则报告导出，并以 HTM 格式的文件保存。

②"布线策略"区域用于选择可用的布线策略或编辑新的布线策略。其中提供了 6 种默认的布线策略。

- ◆ Cleanup：默认优化的布线策略。
- ◆ Default 2 Layer Board：默认的双层板布线策略。
- ◆ Default 2 Layer With Edge Connectors：默认具有边缘连接器的双层板布线策略。
- ◆ Default Multi Layer Board：默认的多层板布线策略。
- ◆ General Orthogonal：默认的常规正交布线策略。
- ◆ Via Miser：默认尽量减少过孔使用的多层板布线策略。

布线策略"区域还有两个复选框。

- ◆ "锁定已有布线"复选框：勾选该复选框，表示可将 PCB 原有的预布线锁定，在开始自动布线过程中自动布线器不会更改原有预布线。
- ◆ "布线后消除冲突"复选框：勾选该复选框，表示重新布线后，系统可以自动删除原有的布线。

如果系统提供的默认布线策略不能满足设计要求，可以单击"添加（A）"按钮，打开"Situs 策略编辑器"对话框，如图 9.4.45 所示，可在其中添加策略。

（3）在设定好所有布线策略后，单击"Route All"按钮，开始对 PCB 全局进行布线。在布线的同时，"Messages"面板会显示自动布线的过程信息，如图 9.4.46 所示。

（4）可以看到布线的结果如图 9.4.47 所示。

（5）自动布线后，利用交互布线工具"✏"手动修改不合理的布线，直到布线结果满足要求。

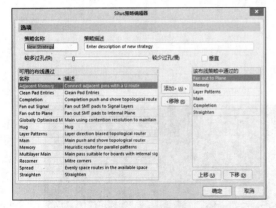

图 9.4.45　"Situs 策略编辑器"对话框

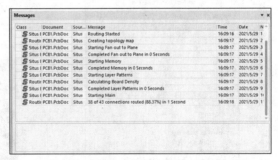

图 9.4.46　自动布线的过程信息

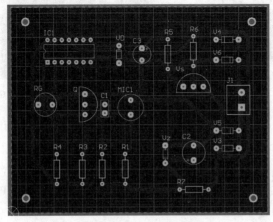

图 9.4.47　自动布线结果

（6）执行"文件（F）"→"保存（S）"命令（快捷键：F，S），存储设计的文件。

小知识

　　　　双层板布线，线的放置位置由 Autorouter 通过两种颜色来表示。红色表明线在顶端的信号层；蓝色表明线在底部的信号层。

　　　　设计双层 PCB，在放置导线时可按"*"键（小键盘）在层间切换。Altium Designer 20 在切换层时会自动插入必要的过孔。

2. "Net"方式

"Net"方式布线就是以网络为单元，对 PCB 进行布线。该方式选择重要网络（如地或电源等）进行网络布线，布线完成后，锁定已经布线的网络导线，然后对剩下的网络进行"All"方式自动布线。

（1）执行"布线（U）"（Route）→"取消布线（U）"→"全部（A）..."（All）命令（快捷键：U，U，A），取消图 9.4.47 所示的全部布线。

（2）选择"GND 网络"。单击"Projects"面板下面的"PCB"选项卡，打开图 9.4.48 所示的"PCB"面板。

在"PCB"面板中，在第二个列表中找到"GND"网络，并勾选"GND"网络名称左则的复选框。此时被选中的"GND"网络在 PCB 中的飞线及连接的焊盘都显示为黄色，如图 9.4.49 所示。

图 9.4.48　"PCB"面板

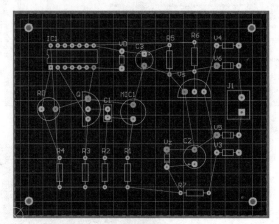

图 9.4.49　显示"GND"网络

（3）对"GND"网络进行布线。执行"布线（U）"（Route）→"自动布线（A）"（Auto Route）→"网络（N）…"（Net）命令（快捷键：U，A，N），进入导线放置状态。在"GND"网络的飞线或飞线连接的焊盘上单击，此时，系统对"GND"网络进行自动布线操作，完成"GND"网络布线后，右击以退出布线模式，并关闭消息窗口。完成"GND"网络布线的 PCB 如图 9.4.50 所示。图中布线为黄色，即网络为选中状态。

（4）对剩下的所有网络进行布线。执行"布线（U）"（Route）→"自动布线（A）"（Auto Route）→"全部（A）…"命令（快捷键：U，A，A），此时会弹出图 9.4.51 所示的"Situs 布线策略"（Situs Routing Strategies）对话框。在"布线策略"区域，勾选"锁定已有布线"复选框。

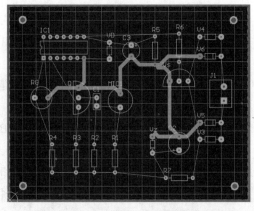

图 9.4.50　完成"GND"网络布线的 PCB

图 9.4.51　"Situs 布线策略"对话框

（5）单击"Route All"按钮对剩余的网络进行布线，布线结果如图 9.4.52 所示。

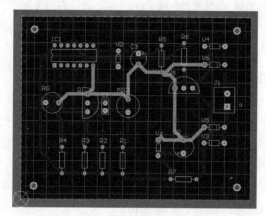

图 9.4.52　自动布线完成后的 PCB

注意

　　在"PCB"面板中的第二个列表中找到"GND"网络，并取消勾选"GND"网络名称前的复选框，"GND"网络布线就显示为蓝色。

3. "连接"方式

"连接"方式布线就是对指定飞线进行布线。布线完成后，锁定已经布线的网络导线，然后对剩下的网络进行"All"方式自动布线。

（1）执行"布线（U）"→"取消布线（U）"→"全部（A）…"命令（快捷键：U，U，A），取消当前 PCB 的全部布线。

（2）对连接飞线布线。执行"布线（U）"→"自动布线（A）"→"连接（C）"命令（快捷键：U，A，C），在期望布线的飞线或飞线连接的焊盘上单击，此时系统会对该飞线进行自动布线操作，完成该飞线布线后，系统仍处在连接方式布线状态，可以继续布线，右击以退出布线模式，并关闭消息窗口。

4. "区域"方式

"区域"方式布线就是对指定的区域进行布线。

执行"布线（U）"→"自动布线（A）"→"区域（R）"命令（快捷键：U，A，R），在期望布线区域的左上角单击，然后在区域的右下角单击，系统即对该区域进行自动布线操作，完成该区域布线后，用同样的方法可以继续对其他区域布线，右击以退出布线模式，并关闭消息窗口。

5. "元件"方式

"元件"方式布线就是对指定的元件进行布线。

执行"布线（U）"→"自动布线（A）"→"元件（O）"命令（快捷键：U，A，O），在期望布线的元件上单击，系统即对该元件进行自动布线操作，完成该元件布线后，用同样的方法可以继续对其他元件布线，右击以退出布线模式，并关闭消息窗口。

6. "选中对象的连接"方式

选中对象方式布线就是对指定的对象进行布线。该方式与元件方式实质是一样的，只是该方式可以一次对一个或多个元件进行布线操作。

先选中需要布线的元件，选中的元件上有一个灰色的矩形。按住 Shift 键，在需要选中的元件上单击，可以选中多个元件。然后执行"布线（U）"→"自动布线（A）"→"选中对象的连接（L）"命令（快捷键：U，A，L），此时，系统即对选中的对象进行自动布线操作，完成对选中的元件布线后，关闭消息窗口。

7. "选择对象之间的连接"方式

选中对象之间的连接方式布线就是对选中的两个元件之间进行布线。

首先选中需要布线的两个元件，然后执行"布线（U）"（Route）→"自动布线（A）"→"选择对象之间的连接（B）"命令（快捷键：U，A，B），此时，系统即对选中的元件进行自动布线操作，完成对选中的元件布线后，关闭消息窗口。

总之，在自动布线时，灵活使用上述方法非常重要，一边布线一边调整，将调整好的布线锁定，再自动布线，依次操作，直到完成全部 PCB 的布线。

9.4.3 交互式布线

将电路元件从原理图导入 PCB 后，各焊点间的网络连接在 PCB 中以飞线的方式显示，此时，我们可以使用系统提供的交互式走线方式进行布线。交互式布线工具"　"通常用于单根网络的布线。在布线过程中，可以随时利用快捷键设置走线和过孔的参数，包括走线的线宽、板层、过孔的大小等，还可以控制走线路径、冲突解决方案、转角模式等。交互式布线是设计 PCB 必不可少的环节。

在开始交互式布线之前，需要制定好相应的设计规则，如走线宽度、安全间距等，对于一般电路，可以直接使用系统提供的默认设计规则。

布线过程中的所有操作都必须遵守设计规则。如果违反规则，则操作不会成功或者会显示违规警告。默认情况下，违规部位会出现绿色，放大观察会看到 DRC 符号标记。

和交互式布线相关的选项可以通过以下两种方式进行配置。

第一种是通过系统设置进行配置。方法如下。

◆ 单击软件右上角的"　　"按钮。

◆ 在弹出的对话框中选中"Interactive Routing"，如图 9.4.53 所示。

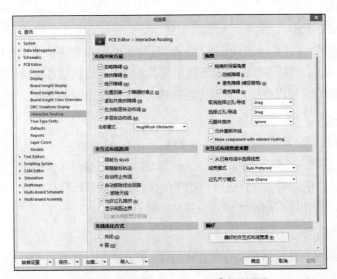

图 9.4.53 "Interactive Routing"规则设置

◆　在该对话框中，可以设置交互式布线的规则。

第二种是在交互式布线状态下，按 Tab 键打开交互式布线面板进行配置。方法如下。

◆　单击交互式布线工具 " 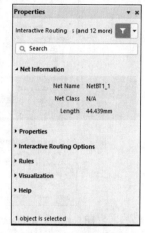 " 按钮。

◆　将鼠标指针移动到布线网络的起点处，鼠标指针中心会出现一个圆形空心符号，表示在此处单击就会形成有效的电气连接。因此，在此处单击以开始布线。

◆　在布线过程中按 Tab 键，在打开的图 9.4.54 所示的交互式布线属性面板中可以设置导线的宽度、导线所在层面、过孔的内外直径等值。这些设置主要包含在 "Net Information"（网络信息）、"Properties"（属性）、"Interactive Routing Options"（交互式布线选项）、"Rules"（规则）、"Visualization"（可视化）和 "Help"（帮助）区域中。下面分别介绍。

1. "Net Information"（网络信息）

展开 " **Net Information** "，如图 9.4.55 所示。该区域中显示了当前布线的信息，如布线网络名称、网络类型名称和布线长度等内容。

图 9.4.54　交互式布线
属性面板

2. "Properties"（属性）

展开 " **Properties** "，如图 9.4.56 所示。

在该区域中可以指定布线所在的板层，设置过孔的孔径大小（Via Hole Sise），设置过孔外径大小（Via Diameter），设置线宽（Width）等。

"Pickup From Existing Routes" 复选框：勾选此项，将从现有的布线选择线宽。

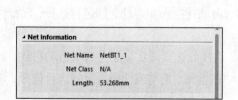

图 9.4.55　网络信息对话框

图 9.4.56　"Properties" 区域

3. "Interactive Routing Options"（交互式布线选项）

展开 " **Interactive Routing Options** "，如图 9.4.57 所示。下面分别介绍其中的主要内容。

（1）"Routing Mode"（布线模式）。在交互式布线过程中，当在布线路径上遇到电路板上的其他对象（如导线、焊盘、过孔等）阻挡时，就会产生冲突，"Routing Mode"提供了7种解决冲突的方法。单击"Routing Mode"右侧的"▼"按钮，此时会弹出图9.4.58所示的布线冲突解决方法下拉列表，下面分别介绍每种布线模式的功能。

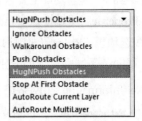

图9.4.57 "Interactive Routing Options"区域 　　　图9.4.58 布线冲突解决方法下拉列表

◆ 默认模式为"HugNPush Obstacles"（紧贴并推挤障碍）。

◆ "Ignore Obstacles"（忽略障碍）。选择此选项可使交互式布线允许路线穿过障碍物。

◆ "Walkaround Obstacles"（绕开障碍）。选择让交互式布线绕过现有的导线、焊盘和过孔进行布线。如果系统不能绕过障碍物且不会引起违规，则将出现一个指示符，表示路线已被阻止。

◆ "Push Obstacles"（推挤障碍）。选择该选项可使交互式布线将现有路线移开。此模式还可以推动过孔以让路给新的导线。如果系统在不造成冲突的情况下无法推动障碍物，则将出现一个指示符，表示路线已被阻塞。

◆ "HugNPush Obstacles"（紧贴并推挤障碍）。选择此选项可使交互式布线尽可能紧密地绕过现有的导线、焊盘和过孔，并在必要时推挤障碍物以继续布线。如果系统在没有引起冲突的情况下不能绕过或推动障碍物，则将出现一个指示符，表示路线已被阻塞。

◆ "Stop At First Obstacle"（在遇到第一个障碍时停止）。选择此选项可使交互式布线在其路径中遇到第一个障碍时停止布线。

◆ "AutoRoute Current Layer"（在当前层自动布线）。选择此选项即在当前层上启用自动布线。此模式将自动布线智能应用于交互式布线，自动在推入和走动之间进行选择，以提供最短的总体路径长度。

◆ "AutoRoute Multi Layer"（多层自动布线）。选择此选项即在多层上启用自动布线。此模式还将自动布线智能应用于交互式布线，自动在推入、走动或切换层之间进行选择，以提供最短的总体布线长度。

可以在布线过程中按快捷键Shift + R快速切换布线模式。

（2）"Cornor Style"（转角模式）。转角模式有5种，如图9.4.59所示。将鼠标指针移到所需模式的按钮上并单击，就选中该模式为当前的转角模式。可以在布线过程中按快捷键Shift +空格键快速切换转角模式。

图 9.4.59 "Cornor Style"

勾选"Restrict to 90/45"复选框，即可将布线限制为仅 90°和 45°。

（3）"Routing Gloss Effort"（布线光泽度），有"Off""Weak""Strong"3 种模式。

◆ "Off"。在此模式下，基本上禁用光泽。此模式通常在电路板布局的最后阶段用于对布线的最终微调。

◆ "Weak"。此模式通常用于微调走线布局或处理关键线路。

◆ "Strong"。在此模式下，交互式布线会应用高级别的光泽，以查找最短路径、平滑走线等。这种光泽模式通常在布局过程的早期阶段让大部分线路板快速布线时很有用。

（4）Interactive Routing Options（交互式布线选项）如图 9.4.60 所示。勾选对应的复选框即可启用对应项。

◆ "Automatically Terminate Routing"（自动终止布线）。启用该项后，当完成到目标焊盘的布线时，布线工具不会从目标焊盘以布线模式继续运行。用户可以单击新的起点焊盘开始下一条布线。如果不启用此项，则在布线到目标焊盘之后，该工具将保持布线模式，并使用上一个目标焊盘作为下一条路线的来源。

◆ "Automatically Remove Loops"（自动移除环路）。启用该项后，系统会自动删除在手动布线过程中创建的任何冗余环路，可以在重新布线连接后，不必手动删除冗余线路。但是，有时需要布线网络（如电源网络）并且需要环路。在这种情况下，可以选中该网络，右击网络中的走线或焊盘，在弹出的菜单中执行"网络操作（N）"→"特性（P）..."命令，此时会弹出图 9.4.61 所示的"编辑网络"（Edit Net）对话框，在该对话框中取消勾选"移除回路"（Remove Loops）复选框，这将覆盖同一网络的全局设置。

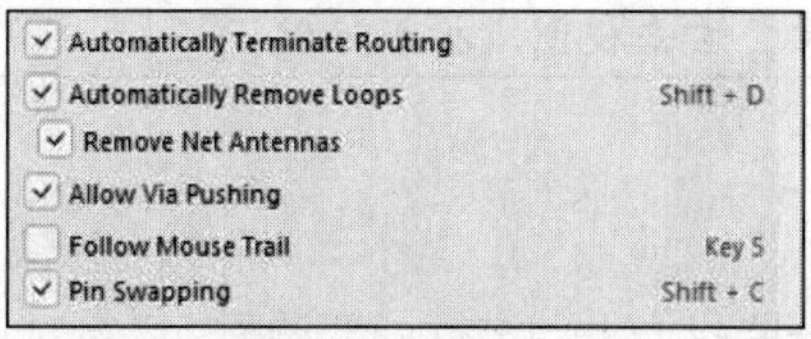

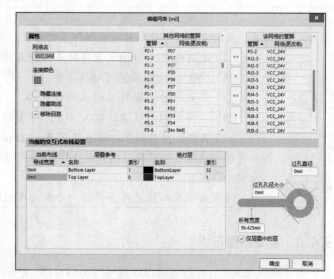

◇ Automatically Terminate Routing
◇ Automatically Remove Loops   Shift + D
◇ Remove Net Antennas
◇ Allow Via Pushing
☐ Follow Mouse Trail   Key S
◇ Pin Swapping   Shift + C

图 9.4.60 交互式布线选项

图 9.4.61 "编辑网络"对话框

◆ "Remove Net Antennas"（移除天线）。启用该项后，系统会自动移除未连接到任何其他图元的任何线路或弧形末端，避免形成天线。

◆ "Allow Via Pushing"（允许推挤过孔）。处于"Push Obstacles"或"HugNPush Obstacles"模式时，勾选此复选框可允许推挤过孔。

◆ "Follow Mouse Trail"（跟踪鼠标轨迹）。启用该项后，可激活鼠标移动形成的轨迹的布线。

◆ "Pin Swapping"（引脚交换）。启用此选项，表示允许进行引脚交换。

4．"Rules"（规则）

展开"▶ **Rules**"，如图 9.4.62 所示。在该区域中可以设置布线规则内容。

5．"Visualization"（可视化）

展开"▶ **Visualization**"，如图 9.4.63 所示。勾选"Display Clearance Boundaries"复选框，在进行交互式布线时，现有对象和适用的间隙规则定义的禁行间隙区域，将显示为阴影多边形，以指示有多少空间可用于布线，一般不勾选该复选框。勾选"Show Length Gauge"复选框，在进行交互式布线时会实时显示布线长度，一般不勾选该复选框。

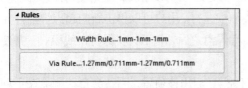

图 9.4.62　"Rules"区域

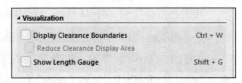

图 9.4.63　"Visualization"区域

设置完成后，单击"▮▮"按钮，结束规则放置，将鼠标指针移到另一点待连接的焊盘处并单击，完成一次布线操作。然后将鼠标指针移到另一布线处单击，再移动鼠标指针到另一点待连接的焊盘处并单击，完成第二次布线操作。依此方法，直到连接完成所有的网络，再右击以退出交互式布线状态。

小技巧

（1）在交互式布线模式下，按住 Ctrl 键，移动鼠标指针到需要连线的焊盘上并单击，立即完成该焊盘到另一连接焊盘的布线。注意，起始和终止焊盘必须在相同的层。

（2）使用快捷键 Shift + 空格键来选择各种线的角度模式。角度模式包括：任意角度、45°、90°。按空格键可切换角度。

（3）在任何时间按 End 键来刷新屏幕。

（4）在任何时间按快捷键 V 和 F，可重新调整屏幕以适应所有的对象。

（5）在任何时候按 Page Up 键或 Page Down 键，可以以鼠标指针位置为中心来缩放视图。使用鼠标滚轮可向上边和下边平移视图。按住 Ctrl 键，可用鼠标滚轮来放大和缩小视图。

（6）当完成布线并希望开始一个新的布线时，右击视图或按 Esc 键。

9.4.4　手动调整布线

自动布线完成后，有些导线布置得可能不够合理，这就需要我们手动进行局部调整，以符合设计要求。

1．删除后重新绘制导线

在图 9.4.64 所示的 PCB 中，三极管 Q 的第二脚与 R2 的连线、三极管 Q 的第三脚与 R3 的连线不合理，需要调整。其方法如下。

（1）先删除三极管 Q 的第二脚与 R2 的连线。方法是：将鼠标指针移动到该导线上并单击，再按 Delete 键，就可删除选中的导线。

（2）用同样的方法删除三极管 Q 的第三脚与 R3 的连线。

（3）单击"　"按钮，重新绘制连线。修改后的 PCB 如图 9.4.65 所示。

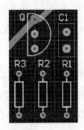

图 9.4.64　自动布线完成后的 PCB

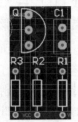

图 9.4.65　修改后的 PCB

2. 移动导线

自动布线 PCB，有时导线与焊盘或导线之间的间距过小，这就需要手动移开。方法是：将鼠标指针移动到该导线上，然后按住鼠标左键，拖动导线到合适的地方，松开鼠标左键，即可完成导线的移动。

3. 移动或旋转元件

在 PCB 设计中，有时元件摆放不合理，影响布线效果。此时可以移动或旋转元件方向。图 9.4.66 所示的 PCB 中，RG 元件的一个焊盘阻碍了集成电路芯片的 2 号脚与 R3 的连接，需要旋转该元件。方法是：选中 RG 元件，然后按住鼠标左键，按空格键以旋转元件。再移动元件到适合的位置，并重新连接 RG 元件的布线，修改后的 PCB 如图 9.4.67 所示。

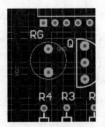

图 9.4.66　RG 没有移动修改前

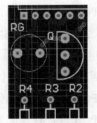

图 9.4.67　RG 移动修改后

4. 删除布线

在自动走线或者手动布线后，如果不满意，可以按快捷键 Ctrl+Z，取消前面的布线操作。也可以利用删除命令删除导线。方法是：执行 "布线（U）" → "取消布线（U）"（Un-Route）子菜单中的命令来删除布线。这些命令功能如下。

（1）"全部（A）"（All）。删除所有布线，进行手动调整。执行"布线（U）" → "取消布线（U）" → "全部（A）"命令（快捷键：U，U，A），系统将删除所有布线，元件之间的连接变为飞线。

（2）"网络（N）"（Net）。删除所选网络上的所有布线。使用方法如下。

① 执行"布线（U）" → "取消布线（U）" → "网络（N）"命令（快捷键：U，U，N）。

② 将鼠标指针移到某根导线上并单击，该导线所在网络的所有导线都将被删除。

③ 此时系统仍然处于删除网络布线状态，重复上一步可以继续删除其他网络上的导线。

④ 右击空白区域可以退出删除网络布线状态。

（3）"连接（<u>C</u>）"（Connection）（快捷键：U，U，C）。删除所选两个焊盘之间的单根连线。使用方法与删除网络导线类似。

（4）"元件（<u>O</u>）"（Component）。删除所选元件上的连线。使用方法如下。

①执行"布线（<u>U</u>）"→"取消布线（<u>U</u>）"→"元件（<u>O</u>）"命令（快捷键：U，U，O）。

②移动鼠标指针到需要删除导线的元件上并单击，即可删除该元件上的导线。

（5）"Room（<u>R</u>）"。删除所选空间上的连线。使用方法如下。

① 执行"布线（<u>U</u>）"→"取消布线（<u>U</u>）"→"Room（<u>R</u>）"命令（快捷键：U，U，R）。

② 移动鼠标指针到需要删除的某个空间上并单击，此时会弹出图 9.4.68 所示的 "Confirm"（确认）对话框。单击 "Yes" 按钮，则所有从空间内部延伸到外部的导线被删除。单击 "No" 按钮，则只有完全包含在所选空间内部的导线才被删除。

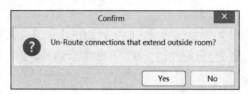

图 9.4.68 "Confirm"（确认）对话框

思考与练习

一、思考题

1. 在绘制 PCB 的板形之前，为什么先要设置度量单位、栅格和原点？如何设置？

2. PCB 的物理边界的含义是什么？如何设置 PCB 边线框？它一般是在哪一层设置的？

3. PCB 的电气边界的含义是什么？如何设置？它是在哪一层设置的？

4. 当系统默认的 PCB 设计区域不足时，如何修改 PCB 边线框的大小？

5. 在进行 PCB 设计时，如何对 PCB 的层进行隐藏与显示？如何设置层的颜色？

6. 在进行 PCB 设计时，如何设置安装孔？

7. 简述同步设计的作用。如何设置同步比较规则？

8. 如何载入网络表与封装？

9. 在 PCB 设计中，元件布局有哪几种主要方法？

10. 简述"移动（<u>M</u>）""拖动（<u>D</u>）""器件（<u>C</u>）"命令的作用与区别，简要说明它们的使用方法。

11. 简述"翻转"命令的作用及使用方法。

12. 简述"对齐"命令的作用及使用方法。

13. 在对 PCB 进行布局时，如何定位坐标原点？

14. 在 PCB 设计中，如何删除选中的对象？

15. 简述 PCB 设计中"重新定位选择的器件（<u>C</u>）"命令的作用与使用方法。

16. 在 PCB 设计中，如何进行交互式布局？简述利用"交叉选择模式"和"交叉探针"进行交互式布局的方法。

17. 简述电气规则的设置方法。

18. 简述布线规则的设置方法及注意事项。

19. 简述自动布线的操作流程。

20. 简述 PCB 设计中使用"Net"方式、"连接"方式、"区域"方式、"元件"方式、"选中对象的连接"方式和"选中对象之间的连接"方式进行连线的方法。

21. 如何进行交互式布线？

22. 简述手动放置和调整丝印字符串的方法。

23. 在 PCB 设计中，要将坐标位置的单位切换成 mm 或 mil，应该在英文输入法下按什么键？

24. 在 PCB 设计中，如何让元件旋转？如何让元件在同层 x 方向、同层 y 方向及在不同层镜像反转？

25. 在 PCB 设计中，切换单层显示应使用什么快捷键？

26. 在 PCB 设计中，执行什么命令可进入布线规则设置界面？

27. 如何使整个线的 NET 网络呈现高亮状态？

28. 在 PCB 设计中，按小键盘上的什么键可以在 Top Layer、Bottom Layer 之间快速切换？

29. 在 PCB 设计中，按小键盘上的什么键可以把所有显示的层轮流切换？

30. 在 PCB 设计中，取消过滤的快捷键是什么？

31. 在 PCB 设计中，快速删除使用的快捷键是什么？

二、实践练习题

1. 在 Altium Designer 20 中绘制一个 80mm×60mm 的 PCB 外框，在外框距离边框 2mm 的外框内部再绘制一个电气边框（即禁止布线区）。要求如下。

（1）新建工程文件与 PCB 文件。

（2）在左下角设置原点，设置单位为 mm，设置栅格为 1mm。

（3）绘制外框与电气边框（要注意所在层）。

2. 在 PCB 设计中，练习元件和导线的删除、所选元件的对齐、元件的镜像、元件的旋转等命令的使用。

3. 打开图题 4.1 所示的电源电路工程文件。要求如下。

（1）在电源电路原理图中增加输出插座，创建 PCB 文件。

（2）设计的 PCB 尺寸大小为 60mm×40mm。

（3）设计为单层板（在 Bottom Layer 布线）。

（4）线宽都设置为 1mm。

4. 打开图题 4.2 所示的单片机最小系统电路工程文件。要求如下。

（1）在原理图中增加输入 5V 电源的插座，创建 PCB 文件。

（2）设计的 PCB 大小为 70mm×60mm。

（3）设计为双层板（在 Top Layer、Bottom Layer 布线）。

（4）电源线（VCC）和地线（GND）的线宽都设置为 1.5mm，其余所有线的线宽都设置为 1mm。

（5）注意，元件没有的封装需要自己建立或用其他类似封装代替。

5. 打开图题 4.3 所示的光电传感器与温度传感器检测电路的工程文件。要求如下。

（1）在原理图中，增加 12V 和 5V 的电源插座各一个，创建 PCB 文件。

（2）设计的 PCB 大小自定义。

（3）设计为双层板（在 Top Layer、Bottom Layer 布线）。

（4）电源线（VCC）和地线（GND）的线宽都设置为 1.5mm，其余所有线的线宽都设置为 1mm。

（5）注意，元件没有的封装需要自己建立或用其他类似封装代替。

6. 打开图题 4.4 所示的脉冲发生器电路工程文件。要求如下。

（1）在原理图中，增加电源插座，创建 PCB 文件。

（2）设计的 PCB 大小自定义。

（3）设计为单层板（在 Bottom Layer 布线）。

（4）电源线（VCC）和地线（GND）的线宽都设置为 1mm，其余所有线的线宽都设置为 0.5mm。

7. 打开图题 4.5 所建立的逻辑笔测试电路工程文件。要求如下。

（1）在原理图中，增加电源插座，创建 PCB 文件。

（2）设计的 PCB 大小自定义。

（3）设计为单层板（在 Bottom Layer 布线）。

（4）电源线（VCC）和地线（GND）的线宽都设置为 1mm，其余所有线的线宽都设置为 0.5mm。

第 10 章　PCB 的后续处理

本章主要内容

本章将介绍 PCB 设计的后续处理技术，如添加安装孔、补泪滴与铺铜、放置尺寸标注、测量电路板、隐藏或显示网络的飞线、DRC 检查、放置汉字说明及输出 PCB 报表等内容。

本章建议教学时长

本章教学时长建议为 2 学时。

◆ 添加安装孔、补泪滴与铺铜、电路板的测量、放置尺寸标注：1 学时。

◆ 隐藏或显示网络的飞线、DRC 检查、放置汉字说明、输出 PCB 报表：1 学时。

本章教学要求

◆ 知识点：掌握添加安装孔、补泪滴与铺铜的放置方法，熟悉放置尺寸标注的操作方法，了解隐藏或显示网络的飞线和 DRC 检查的方法，掌握放置汉字说明的操作方法，熟悉 PCB报表的生成方法等。

◆ 重难点：补泪滴与铺铜、放置尺寸标注、放置汉字说明。

10.1　添加安装孔

电路板的安装孔是用于固定电路板的螺丝安装孔，其大小要根据实际需要及螺钉的大小确定，一般情况下，安装孔的直径比螺钉的直径大 1mm 左右。一般 PCB 放置过孔作为安装孔，在低频电路中可以放置过孔或焊盘作为安装孔。放置过孔的操作步骤如下。

（1）执行"放置（<u>P</u>）"（Place）→"过孔（<u>V</u>）"命令（快捷键：P，V），按 Tab 键，此时会出现过孔属性设置面板，如图 10.1.1 所示。

作为安装孔，只需设置焊盘的内、外径尺寸和形状，无须与网络相连。

◆ Net：由于设置的安装孔无网络，因此选择"No Net"。

◆ "Hole Size"（孔尺寸）：设置过孔的内径，根据安装孔实际情况填写，这里填写"2mm"。其他采用默认值。

◆ "Location"（位置）：这里的过孔作为安装孔使用，过孔的位置将根据需要确定，通常安装孔放置在 PCB 的 4 个角上。

（2）设置完成后，单击"■"按钮，返回放置过孔状态，移动鼠标指针到 PCB 的合适位置放置第 1 个安装孔。此时仍然处于放置过孔状态，可以放置第 2 个安装孔。放置完成所有安装孔后，在空白处右击或按 Esc 键即可退出该状态。

（3）放置好安装孔的 PCB 如图 10.1.2 所示。

图 10.1.1　过孔属性设置面板

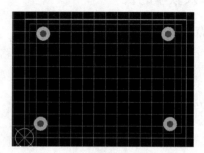

图 10.1.2　放置好安装孔的 PCB

10.2　补泪滴与铺铜

10.2.1　补泪滴

图 10.2.1 所示的导线与焊盘或过孔的连接处有一段过渡，过渡的地方为泪滴状，这就是泪滴。泪滴的作用是在焊接或钻孔时，避免力集中在导线和焊点的接触点使接触点断裂，让焊盘和过孔与导线的连接更牢固。补泪滴的具体步骤如下。

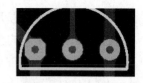

图 10.2.1　泪滴的形状

（1）执行"工具（T）"→"滴泪（E）"命令（快捷键：T，E），此时会弹出图 10.2.2 所示的"泪滴"（Teardrops）对话框。

（2）在"工作模式"（Working Mode）区域中，有"添加"和"删除"两个单选按钮。

◆　"添加"（Add）：选中"添加"单选按钮，表示添加泪滴。

◆　"删除"（Remove）：选中"删除"单选按钮，表示删除泪滴，一般不选中该单选按钮。

（3）在"对象"（Objects）区域中，有"所有"和"仅选择"两个单选按钮。

◆　"所有"（All）：选中"所有"单选按钮，表示对所有焊盘和过孔放置泪滴。

◆　"仅选择"（Selected Objects Only）：选中"仅选择"单选按钮，表示只对所选择的对象所连接的焊盘和过孔放置泪滴。

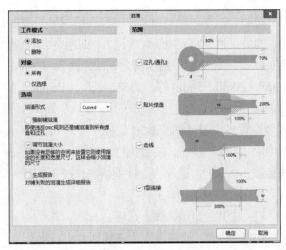

图 10.2.2　"泪滴"对话框

（4）在"选项"（Options）区域中，有如下几项。

◆ "泪滴形式"（Teardrop Style）用于设置泪滴的形状。设置其为"Curved"，表示用弧形添加泪滴；设置其为"Line"，表示用导线添加泪滴。

◆ "强制铺泪滴"（Force Teardrops）复选框，如果勾选该复选框，则将强制对所有焊盘或过孔添加泪滴，这样可能会导致在 DRC 检测时出现错误信息。如果不勾选该复选框，则对安全间距太小的焊盘不添加泪滴。

◆ "调节泪滴大小"（Adjust Teardrop Size）复选框，勾选该复选框，如果没有足够的地方放置泪滴，则使用指定的长度与宽度尺寸，这样就会缩小泪滴的尺寸。

◆ "生成报告"（Generate Report）复选框，如果勾选该复选框，进行添加泪滴的操作后会自动生成一个有关泪滴添加的报表文件，同时也将在工作窗口显示出来，一般不勾选该复选框。

（5）在"范围"区域中，有"过孔/通孔""贴片焊盘""走线""T 型连接"等复选框，根据图示的参数进行选择调整，可以改变泪滴的形状。

（6）选项与参数设置后，单击"确定"按钮，系统将自动按所设置的方式放置泪滴。

10.2.2　铺铜

1. 焊盘与铺铜的连接

铺铜

设计电路板时，有时为了提高系统的抗干扰性，需要设置较大面积的接地线区域（大面积接地）。多边形铺铜就可以完成这个操作，多边形铺铜可以填充板上不规则形状的区域，实现在 PCB 中的任何导线、焊盘、过孔、填充和文本周围铺铜。

在大面积铺铜时，对应网络的元件引脚与该铺铜相连接，其引脚连接方式的处理需要综合考虑。从电气性能方面考虑，引脚与铺铜直接连接为好，但对元件的焊接会有一些不良隐患，如焊接功率加大、容易造成虚焊等。因此，需兼顾电气性能与工艺需要，如做成十字花焊盘连接，这样可提高工艺处理的可靠性。多层板中，引脚与铺铜、内电层的连接与此处理方法相同。

2. 铺铜的设置

设置铺铜时，要注意电气网格（Grid Size）与线宽（Track Width）的尺寸设置。铺铜布线是依据该参数决定的。如果尺寸过小，通路虽然有所增加，但制造图形的数据量过大，文件的存储空间也相应增加，对计算机造成的负担也过重；如果尺寸过大，则通路会减少，对铺铜的外观会有影响。所以，需要设置一个合理的尺寸。标准元件两引脚之间的距离为 100mil，所以，该尺寸一般设置为 10mil 的整数倍，如 10mil、20mil、50mil 等。另外，长度（Length）的设置也可参考以上参数。布置多边形铺铜区域的方法如下。

（1）在工作区选择需要设置多边形铺铜的 PCB 层。

（2）单击快捷工具栏中的"▱"按钮，或者执行"放置（P）"（Place）→"多边形铺铜（G）"（Polygon Pour）命令（快捷键：P，G），进入放置铺铜状态，按 Tab 键，会出现图 10.2.3 所示的多边形铺铜设置面板。

① "Properties"（属性）区域中主要包含如下选项。

◆ "Net"：选中铺铜连接的网络，通常设置为连接到 GND 网络。

◆ "Layer"：选中铺铜所在的层，通常选中信号层。

◆ "Name"：铺铜的名称，勾选"Auto Naming"复选框，系统会自动给铺铜命名。

② "Fill Mode"（填充模式）区域有 3 种填充模式选项。

◆ "Solid（Copper Regions）"：铺铜区域内为全铜铺设。

◆ "Hatched（Tracks/Arcs）"：铺铜区域内填充网格状的铺铜。

◆ "None（Outlines）"：只保留铺铜边界，内部无填充。

在该区域中可以设置铺铜的具体参数，不同填充模式对应不同的设置参数选项。

其中，"Hatched（Tracks/Arcs）"（阴影填充）模式的参数设置如图 10.2.4 所示。

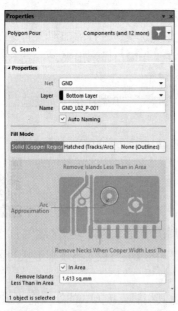

图 10.2.3　多边形铺铜设置面板

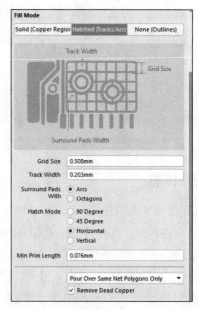

图 10.2.4　"Hatched（Track/Arcs）"模式

- "Grid Size"（栅格尺寸）。用于设置多边形铺铜区域中网格的尺寸。为了使多边形连线的放置最有效，建议避免使用元件引脚间距的整数倍值设置网格尺寸。

- "Track Width"（轨迹宽度）。用于设置多边形铺铜区域中网格连线的宽度。如果连线宽度比网格尺寸小，则多边形铺铜区域是网格状的；如果连线宽度和网格尺寸相等或者比网格尺寸大，则多边形铺铜区域是实心的。

- "Surround Pads With"（周围焊盘宽度）。用于设置多边形铺铜区域在焊盘周围的围绕模式。其中，"Arcs"（圆弧）单选按钮表示采用圆弧围绕焊盘，"Octagons"（八角形）单选按钮表示使用八角形围绕焊盘，使用八角形围绕焊盘的方式所生成的 Gerber 文件比较小，生成速度比较快。
- "Hatch Mode"（孵化模式）。用于设置多边形铺铜区域中的填充网格式样，其中共有 4 个单选项，其功能如下。

  "90 Degree"（90°）单选按钮：表示在多边形铺铜区域中填充水平和垂直的连线网格。

  "45 Degree"（45°）单选按钮：表示用 45°的连线网络填充多边形。

  "Horizontal"（水平）单选按钮：表示用水平的连线填充多边形铺铜区域。

  "Vertical"（垂直）单选按钮：表示用垂直的连线填充多边形铺铜区域。

- "Min Prim Length"（最小整洁长度）。用于设置最小图元的长度，该值设置得越小，多边形填充区域就越光滑，但铺铜、屏幕重画和输出产生的时间会增多。
- 网络选项主要包括以下几种。

  "Don't Pour Over Same Net Objects"：用于设置铺铜的内部填充不与同网络的图元及铺铜边界相连。

  "Pour Over Same Net Objects"：仅仅对相同网络的焊盘、铺铜进行连接，其他如导线不连接。

  "Pour Over All Same Net Objects"：对于相同网络的焊盘，导线以及铺铜全部进行连接和覆盖。

- "Remove Dead Copper"（死铜移除）复选框用于设置是否删除孤立区域的铺铜。勾选该复选框，表示删除孤立区域的铺铜。

◆ "Solid（Copper Regions）"（实心填充）模式，参数设置如图 10.2.5 所示。

- 勾选 "In Area" 复选框，表示小于设置阈值面积的铺铜将被移除。
- "Remove Islands Less Than in Area"。有些铺铜的四周被其他网络分隔开来，形成孤岛。此处设置孤岛被自动移除时的面积阈值，小于该阈值面积的铺铜将被移除。
- "Arc Approximation"。指定圆弧偏离理想圆弧的最大值。
- "Remove Necks When Copper Width Less Than"。指定一个宽度值，当铺铜宽度小于该值时会被移除。

◆ "None（Outlines）"（无填充）模式，无填充模式只保留铺铜区域的边界，内部不进行填充。选择该模式后还需要设置几个铺铜尺寸参数。参数设置如图 10.2.6 所示。

- "Track Width"：用于设置铺铜边框的宽度值。
- "Surround Pads With"：用于设置围绕焊盘的铺铜形状，有圆弧形和八角形。

3. 铺铜的设置举例

以声光控电路的 PCB 铺铜为例，要求在多边形铺铜设置面板中，设置 "Fill Mode" 为 "Solid（Copper Regions）"（实心填充）。

操作方法如下。

（1）单击快捷工具栏中的 " ▱ " 按钮，然后按 Tab 键，此时会出现图 10.2.7 所示的多边形铺铜设置面板，按照图 10.2.7 所示内容填写参数。

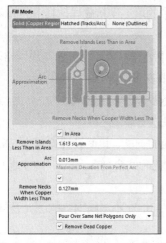

图 10.2.5 "Solid（Copper Regions）"模式

图 10.2.6 "None（Outlines）"模式

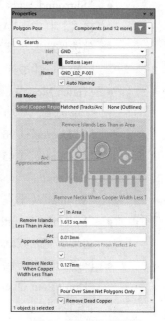

图 10.2.7 多边形铺铜设置面板

- ◆ Net：设置为"GND"。
- ◆ Layer：设为"Bottom Layer"。
- ◆ Name：勾选"Auto Naming"复选框，自动给铺铜命名。
- ◆ 勾选"In Area"复选框。
- ◆ Remove Islands Less Than in Area：1.613sq.mm（默认值）。
- ◆ Arc Approximation：0.013mm（默认值）。
- ◆ Remove Necks When Copper Width Less Than：0.127mm（默认值），需勾选其上面的复选框。
- ◆ 勾选"Remove Dead Copper"（死铜移除）复选框。

（2）单击"█"按钮，准备开始铺铜操作。

（3）用鼠标指针沿着 PCB 的禁止布线区边界画一个封闭的矩形框。方法是单击以确定起点，移动鼠标指针到拐点处再次单击，直到确定矩形框的 4 个顶点，右击空白处，系统将自动完成封闭框内的铺铜工作。

完成铺铜的声光控电路的 PCB 如图 10.2.8 所示。

4. 铺铜的删除

删除铺铜的方法是：先切换到铺铜所在的层，然后在铺铜上单击，此时铺铜会显示为灰白色，按 Delete 键即可删除铺铜。

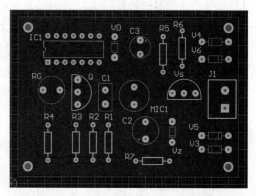

图 10.2.8 完成铺铜的声光控电路的 PCB

10.3　放置尺寸标注

10.3.1　线性尺寸标注

对直线距离尺寸进行标注，可进行以下操作。

（1）单击"⬚"按钮，或者执行"放置（P）"→"尺寸（D）"（Dimension）→"线性的（L）"（Linear）命令（快捷键：P，D，L），系统进入标注状态。

（2）按 Tab 键，打开图 10.3.1 所示的线性尺寸设置面板。该面板用于设置线性标注的属性，其中的选项功能如下。

① "Properties"（属性）区域中的设置如下。

◆ "Layer"（层）：用于设置当前尺寸文本所放置的 PCB 层。

◆ "Text Position"（文本位置）：用于设置当前尺寸文本的放置位置。

◆ "Arrow Position"（箭头位置）：用于设置当前箭头放置位置。

◆ "Text Height"（文本高度）：用于设置字体高度。

◆ "Rotation"（旋转）：用于设置尺寸标注线拉出的旋转角度。

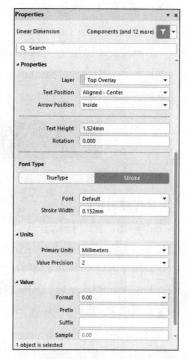

图 10.3.1　"线性尺寸"（Linear Dimension）面板

② "Font Type"（字体类型）区域的设置如下。

◆ "Stroke"选项卡："Font"用于设置字体，"Stroke Width"用于设置笔画宽度。

◆ "TrueType"选项卡："Font"用于设置字体，"B"和"I"两个按钮分别用于设置粗体和斜体，按钮变为蓝色表示选中。

③ "Units"（单位）区域的设置如下。

◆ "Primary Units"（主要单位）：用于设置放置尺寸的单位，系统提供了"Mils""Millimeters""Inches""Centimeters""Automatic"共 5 个选项，其中"Automatic"项表示使用系统定义的单位。

◆ "Value Precision"（值精度）：用于设置当前尺寸的精度，其中的数字（0～6）表示小数点后的位数。

④ "Value"（值）区域的设置如下。

◆ "Format"（格式）：用于设置当前尺寸文本的放置风格，该下拉列表中可选择的尺寸放置的风格共有 4 种："None"选项表示不显示尺寸文本；"0.00"选项表示只显示尺寸，不显示单位；"0.00mm"选项表示同时显示尺寸和单位；"0.00（mm）"选项表示显示尺寸和单位，并将单位用括号括起来。

◆ "Prefix"：设置标注文字的前缀。

◆ "Suffix"：设置标注文字的后缀。

◆ "Sample"：设置标注文字样例。

例如，标注图 10.3.2 所示的两个焊盘之间的长度。要求如下。

（1）在 Top Overlay 层标注。

（2）当前标注文本放置在两个焊盘的中间（Aligned-Center）。

（3）箭头位置在内部（Inside）。

（4）标注文本高度为 1.54mm；水平放置不旋转。

（5）字体类型选择"Stroke"；字体名称与笔画宽度采用默认值。

（6）单位采用"Millimeters"（公制），值精度选择"2"，格式选择"0.00mm"。

图 10.3.2　两个焊盘之间的长度

具体标注方法如下。

（1）单击"🔟"按钮，或者执行"放置（P）"→"尺寸（D）"→"线性的（L）"命令（快捷键：P，D，L），系统进入标注状态。

（2）按 Tab 键，打开如图 10.3.3 所示的线性尺寸设置面板，按要求设置其中的参数。

（3）单击"▌▌"按钮，回到标注状态。

（4）将鼠标指针移动到最左边的过孔中心并单击，然后移动鼠标指针到右边的过孔中心并单击，再将鼠标指针向上移动 2cm 左右并单击，完成标注，如图 10.3.4 所示。

图 10.3.3　线性尺寸设置面板

图 10.3.4　完成的标注

10.3.2　标准标注

标准标注用于任意倾斜角度的直线距离标注。放置标准标注需要分别确定要测量的起点和终点。具体标注方法如下。

（1）单击"▦▾"按钮，在弹出的工具框中单击"▨"按钮（快捷键：P，D，D），进入标准标注状态，如图 10.3.5 所示。

（2）将鼠标指针移动到标注起点并单击，然后移动鼠标指针到终点并单击，完成标注。右击以退出放置状态。完成的标准标注示例如图 10.3.6 所示。

图 10.3.5　标准标注状态

图 10.3.6　完成的标准标注示例

10.4　电路板的测量

Altium Designer 20 提供了电路板上的测量工具，方便对设计电路进行检查。测量功能在主菜单的"报告（R）"菜单中。

10.4.1　测量两点之间的距离

（1）执行"报告（R）"（Report）→"测量距离（M）"（Measure Distance）命令（快捷键：R，M）。

（2）移动鼠标指针到测量起点并单击。如果鼠标指针移动到了某个对象上，则系统将自动捕捉该对象的中心点。

（3）移动鼠标指针到测量终点并单击，弹出图 10.4.1 所示的测量结果信息对话框，其中显示了待测起点和终点的距离及两点之间 x 轴和 y 轴坐标的差值。

（4）按快捷键 Shift+C 可以取消标注测量值。

10.4.2　测量图元之间的距离

（1）执行"报告（R）"（Report）→"测量（P）"（Measure Primitives）命令（快捷键：R，P）。

（2）移动鼠标指针到某个图元（如焊盘、元件、导线、过孔等）上并单击。

（3）移动鼠标指针到另一个测量图元终点并单击，弹出图 10.4.2 所示的测量结果信息对话框，其中显示了两条导线的距离及两点之间 x 轴和 y 轴坐标的差值。

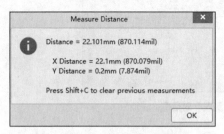

图 10.4.1　测量结果信息对话框

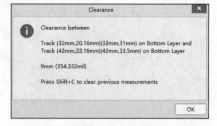

图 10.4.2　测量两条导线的结果信息对话框

10.4.3　测量电路板上导线的长度

（1）在工作窗口中选中希望测量的导线。

（2）执行"报告（R）"（Report）→"测量选中对象（S）"（Measure Selected Objects）命令（快捷键：R，S），此时会弹出测量结果信息对话框，显示选中对象的长度。

10.5 隐藏或显示网络的飞线

在绘制 PCB 时，有时需要隐藏或显示网络线，如 GND。方法如下。

（1）隐藏网络线。按快捷键 N，H，N，选中要隐藏的网络线即可。

（2）显示网络线。按快捷键 N，S，N，选中要显示的网络线即可。

10.6 DRC 检查

在 PCB 布线完成后，文件输出之前，要进行设计规则检查。设计规则检查（Design Rule Check，DRC）是 Altium Designer 20 进行 PCB 设计时的重要检查工具，系统会根据用户设计规则的设置，对 PCB 设计的各个方面进行检查校验，如导线宽度、安全距离、元件间距、过孔类型等，DRC 是 PCB 设计正确和完整的重要保证。

1. 打开 DRC 检查器

执行"工具（T）"→"设计规则检查（D）"（Design Rule Check）命令（快捷键：T，D），可以打开"设计规则检查器"对话框，如图 10.6.1 所示。该对话框左侧包含两个目录："Report Options"（报告选项）和 "Rules To Check"（规则检查）。该对话框右侧是 DRC 报告选项。

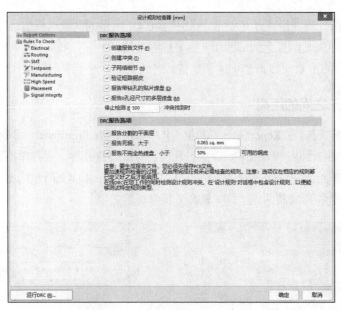

图 10.6.1 "设计规则检查器"对话框

2. "Report Options"（报告选项）

当选中 "Report Options" 目录时，对话框显示的"DRC 报告选项"如图 10.6.1 所示。勾选各选项对应的复选框，会产生相应的报告内容。

（1）勾选"创建报告文件（F）"复选框，运行批处理 DRC 后会自动生成报表文件"设计名.DRC"，该文件包含本次 DRC 运行中使用的规则、违例数量和细节描述。

（2）勾选"创建冲突（T）"复选框，能在违规对象和违规消息之间直接建立链接，使用户可以直接通过"Messages"面板中的违规消息进行错误定位，找到违规对象。

（3）勾选"子网络细节（<u>N</u>）"复选框，对网络连接关系进行检查并生成报告。

（4）勾选"验证短路铜皮"复选框，对铺铜或非网络连接造成的短路进行检查。

（5）勾选"报告带钻孔的贴片焊盘（<u>D</u>）"复选框，报告被钻孔的贴片焊盘。

（6）勾选"报告 0 孔径尺寸的多层焊盘（<u>M</u>）"复选框，报告未开孔的多层焊盘。

在"停止检测（<u>E</u>）"后面的对话框中输入"500"，表示当系统发现 500 个违规时会停止检查。

3．"Rules To Check"（规则检查）

当选中"Rules To Check"目录时，对话框右侧会显示待检查的"规则""类别""在线"（Online）和"批量"（Batch）等，如图 10.6.2 所示。

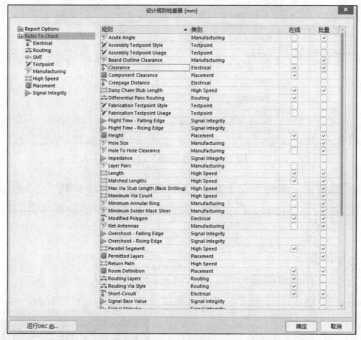

图 10.6.2 "Rules To Check"目录

（1）在线 DRC（Online DRC）。

"在线"表示在 PCB 设计过程中会实时显示 DRC 检查结果，而"批量"表示只有当手动执行 DRC 检查后进行批量处理，才会将存在问题的类型以报告错误的方式显示出来。

要对某个设计规则进行在线 DRC 操作，需要满足以下 3 个条件。

① 定义了该设计规则并使能。执行"设计（<u>D</u>）"→"规则（<u>R</u>）"命令，打开"PCB 规则及约束编辑器"对话框进行规则设置。

② 该设计规则类型在"设计规则检查器"对话框中勾选了"在线"复选框。

③ 启动"在线 DRC"工具。单击" ⚙ "按钮，打开图 10.6.3 所示的"优选项"对话框。选中"PCB Editor"→"General"，在"编辑选项"区域中，勾选"在线 DRC"复选框。

任何违反了在线 DRC 的对象都将被高亮显示，默认情况下对象会显示为醒目的绿色。

（2）批量 DRC（Batch DRC）。

批量 DRC 可以在设计过程的任何阶段手动运行，检查结果会根据报告选项生成相应的报告内容。在设计过程中，最好采用累积式的检查方法，即每完成一定量的设计工作就进行一次批量 DRC 操作，以及时纠正错误。

图 10.6.3 "优选项"对话框

单击"设计规则检查器"对话框左下角的"运行 DRC"（Run DRC）按钮，开始批量 DRC 操作，检查完成后将自动打开"Messages"面板，显示检查到的各种违反规则的信息。双击违规信息，会跳转到违规处。

4. 解决违规问题的方法

对于检查出的设计规则违规问题，有 3 种方法进行处理。

（1）在"Messages"面板中双击违规消息，可以跳转到违规处进行修改。

（2）对于"线宽""安全间距""短路"等类型的违规，系统默认会用醒目的绿色显示在编辑窗口中，放大观察会发现里面填充了 DRC 符号标记。移动鼠标指针到违规处停留片刻，左上角的区域会显示违规内容（如果没有显示，按快捷键 Shift+H 即可）。移动鼠标指针到违规处，按快捷键 Shift+V，打开图 10.6.4 所示的"Board Insight"对话框，在该对话框中显示了设计规则违规内容。每条违规右侧的 3 个按钮""""""""分别对应缩放、选择违规对象和显示违规细节信息框的功能。

图 10.6.4 "Board Insight"对话框

（3）通过右键菜单进行处理。在违规处右击，在弹出的菜单中执行"冲突（**V**）"命令，其子菜单会显示该处发现的所有违规信息。执行某个违规信息命令，同样会弹出设计规则违规细节信息框。

10.7 放置和调整丝印字符

PCB 布线设计完成后，为了使产品便于安装与调试，需要对那些摆放不合理的字符进行调整，也可以对 PCB 按照功能进行功能区划分，以方便今后的测试与维修。

1. 调整字符

（1）将鼠标指针移到需要调整的字符上并单击，字符处于选中状态。

（2）按住鼠标左键，拖动字符到合适位置，同时按 Space 键可以旋转字符，每按一次 Space 键，字符旋转 90°。

2. 绘制线段（非电气线）

（1）选中丝印层（Top Overlay）为当前工作层。

（2）执行"放置（P）"→"线条（L）"命令（快捷键：P，L），此时可以绘制线段。

（3）按 Tab 键，弹出图 10.7.1 所示面板，其中可以改变走线的线宽。

（4）单击"■"按钮，结束设置。

（5）此时仍然处于绘制线段状态，按照修改后的线宽绘制线段。

3. 放置字符

（1）执行"放置（P）"→"字符串（S）"命令（快捷键：P，S）。

（2）按 Tab 键，弹出图 10.7.2 所示的字符属性设置面板，其中可以输入要设置的字符内容，如"光检测电路"。

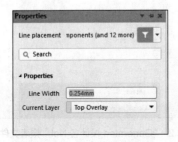

图 10.7.1　线约束设置面板

图 10.7.2　字符属性设置面板

◆　"Text Height"（字符高度）：设置为 3mm。

◆　"Font Type"（字体类型）：设置为"TrueType"，注意字符为汉字时，一定要选择"TrueType"，否则 PCB 上显示不了汉字。

◆　"Font"（字体）设置为"黑体"。

（3）设置完成后，单击"■"按钮，结束设置。

（4）将鼠标指针移到需要放置字符的位置单击即可。

（5）放置完成后，仍处于放置字符状态，如果要放置下个字符串，按 Tab 键，修改下一个需要放置的字符，用上述方法放置即可。否则，在空白处右击或按 Esc 键退出放置状态。

放置完成的汉字字符如图 10.7.3 所示。

图 10.7.3　放置完成的
汉字字符

10.8 输出 PCB 报表

PCB 绘制完成后，可以利用 Altium Designer 20 提供的丰富报表功能，生成一系列的报表文件。这些报表文件为 PCB 设计的后期制作、元件采购、文件交流等提供了方便。

10.8.1 PCB 的网络表

5.2.1 小节介绍的是从原理图生成网络表的方法，有时我们直接调入元件封装绘制 PCB 时，没有采用网络表；或者在 PCB 绘制过程中，连接关系有所调整，PCB 的真正网络逻辑和原理图的网络表有所差异。这时就可以从 PCB 中生成一份网络文件。具体方法如下。

（1）在"Projects"面板中，选中需要生成网络表的 PCB 文件。

（2）执行"设计（**D**）"→"网络表（**N**）"→"从连接的铜皮生成网络表（**P**）"命令（快捷键：D，N，P），弹出图 10.8.1 所示的"Confirm"对话框，单击"Yes"按钮，系统会生成图 10.8.2 所示的名为"Generated 设计名.Net"的报表文件。

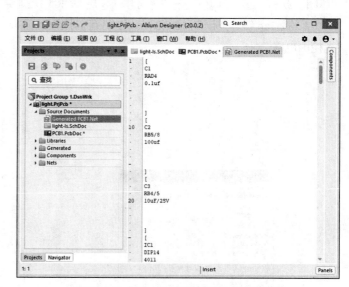

图 10.8.1 "Confirm"对话框　　　　　图 10.8.2 "Generated 设计名.Net"报表文件

10.8.2 项目报告

项目报告包含 3 个报告文件，它们是"Bill of Materials"（元件清单，简称 BOM）、"Component Cross Reference"（元件交叉参考报表）和"Report Project Hierarchy"（项目层次报告），如图 10.8.3 所示。

1. "Bill of Materials"

PCB 编辑环境产生的元件清单内容与原理图编辑环境产生的元件清单一样，详细的生成方法参考 5.2.2 小节。

2. "Component Cross Reference"

元件交叉参考报表的功能与元件报表相同，只不过元件交叉参考报表将一个项目中各个子部分分别列了出来。

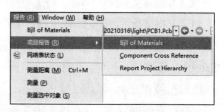

图 10.8.3 项目报告菜单

（1）执行"报告（**R**）"→"项目报告（**R**）"→"Component Cross Reference"命令，弹出图 10.8.4 所示的"Component Cross Reference Report for PCB Document[文件名.PcbDoc]"对话框。

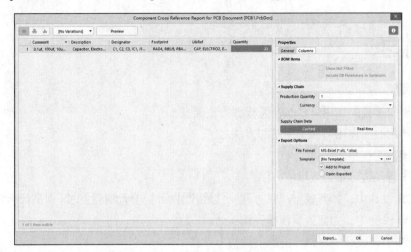

图 10.8.4　"Component Cross Reference Report for PCB Document[文件名.PcbDoc]"对话框

（2）在图 10.8.4 所示的对话框中，设置好相应的选项后，单击"Export..."按钮，可以生成元件交叉参考报表。单击"Preview"按钮，可以浏览该报表。

3．"Report Project Hierarchy"

一般设计的层次化原理图的层次较少，结构也比较简单。但是对于多层次的层次电路原理图，其结构关系却是相当复杂的，用户不容易看懂。因此，系统提供了一种层次设计表作为用户查看复杂层次化原理图的辅助工具。借助层次设计表，用户可以清晰地了解层次化原理图的层次结构关系，进一步明确层次电路图的设计内容。

生成层次设计表的主要步骤如下。

（1）打开第 7 章创建的项目"LED 层次 U-D.PrjPcb"文件，并对该项目进行编译。

（2）选中"Top.SchDoc"，执行"报告（**R**）"→"项目报告（**R**）"→"Report Project Hierarchy"（项目层次报告）命令，则会生成有关该项目的层次设计表。

（3）打开"Projects"面板，可以看到，该层次设计表被添加在该项目的"Generated\Text Documents\"目录下，是一个与顶层文件同名，扩展名为".REP"的文本文件。

（4）双击该层次设计表文件，则系统会转换到文本编辑器，在其中可以对该层次设计表进行查看，如图 10.8.5 所示。

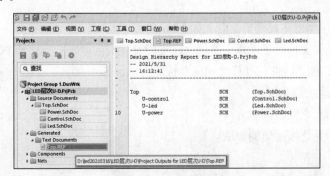

图 10.8.5　文本编辑器

　　由该图可以看出，在生成的设计表中，系统使用缩进格式明确地列出了本项目中各个原理图之间的层次关系，原理图文件名越靠左，说明该文件在层次电路图中的层次越高。

思考与练习

一、思考题

1. 电路板安装孔的作用是什么？怎样放置安装孔？

2. 简述补泪滴的作用与放置泪滴的方法。

3. 简述铺铜的作用。

4. 简述布置多边形铺铜区域的方法。

5. 在 PCB 设计中，如何放置尺寸标注？线性尺寸标注与标准标注的区别是什么？

6. 在 PCB 设计中，如何放置汉字说明？

7. 在 PCB 中，怎么测量两点之间的距离？

8. 在 PCB 中，怎么测量图元之间的距离？

9. 如何测量 PCB 上导线的长度？

10. 如何隐藏或显示网络的飞线？

11. 在 PCB 布线完成后，文件输出之前，为什么要进行设计规则检查？

12. 通过 DRC 检查后，如何解决违规问题？对检查出的设计规则违规问题，有哪几种方法进行处理？

13. 如何在 PCB 中放置和调整丝印字符？

14. 如何从 PCB 中生成一份网络文件？

15. 简述"Bill of Materials""Component Cross Reference"和"Report Project Hierarchy"的生成方法。

二、实践练习题

1. 铺铜练习，要求如下。

（1）打开一个工程文件，该工程文件包含已经设计完成的原理图文件和 PCB 文件。

（2）对 PCB 进行多边形铺铜。

2. 放置泪滴练习，要求如下。

（1）打开一个工程文件，该工程文件包含已经设计完成的原理图文件和 PCB 文件。

（2）对 PCB 放置泪滴。

3. 练习尺寸标注与电路板测量，要求如下。

（1）打开一个工程文件，该工程文件包含已经设计完成的原理图文件和 PCB 文件。

（2）在 PCB 中，练习线性尺寸标注和标准标注方法。

（3）练习删除标注的方法。

（4）练习测量两点之间距离的方法。

（5）练习测量图元之间距离的方法。

第 11 章 "减材制造法"制作 PCB 11

本章主要内容

本章将介绍"减材制造法"的基本概念、PCB 化学制板工艺及 PCB 机械雕刻工艺等主要内容。

本章建议教学时长

本章教学时长建议为 1.5 学时。

- ◆ "减材制造法"制作 PCB：0.5 学时。
- ◆ 化学制板工艺及流程：0.5 学时。
- ◆ PCB 机械雕刻工艺：0.5 学时。

本章教学要求

- ◆ 知识点：熟悉"减材制造法"制作 PCB 的方法，了解工业化学制作 PCB 的工艺流程，掌握机械雕刻制作 PCB 的工艺流程，掌握 PCB 数控雕刻机与激光雕刻机的使用方法。
- ◆ 重难点："减材制造法"制作 PCB 方法、化学制板法的工艺流程、机械雕刻制作 PCB 的工艺流程、PCB 数控雕刻机与激光雕刻机的使用方法。

11.1 "减材制造法"制作 PCB 概述

"减材制造法"制作 PCB 有物理雕刻和化学腐蚀两种工艺。

物理雕刻工艺是利用各种刀具和电动工具，手动或使用机械把覆铜板上不需要的铜箔去掉，加工形成可用的线路板。以前，该工艺主要采用人工雕刻的方法制作 PCB，费时费力；现在，除了非常简单的 PCB 制作利用人工雕刻之外，几乎不再用人工雕刻方法制作 PCB。随着科学技术的发展和数控技术与激光技术的应用，目前主要利用钻铣雕一体机或 PCB 激光雕刻机制作 PCB。

化学腐蚀工艺是通过在空白的覆铜板上覆盖保护层，在腐蚀性溶液里把不必要的铜箔腐蚀掉，经过后续相关工艺的进一步处理，制成 PCB。在覆铜板上覆盖保护层的方法多种多样，主要有最传统的手动描漆方法、粘贴不干胶方法、胶片感光方法及近年才发展起来的热转印打印 PCB 方法。

手动描漆方法是将油漆用毛笔或硬笔在空白的覆铜板上手动描绘出线路的形状，吹干后即可将覆铜板放进腐蚀溶液中直接腐蚀。

粘贴不干胶方法是将市面上的各种不干胶制成条状和圆片状，然后在空白的覆铜板上根据需要组合这些条状和圆片状的不干胶，以形成所需的电路，粘紧后即可将覆铜板放进腐蚀溶液中腐蚀。

胶片感光方法是把 PCB 线路板图通过激光打印机打印在胶片上，在空白的覆铜板上预先涂上一层感光材料，在暗房环境下进行曝光、显影、定影、清洗后，即可将其放在腐蚀溶液中腐蚀。

热转印打印 PCB 方法是通过热转印打印机把线路直接打印在空白线路板上，然后将转移线路后的覆铜板放进腐蚀液中腐蚀。

在工业制造 PCB 中，主要采用胶片感光方法在覆铜板上覆盖保护层。化学制板法是工业制作 PCB 的主要方法。

PCB 快速制板法主要使用物理雕刻工艺，主要用于实验研究与学生创新制作。

11.2 PCB 化学制板工艺

11.2.1 PCB 化学制板工艺概述

PCB 化学制板主要有底片制作、金属过孔、线路制作、阻焊制作、字符制作、OSP 铜防氧化六大制作工艺流程，如图 11.2.1 所示。分别简要介绍如下。

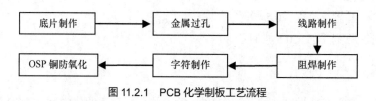

图 11.2.1 PCB 化学制板工艺流程

（1）底片制作是图形转移的基础，根据底片输出方式可分为底片打印和光绘输出。

（2）金属过孔被广泛应用于有通孔的双层或多层线路板中。在金属化过孔前，需要利用钻床加工钻孔。过孔需要进行金属化处理，即将过孔进行电镀。

（3）线路制作是将底片上的 PCB 线路图像转移到覆铜板上，然后经过后续腐蚀即可完成线路制作。

（4）阻焊制作是将底片上的阻焊图像转移到已经制作好的 PCB 上。阻焊制作流程与线路制作流程在显影前的工艺是一样的。有些实验用 PCB，可以不做阻焊层。但是，如果 PCB 上需要做字符层，则必须做阻焊层。

（5）字符制作主要是在做好的 PCB 上印上一层与元件对应的标识符号。

（6）OSP 铜防氧化工艺是指在焊盘上形成一层均匀、透明的有机膜，该涂覆层具有优良的耐热性，能适用于不洁助焊和锡膏。

11.2.2 PCB 化学制板工艺简易流程

1. 底片制作工艺

在制作双层板底片时，使用的是曝光方法，因此在打印时，需要使用菲林纸。制作一块双层板需要打印顶层图与边框、底层图与边框、顶层阻焊与边框、底层阻焊与边框、顶层字符与边框、底层字符与边框，共计 6 层底片，其中两个字符层要采用负片的方式进行打印。在打印机中放置菲林纸时，要使光滑的一面朝上。

底片制作是图形转移的基础，根据底片的输出方式可将其分为底片打印输出和光绘输出。准备工作完成后就可以打印输出底片了。

2. 裁板工艺

板的实际长宽要在设计长宽的基础上都要增加 5mm 进行裁取。在 PCB 制作前,应根据设计好的 PCB 图的大小确定所需 PCB 的尺寸规格,一般根据具体需要进行裁板。

3. 孔加工工艺

钻孔通常有手动钻孔和数控自动钻孔两种方法。

(1)手动钻孔。先打印图纸(顶层不镜像),打印完成后,再用透明胶将图纸粘贴到覆铜板上,然后按照图示过孔大小选择相应的钻头,利用台钻钻孔。

(2)数控自动钻孔。使用数控钻铣雕一体机自动完成覆铜板的钻铣。

4. 板材抛光工艺

孔加工完成后,需要对覆铜板进行抛光,其目的是去除覆铜板金属表面的氧化物保护膜及油污。

5. 过孔金属化工艺

过孔金属化就是镀铜。因为双层板中间的基板没有导电能力,所以为了使两层的铜箔连通起来,需要在过孔壁上镀一层铜。

过孔金属化所用设备是全自动智能沉铜机,该设备的主要用途是对双层 PCB 等非金属材料进行双面贯孔沉铜。

6. 线路制作工艺

线路制作是将底片上的电路图形转移到覆铜板上,其制作工艺流程如图 11.2.2 所示。

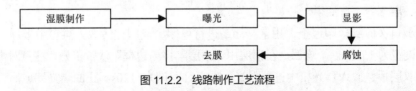

图 11.2.2 线路制作工艺流程

(1)湿膜制作工艺。把丝印网固定在丝印台上,在丝印网上放入适量的线路感光油墨。把覆铜板放到丝印网的下面,对好位置,用刮刀将油墨均匀地漏印在覆铜板上,双层板的两面都要印上油墨。印完后,须将覆铜板放入烘箱中烘干固化。

(2)线路曝光工艺。曝光是指在刮好感光线路油墨的覆铜板上进行曝光,曝光的部分油墨固化,经过后续显影,可呈现线路图形,即经过光源作用,将原始底片上的图像转移到感光底板上。

(3)线路显影工艺。显影是将没有曝光的干膜层部分除去得到所需电路图形的过程。

显影原理:由于底片的线路部分是透明的,而非线路部分是黑的,经过曝光后,线路曝光,而非线路没有曝光,曝光部分也就固化了,而没有曝光的线路部分没有固化,经显影后可去掉。

(4)腐蚀工艺。腐蚀是以化学的方法将覆铜板上不需要的部分的铜箔除去,使之形成所需要的电路图。

(5)去膜工艺。经过腐蚀后留下的膜,都要去掉才能漏出铜层。

7. 阻焊制作工艺

阻焊制作是将底片上的阻焊图像转移到腐蚀好的线路板上。阻焊的主要作用首先是防止不该被焊上的部分被焊锡连接，这样可以有效地防潮、防腐蚀，保护好电路等；其次是电路板美观。如果线路板需要做字符层，则必须做阻焊层。它的制作流程与线路制作流程基本一样，主要工艺流程如图 11.2.3 所示。

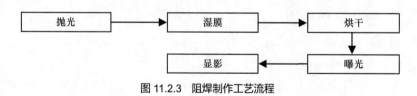

图 11.2.3　阻焊制作工艺流程

首先将需要制作阻焊的 PCB 抛光，然后制作阻焊层。为制作高精度的线路板，需要采用专用液态感光阻焊油墨（一般为绿色或蓝色）来制作阻焊，它主要是利用印刷方式在线路板上刷上一层感光阻焊油墨。

8. 字符制作工艺

字符制作主要是在做好的线路板上印上一层与元件对应的标识符号，在焊接时方便插装与贴装元件，也方便产品的检验与维修。

字符制作工艺与线路制作和阻焊制作工艺流程类似，它是在干净的丝网上涂上液态感光字符油墨，然后丝印到 PCB 上，经过烘干、曝光、显影。工艺流程如图 11.2.4 所示。

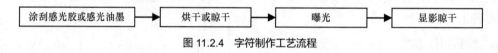

图 11.2.4　字符制作工艺流程

为制作高精度的线路板，采用专用液态感光字符油墨来制作阻焊，它主要是利用印刷方式在线路板上刷上一层感光字符油墨（一般为白色）。

将双层板再次放到丝印台上，用字符油墨进行丝印，丝印完后放入烘箱中干燥，温度设定为 75℃，时间设置为 15min。干燥后，在顶层用"顶层字符与边框"底片盖好，注意对准位置。用透明胶带固定双层板，放入曝光机中进行曝光，曝光时间设为 120s。正面曝光完成后，再对反面用同样的方法进行处理。最后清洗、烘干后就完成了一块单层板的制作。

9. OSP 铜防氧化工艺

OSP 铜防氧化剂，又称铜表面保焊剂，它能在铜表面生成一层保护膜，防止铜表面氧化从而保持铜表面可焊性。OSP 是 PCB 最终表面处理的选择之一，其他还有化学镀银、化学镀锡、化学镍金和热风整平等，其中 OSP 是成本最低的工艺。

OSP 铜防氧工艺主要用到的设备是全自动 OSP 防氧化机，它可以实现全自动 OSP 工艺，对焊盘进行防氧化保护。

11.3　PCB 机械雕刻工艺与流程

11.3.1　数控钻铣雕一体机制作 PCB

数控钻铣雕一体机如图 11.3.1 所示，它的主要用途是对 PCB 进行钻孔、铣边、线路雕刻等加工。该设备主要由传动机构、驱动机构和计算机软件组成。PCB 制作操作步骤如下。

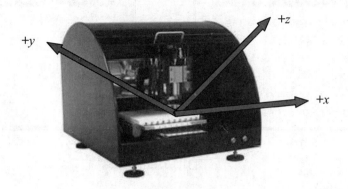

图 11.3.1　数控钻铣雕一体机

1. 启动设备与软件

打开设备电源和气泵阀门，单击"主轴电源"按钮。打开"Create-DCM"软件，连接机床。

2. 载入加工文件

打开要加工的 PCB 图形的 Gerber 文件。执行"文件"→"打开文件"命令，或单击"🗐"按钮，打开需要加工的 Gerber 文件。单击"底层"按钮，此时会出现图 11.3.2 所示的图形界面。

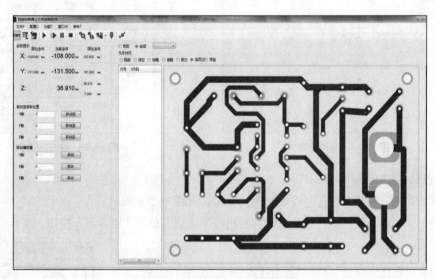

图 11.3.2　加工的 PCB 图形界面

3. 配置刀具

（1）执行"配置 C"→"加工配置"命令。

（2）在弹出的对话框中单击"钻孔配置"选项卡，弹出图 11.3.3 所示的"加工配置"对话框，在该对话框中可以设置钻孔刀具。

（3）配置过程中，孔径可以归类配置，如大于 0.7mm、小于 0.8mm 的孔径，都可以配成"0.8"，但不能配成"0.7"，因为配置太小，元件可能插不进去，影响安装。

（4）单击"隔离配置"选项卡，在该界面中设置好雕刻刀具，一般设置 12mil 间距的线距，刀具直径可设置为 0.24mm，如图 11.3.4 所示。如果需要割边，则应在割边配置里设置好相应锣刀。

配置前　　　　　　　　　　　　　　配置后

图 11.3.3　钻孔配置

4. 生成加工文件

打开功能菜单，执行"生成 G 代码"命令，根据加工的 PCB 类型与加工要求，选择相应的文件。如果是单层板，则执行"底层隔离"或"底层镂空"命令，选择"过孔"的下一级菜单"底层过孔"，选择"锚定点"的下一级菜单"两孔文件"，如图 11.3.5 所示。选择完成后，生成加工文件。

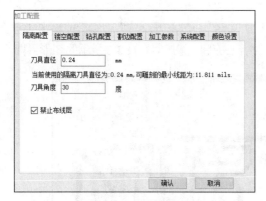 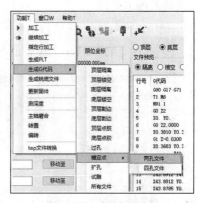

图 11.3.4　隔离配置　　　　　　　图 11.3.5　生成加工文件

5. 设置钻孔加工零点

（1）单击"💡"按钮，打开"控制台"对话框，如图 11.3.6 所示。

（2）单击"回原点"按钮，等待机器回到机械原点后，单击"回零点"按钮，平台回到以前设置的零点位置。

（3）打开控制台的主轴气阀，安装钻孔的第一把刀具后关闭气阀。

（4）将要加工的覆铜板放入加工平台的合适位置，并贴上纸胶布。

（5）选中"吸尘泵"下的"关"单选按钮。

（6）在"移动至目标位置"区域下的"Z 轴"文本框内输入"10"，如图 11.3.7 所示。

（7）单击"移动至"按钮，主轴刀具向上移动 10mm。

（8）设置"X 轴"和"Y 轴"移动偏移量，

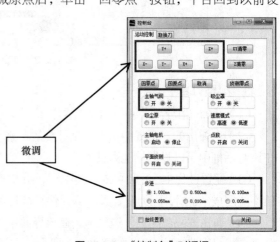

图 11.3.6　"控制台"对话框

248

如图 11.3.8 所示。分别单击控制台上的"X+""X-""Y+""Y-"按钮，使主轴刀具移动到覆铜板的左下角上方，并使钻头距离左边及下边 10mm，单击"XY 清零"按钮，设置好 x 轴和 y 轴的坐标零点。

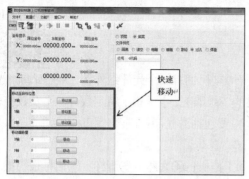

图 11.3.7 设置"Z 轴"移动位置

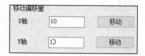

图 11.3.8 "X 轴"和"Y 轴"移动偏移量设置

（9）在控制台上单击"Z-"按钮，并调节为合适的步进，使钻头降落到距离覆铜板 1mm 内，单击"Z 清零"按钮，z 轴零点设置完成。

6. 加工钻孔

（1）零点设置完成以后，单击" 🔧 · "按钮，发送当前 G 代码到数控钻铣雕一体机中。

（2）G 代码发送完毕后，单击"主轴电源"按钮，再单击" ▶ "按钮，此时会弹出选择提示，如果选择非向导加工方式，数控钻铣雕一体机将会加工最后发送的加工文件。

（3）如果选择向导加工，则可按照向导一步一步加工。

（4）加工完成后，单击控制台的主轴气阀"开"按钮，取下钻头，并安装下一个型号的钻头，单击"关"按钮，关闭主轴气阀，单击" ▶ "按钮。

（5）以此类推，待所有钻孔加工结束，关掉加工向导。

如果需要使用激光雕刻机雕刻线路或者刷阻焊和字符油墨，那么还需要加工锚定孔，锚定孔可用 1.5mm 或者 2mm 钻头。锚定孔的加工方法是：单击发送自定义文件，选择锚定孔文件，单击" ▶ "按钮，选择不按向导加工，加工发送的文件，至此锚定孔加工完成。

7. 雕刻线路

（1）开启主轴气阀，安装雕刀，关闭气阀。

（2）启动主轴电机，慢慢降低 z 轴，当刀尖距离覆铜板小于 1mm 时，移开刀具到电路板图的外面，慢慢调节步进，降低刀尖与覆铜板距离，一边降低一边左右移动 x 轴，直到刀具能在覆铜板表面刻画一条很浅的划痕，此时单击"Z 清零"按钮。

（3）单击发送自定义文件，选择底层隔离文件，单击" ▶ "按钮，选择"否"，开始雕刻。

如果在雕刻过程中发现线路深度不合适，可以在 z 轴坐标为-0.03mm 时，单击"暂停"按钮，在控制台调节步进为"0.010mm"，单击"Z+"或"Z-"按钮，调节刀具的深度，然后单击"暂停"按钮继续加工。

（4）雕刻完成后，在 y 偏移量上输入较大的数值，如"20"，单击"移动至"按钮，将平台移动到前面，关闭控制台的吸附，取出线路板，在裁板机上将多余边裁掉。

注意隔离与镂空的区别，隔离是在单线四周刻一条线，将导线与周围的铜箔隔开；镂空则是在覆铜板上，除了导线与焊盘外，所有铜箔都要用铣刀去掉。

隔离操作方法：生成底层隔离 G 代码，单击" 🔧 · "按钮，载入机器，换上合适的铣刀，勾选底层、隔离，单击"▶"按钮进行加工。

镂空操作方法：生成底层镂空 G 代码，单击"🎥‑"按钮，载入机器，换上合适的铣刀，勾选底层、镂空，单击"▶"按钮进行加工。

11.3.2　激光雕刻机制作 PCB

PCB 激光雕刻机采用工控机操作方式。该激光雕刻机拥有一个光纤红外激光器，不仅适用于线路板雕刻，还适用于各种板材的二维雕刻，也可用于特定数控加工及数控教学。

图 11.3.9 所示是 PCB 激光雕刻机整机结构，主要包括激光器控制部分和运动控制部分，这两部分在控制硬件连接上相互独立。

各部分分别是：①主机侧盖；②主机仓门；③工控机；④底座；⑤脚杯；⑥信号报警指示灯；⑦显示器；⑧无线鼠标；⑨无线键盘；⑩烟雾净化指示器；⑪真空吸附指示器；⑫照明开关；⑬显示器/键盘/鼠标支架。激光雕刻机制作 PCB 操作流程如下。

（1）连接好静音型烟雾吸收与净化装置，打开电源开关，连接好激光雕刻机电源，打开总电源开关和照明，开启工控机及显示器。

（2）运行激光雕刻机软件。

（3）检查相关参数设置是否正确。

（4）单击"📧"按钮，找到要加工的文件目录，选择任意 Gerber 文件并打开。

（5）找零点。单击软件上的模拟手柄，单击"十字叉红光"按钮，如图 11.3.10 所示。

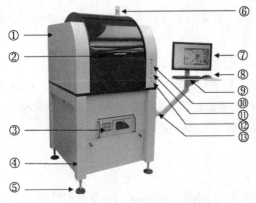

图 11.3.9　PCB 激光雕刻机整机结构

图 11.3.10　单击"十字叉红光"按钮

◆ 准备打好的覆铜板（已经锚定孔）放至工作平台（注意相应加工面朝上）。

◆ 单击工具栏中的"模拟手柄"按钮，勾选真空吸附。

◆ 使左下角上的锚定孔对准中心红光，单击摄像头中心，使摄像头移动到锚定上方。

◆ 按下机器上的真空吸附。

◆ 打开软件的窗口菜单，选择视频接口，单击开始，打开摄像头。

◆ 稍微移动平台使锚定孔完全落在视频范围内。

◆ 单击锚定 A，识别后，单击模拟手柄，设置好相应步进，移动图形高度的 Y‑‑ 值，使另一个锚定孔落入视频窗口内，单击锚定 B，识别后单击设置零点。

（6）加工。在主程序界面单击与板材放入相对应的顶层或底层，单击生成加工文件"📞"按钮，等左下角显示转换完成后单击"▶"按钮开始加工。

（7）顶层文件加工完成后，将覆铜板上下翻面，选择低层（加工底层图形）加工方式与顶层一致。

（8）雕刻完成后，关闭雕刻机软件，关闭电源和照明软件。

思考与练习

一、思考题

1. "减材制造法"有哪两种制作 PCB 工艺？

2. 简述物理雕刻工艺。

3. 简述化学雕刻工艺。

4. 在覆铜板上覆盖保护层有哪些方法？

5. 简述胶片感光方法与热转印方法。

6. 根据 PCB 化学制板流程，PCB 化学制板主要有哪几大制作工艺？

7. 在制作双层 PCB 中，为什么要金属化过孔？金属化过孔有什么作用？在金属化过孔之前，需要做什么准备工作？

8. 简述线路制作工艺流程。

9. PCB 为什么要制作阻焊？简述阻焊制作的工艺流程。

10. PCB 上印刷字符的主要作用是什么？简述字符制作的工艺流程。

11. 简述数控钻铣雕一体机制作 PCB 的主要作用。

12. 简述数控钻铣雕一体机制作 PCB 的主要流程与方法。

13. 在钻孔的配置过程中，孔径可以归类配置，在一批大小接近的孔径进行归类时如何选择归类的尺寸？是选取同类中最大的还是最小的作为归类的统一尺寸？为什么？

14. 简要说明隔离与镂空的区别。

15. 锚定孔有什么作用？如何加工锚定孔？

16. 简述手柄控制台的功能。如何使用控制台？

17. 简述 PCB 激光雕刻机的作用。

18. 简述 PCB 激光雕刻机雕刻 PCB 的主要工艺流程。

19. 利用 PCB 激光雕刻机雕刻 PCB 时，如何找零点？

二、实践练习题

1. 练习 PCB 的制作方法，要求如下。

（1）生成需要制作的 PCB 文件的 Gerber 文件和 NC 孔文件。

（2）熟悉数控钻铣雕一体机的使用方法。

（3）利用数控钻铣雕一体机加工 PCB 过孔和焊盘。

（4）学会锚定孔的加工方法。

（5）练习利用隔离法和镂空法雕刻 PCB 的方法。

2. 练习激光雕刻机制作 PCB 的方法，要求如下。

（1）练习利用锚定孔定位 PCB 的方法。

（2）练习激光雕刻机常用参数的设置方法。

（3）练习加工 PCB 的方法。

第 12 章 "增材制造法"制作 PCB

12

本章主要内容

本章将介绍液态金属 PCB 增材制造技术的基本概念、液态金属打印控制软件使用、柔性电路制作工艺、刚性电路制作工艺和可拉伸电路制作工艺等主要内容。

本章建议教学时长

本章教学时长建议为 1 学时。

- ◆ 液态金属 PCB 增材制造技术：0.25 学时。
- ◆ 液态金属打印控制软件：0.25 学时。
- ◆ 柔性、刚性和可拉伸电路制作工艺：0.5 学时。

本章教学要求

- ◆ 知识点：了解液态金属 PCB 增材制造技术，熟悉液态金属打印控制软件的使用，熟悉柔性、刚性和可拉伸电路制作工艺。
- ◆ 重难点：液态金属打印控制软件，柔性、刚性和可拉伸电路制作工艺。

12.1 液态金属 PCB 增材制造技术概述

12.1.1 液态金属打印 PCB 技术的应用与特点

液态金属是一类多金属合金的新兴功能材料，在常温下呈液态，具有沸点高、导电性强、热导率高等特点，其制造工艺无须高温冶炼，且环保无毒。液态金属可广泛应用于电子信息、先进制造、智能机器与传感、热控能源、生物医疗、航空航天、军工国防、教育与文化创意等领域。

近年来液态金属在打印 PCB 技术方面的研究取得了突破性进展，逐步从研究阶段走向应用。液态金属打印 PCB 增材制造技术，具有如下特点：从一维到三维，任意基底材料均可直接打印，并且电路可弯折、可拉伸，实现与芯片柔性连接；可应用于个人消费、研发打样、教育培训、工业生产；简单快捷，在室温下可实现直接打印封装，无须后处理等工艺；金属特性保证了优异的导电性能；桌面级的制造设备，未来电子制作设备有望走进家庭；增材制造方式，无化学处理工艺，无污染产生，导电墨水可回收。

由于低熔点液态金属打印技术的引入，学生可快速实现定制化电路板的打印及制作。学生可以更多地关注于电路功能的定义及电路图的设计，更大限度地发挥自己的想象力，将自己的创意快速付诸实践。

12.1.2 液态金属打印 PCB 制作系统的组成

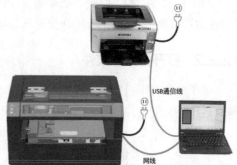

液态金属打印 PCB 制作系统主要由 SMART800 PCB 高速印刷机、打印机、计算机和液态金属电子电路打印机控制软件组成，如图 12.1.1 所示。

SMART800 PCB 高速印刷机是利用液态金属导电墨水，快速生成柔性、刚性、可拉伸电路的高性能产品，能够应用于电路制作、电路验证、科研开发测试等诸多领域。

图 12.1.1 液态金属打印 PCB 快速制作系统

液态金属电子电路打印机控制软件是一款专用软件，用于解析打印文件，调节打印参数并发送指令驱动印刷制作电路。打印机控制软件支持 Windows XP/7/8/10，支持多种工程文件格式，如 PCBDOC（仅 ASCII 格式）、Gerber 文件（RS-274X 协议）、DXF（仅支持 2007 以上、2012 以下版本）、PLT（矢量文件）、JPG、PNG、BMP（像素文件，对像素文件的要求是图形颜色由黑白构成，图形的 DPI 至少为 300）。

12.2 液态金属打印控制软件介绍

12.2.1 SMART800 首页界面

打开安装好的 SMART800 的液态金属电子电路打印机控制软件，进入软件首页，界面如图 12.2.1 所示。

图 12.2.1 SMART800 首页界面

（1）首页界面的左上角有"通信连接"按钮和"取出墨管"按钮。

◆ 单击"通信连接"按钮，可连接打印机与液态金属印刷机。

◆ 单击"取出墨管"按钮，可手动取出印刷机墨管。手动放入印刷机墨管后，需要单击"放入墨管"按钮。

（2）首页界面的右上角有"设置"按钮和"首次使用引导"按钮。

◆ 单击"设置"按钮，将打开设置页面。

◆ 单击"首次使用引导"按钮，系统会向初次使用的用户介绍如何用软件制作柔性电路。

（3）首页界面的中间是"选择需要制作的电路"类型。主要有"柔性电路""刚性单层电路""刚性双层电路"，单击相应按钮就进入该电路类型的制作界面。

12.2.2 打开待打印文件

电子电路打印机控制软件的界面如图 12.2.2 所示，单击"打开文件"按钮会弹出文件选择对话框，选择相应的文件即可。打开的.PcbDoc 文件应该是 ASCII 格式，否则软件会报错。

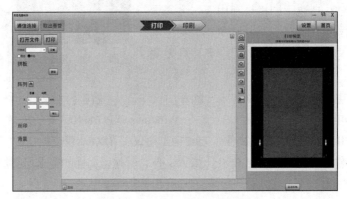

图 12.2.2　SMART800 打印界面

12.2.3 视图操作与编辑

图 12.2.2 所示的打印界面的中间部分是视图框。视图框显示了当前文件的图形内容，可以对视图框内的内容进行操作。视图操作命令如表 12.2.1 所示。

表 12.2.1　视图操作命令

序号	操作命令	操作效果
1	向前滚动鼠标滚轮	视图放大
2	向后滚动鼠标滚轮	视图缩小
3	按住鼠标中键同时拖动鼠标指针	视图根据鼠标指针移动方向进行平移
4	单击图元	当前层中，被单击的图元会被选中
5	框选图元	当前层中，被框选的图元会被选中
6	按 Delete 键	被选中的图元会被删除

可通过视图框右边的一组视图编辑按钮，对视图框内的内容进行操作，视图编辑按钮如表 12.2.2 所示。

表 12.2.2　视图编辑按钮

序号	按钮	操作效果	序号	按钮	操作效果
1		视图缩小	6		顺时针旋转 90°
2		视图放大	7		镜像处理
3		把视图缩放到合适比例并居中显示	8		恢复原来非镜像的状态
4		逆时针旋转 90°	9		增加裁剪框
5		逆时针旋转 180°	10		取消裁剪框

12.2.4 阵列设置

"阵列设置"可以使当前文件内容阵列化，阵列的参数设置项如下。

（1）x 方向的阵列数与 x 方向块之间的距离。

（2）y 方向的阵列数与 x 方向块之间的距离。

设置好阵列参数后需要单击"确认"按钮使其生效或者按 Enter 键使其生效。

12.2.5 丝印设置

"丝印设置"显示当前文件中各层的打印属性，即各层应按照相应的打印属性进行打印。打印属性包括"丝印"和"电路"。设置某层的打印属性为"丝印"可以允许打印机按丝印的方式打印该层内容。一般打开 .PcbDoc 文件系统会自动进行丝印识别。但其他类型文件都无法判断，需要设定其打印属性为"丝印"或者"电路"。

12.2.6 预览图操作

在打印界面中，"打印预览"会显示拼板打印的预览图。支持的拼接相关操作如下。

（1）选中电路图后，按住鼠标左键并拖动鼠标指针，可以拖动目前选中的电路，改变其拼接的相对位置。

（2）选中电路图后，按方向键可以改变其拼接的相对位置。

（3）选中电路图后，按 Delete 键可以删除当前选中的电路图。

在刚性双层电路制作中，由于有正反面电路的拼接，因此预览图会显示顶层和底层。单击正面或反面，该面边界会标红，表示打印时会先打印该面。

12.2.7 打开待印刷图

在印刷界面中，"印刷视图"会显示待印刷的图，打开待印刷图有 3 种方式。

第 1 种方式：打印后自动生成，即打印完成后，在切换到印刷界面时会同时打开待印刷图。

第 2 种方式：双击历史记录中的缩略图，可以打开以往打印的电路图，作为待印刷图，单击缩略图右上角的"×"按钮，可删除该历史记录项。

第 3 种方式：单击"打开待印刷图片"按钮，在弹出的选择框中选择以往打印过的电路图。

12.2.8 设置

单击主界面的"设置"按钮，在设置界面中的功能按钮的设置内容如表 12.2.3 所示。

表 12.2.3　功能按钮的设置内容

序号	功能按钮	设置内容
1	过程引导｜关闭 ●开启	关闭/开启过程引导，开启过程引导时，软件会结合文字和视频引导用户进行电路制作
2	语言选择　简体中文	软件语言的切换，支持中文和英文
3	软件版本　V1.0.0.62　检查更新	联网检查是否有更新的软件版本，当有更新的软件时，会提示用户进行软件更新
4	固件版本　V0.0.0.0　检查更新	联网检查是否有更新的固件版本，当有更新的固件时，会提示用户进行固件更新

12.3 柔性电路制作工艺

12.3.1 制板工艺

1. 柔性电路制板流程

柔性电路制板流程如图 12.3.1 所示。

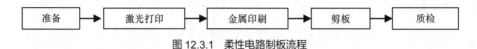

图 12.3.1 柔性电路制板流程

2. 打印与印刷柔性电路

在首页界面中单击"柔性电路"按钮，进入柔性电路制作流程，界面如图 12.3.2 所示。柔性电路制作包括"打印"和"印刷"两个流程。

（1）打印。先单击界面中上部的"打印"按钮，切换到打印界面。在打印界面，单击"打开文件"按钮，在弹出的文件选择对话框中选择需要打印的文件，文件扩展名为".PcbDoc"。

注意

打开的 PCB 文件必须是以 ASCII 格式储存的文件，否则会出错。

文件打开后，可以看见当前打开的文件内容，图信息栏中会显示当前图的基本信息，如图 12.3.3 所示。文件名：PCB1，文件格式：PCB，最小线宽：1mm，左右尺寸：111.31mm，上下尺寸：151.29mm。

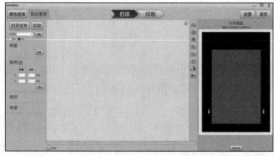

图 12.3.2 柔性电路制作界面

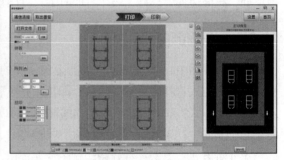

图 12.3.3 打开的文件

在视图框中进行视图操作与编辑，可对电路图进行内容修饰，通过"阵列设置"可对电路进行阵列化操作，通过"丝印设置"决定电路的各层是按照电路方式打印，还是按照丝印方式打印。完成当前电路图的编辑后，可以单击"打开文件"按钮，打开新的电路，重复上述操作后可进行拼板打印。当有多个电路文件时，"拼板设置"会显示当前所有打开的文件；"打印预览"会显示拼板打印的预览图，可以在预览图中设置各个电路图的相对位置，也可以直接单击"自动布局"按钮进行自动布局。

完成拼板和布局后，单击"打印机选择和设置"按钮，并进行相关设置。设置完成后，按照弹出的视频操作将基材放置到打印机上，然后单击提示对话框中的"是"按钮，开始打印。

（2）印刷。打印结束后，系统会跳转到印刷界面，如图 12.3.4 所示。也可以单击"印刷"按钮切换到印刷界面。

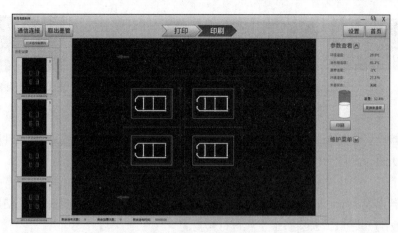

图 12.3.4　印刷界面

在印刷界面中，印刷视图中会显示待印刷的图。请注意，需检查"印刷视图"显示的图案与实际待印刷的图案是否一致。确定图案一致后，单击"印刷"按钮，准备印刷，在弹出的印刷提示对话框中，单击"是"按钮，启动印刷。

（3）剪板。金属印刷完成后的电路板，用剪板机裁剪成图纸需要的尺寸。

（4）质检。检查修剪后的电路板裁切尺寸是否满足需求，如需修改，则要在焊接前完成。将电路放在 LED 临摹板上，通过背光检查金属印刷是否有断线、致密性差等问题，如有问题，则要在焊接前使用勾线笔蘸取金属膏进行修补。

12.3.2　焊接工艺

1. 柔性电路焊接流程

柔性电路焊接流程如图 12.3.5 所示。

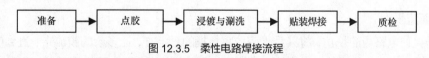

图 12.3.5　柔性电路焊接流程

2. 点胶

将 704 胶点在电路贴片元件封装的中心位置（尽量避开金属线路），胶面高度保证元件底面和电路板表面粘连即可，如图 12.3.6 所示。如果点胶量过多，则会影响元件和线路的可靠接触，可以用勾线笔蘸取少量酒精擦去。

3. 浸镀与涮洗

使用镊子夹持元件，插入助焊剂盒中的液态金属中，反复 3～5 次。浸镀完成后需检视，要求元件相邻引脚无粘连，引脚上有金属光泽。检视完成后，需将元件放入缓冲溶液中多次涮洗，建议 3～5 次。

涮洗完成后，需将元件放在吸水试纸上沥干，且试纸显示为无色，否则需重新进行涮洗。若元件反复涮洗沥干后，吸水试纸仍变为红色，则需要更换新的缓冲溶液。

4. 贴装焊接

将浸镀好的元件放置在对应的焊盘上，用一个尖嘴直镊调整好元件位置后，用另一个尖嘴直镊按压元件，如图 12.3.7 所示，完成元件的贴装。全部元件贴装后，再进行下一道工序。

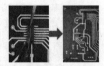

图 12.3.6　点胶　　　　　　　　　　　　　　　　　　　图 12.3.7　贴装焊接

5. 质检

（1）物料检查。检查线路上安装完成的元件是否和图纸文件要求一致。如果元件贴装错误，可以用镊子取下元件。清除元件下面的 704 胶后，重新贴装。

（2）线路目检。将电路板放在 LED 临摹板上，通过背光检查线路和焊盘是否有中空、断线、短路等情况。若出现中空、断线可使用勾线笔蘸取金属膏进行修补。若出现短路可使用勾线笔蘸取少量酒精快速划过短路点，去除多余金属进行修复。

（3）上电测试。目检合格后，再给电路板上电，测试其功能是否符合电路设计要求。如上电后功能不正常，则需使用万用表测试，定位故障，逐一排除问题。测试过程中万用表笔点过的位置需用勾线笔蘸取金属膏进行修补。上电确认电路板功能正常后，再进行下一道工序。

12.3.3　封装工艺

1. 封装流程

柔性电路封装流程如图 12.3.8 所示。

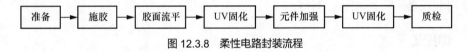

图 12.3.8　柔性电路封装流程

2. 施胶

将胶瓶平行往复移动，将 UV 低黏封装胶倒出并铺满整个电路板。

3. 胶面流平

用镊子夹住电路板的一角，将其悬于废胶收集桶的正上方，让多余的胶流走，直到电路板不再往下滴胶为止。将电路板平放，目测检查是否存在气泡。如有气泡，可用镊子轻轻戳破或者拨到电路板边缘。静置 2min，完成胶面流平。

4. UV 固化

将涂胶的电路板放入光固化箱内，固化 120s。

5. 元件加强

（1）如果电路板上的元件部分需要进行弯曲，则应对元件处进行局部加强。

（2）使用 UV 高黏封装胶，包裹住整个元件及焊盘。

（3）将施胶的电路板放入光固化箱内，固化 120s。

6. 质检

电路板外观目测检查合格后，进行上电功能检测，测试其功能是否正常。

7. 电路维修

若电路板出现故障，可将电路板放在 LED 临摹板上，检查线路及焊点是否有断线、短路及虚焊等异常情况。定位故障后，用维修刀切割局部的胶面，然后慢慢拉起胶层的一角，将其捏住后把整片切割后的胶层快速撕下。根据焊接工艺流程，完成电路板的修补。电路板恢复正常后，可根据上述封装工艺，重新将维修区域进行封装。

12.4　刚性电路制作工艺

12.4.1　制板工艺

1. 制板流程

刚性电路制板流程如图 12.4.1 所示。

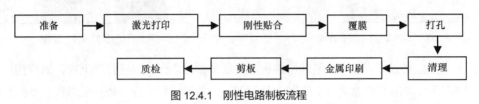

图 12.4.1　刚性电路制板流程

2. 刚性单层电路制作

在 SMART800 首页界面中，单击"刚性单层电路"按钮进入刚性单层电路制作界面，如图 12.4.2 所示。刚性单层电路制作界面包含了"打印""贴合""打孔""印刷"4 个流程。

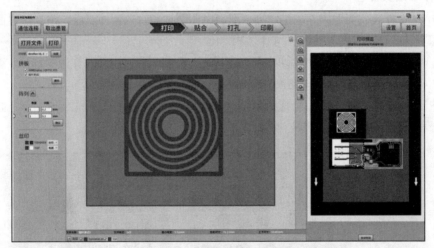

图 12.4.2　刚性单层电路制作界面

（1）打印。单击"打印"按钮，切换到打印界面，完成文件的打开、编辑、拼板和打印操作，打印的具体流程参考柔性电路制作。

（2）贴合。打印结束后，系统会自动弹出提示对话框，提示是否跳转到贴合界面。可以单击"是"按钮，跳转到贴合界面，如图 12.4.3 所示。

在贴合好的电路板碳粉层线路表面压合一层保护膜，具体如图 12.4.4 所示。

（3）打孔。贴合操作完成后，单击"完成"按钮，切换到打孔界面。打孔方法：用开口扳手松开夹持点，安装合适的钻头，然后用扳手将夹持点拧紧；戴上防护镜，调整好转速（设置为 MAX），启动钻头；将电路基材平放在底座平台上，钻头对准需要打孔的位置，匀速、缓慢下压把手进行打孔；整个下压过程需持续 3s 以上，以充分排出孔内碎屑；打孔结束后，关闭台钻，钻头停下后，取出电路板。

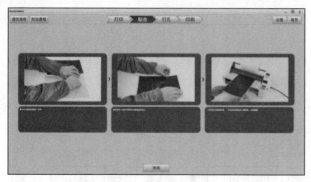

图 12.4.3　贴合界面

图 12.4.4　覆膜

清理电路板。方法是：用毛刷清理电路板表面的碎屑，个别黏附在孔壁上的碎屑可用镊子夹住去除。目测检查，确认电路板表面、孔壁上黏附的碎屑均已清理干净，揭开电路板表面保护膜的一角，将其快速撕下。

（4）印刷。打孔操作完成后，单击"完成"按钮，切换到印刷界面。单击界面中的"印刷"按钮；根据软件指导，将基材放置在印刷平台上；关闭设备外盖，单击"确认"按钮后启动印刷。

3. 制作刚性双层电路

在 SMART800 首页界面中，单击"刚性双层电路"按钮进入刚性双层电路制作界面，该界面包含"打印""贴合""打孔""印刷" 4 个流程。

（1）打印。单击"打印"按钮，切换到打印界面。在打印界面中完成文件的打开、编辑、拼板和打印操作，具体流程参考柔性电路制作。

（2）贴合。完成打印后，系统会提示跳转到贴合界面，贴合界面如图 12.4.5 所示。此界面中包含正面贴合和反面贴合，按视频和文字说明完成正反面的贴合操作即可。

图 12.4.5　贴合界面

在贴合好的电路板碳粉层的线路表面压合一层保护膜，双面电路需要覆膜两次，实现正反面的保护。

（3）打孔。正反面完成贴合后，单击"完成"按钮，系统将切换到打孔界面，根据视频进行操作即可。打孔与清理方法参考刚性单层电路制作中的打孔和清理方法。

（4）印刷。完成打孔后，跳转到印刷界面进行印刷，印刷的具体流程可参考刚性单层电路制作的印刷流程。需要注意，双层电路制作需要依次印刷顶层和底层。根据提示进行操作即可。步骤是：按视频操作将第一张基材放到平台上，对齐箭头，放上基材固定条；单击"是"按钮，开始第一张基材的印刷；完成印刷后，系统会提示是否准备印刷下一张图，单击"是"按钮，准备开始下一张图的印刷；取出第一张基材，按视频操作将第二张基材放到平台上，对齐箭头，放上基材固定条；单击"是"按钮，开始第二张基材的印刷。至此完成刚性双层电路的制作。

4. 剪板

金属印刷完成后的电路板，用剪板机进行板面边缘修剪，修剪成图纸需要的尺寸。

5. 质检

检查修剪后的电路板裁切尺寸是否满足需求，如需修改，需在焊接前完成。使用 LED 临摹板，通过背光检查单层板的金属印刷是否有断线、致密性差等问题。如有问题，需使用勾线笔蘸取金属膏进行修补。使用紫外线手电筒，检查单层板的金属印刷是否有断线、致密度差等问题。如有问题，需使用勾线笔蘸取金属膏进行修补。

12.4.2 焊接工艺

1. 焊接流程

刚性电路焊接流程如图 12.4.6 所示。

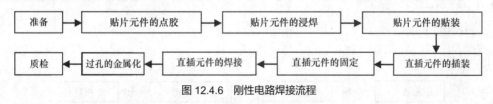

图 12.4.6 刚性电路焊接流程

2. 贴片元件的点胶、浸焊、贴装

使用铜柱完成电路板的支撑。贴片元件的点胶、浸焊和贴装工艺参照柔性电路焊接工艺。贴片元件贴装完成后，再进行下一道工序。

3. 直插元件的插装、固定、焊接

（1）插装元件。测量引脚成型尺寸，根据测量的尺寸，使用尖嘴镊夹住引脚，预先折弯成型，折弯角度呈圆弧状态。将直插元件插入对应的位置，双面电路板完成一面元件的插装后，需要先完成该面元件的固定，才能继续进行第二面的插装。

（2）点胶。检查 UV 高黏封装胶的点胶针筒是否堵塞。如果堵塞，需更换点胶头，将 UV 高黏封装胶挤出至直插元件的边缘，让胶水连接元件和电路板面。注意避开孔的位置，以免胶水流入孔中。

（3）UV 固化。点胶完成后，将电路板放入光固化箱中，固化 120s。双面电路完成一面的元件固定后，可进行另一面直插元件的插装和固定。

（4）引脚修剪。将电路板中的插件引脚用偏口钳进行修剪，修剪后的引脚裸露高度为 1.2～1.5mm。

（5）插件引脚和焊盘的互连。用勾线笔蘸取金属膏，然后把金属膏涂抹到插件引脚和焊盘的连接点上，实现引脚和线路的互连。电路板正反两面所有与液体金属线路连接的焊盘都需要进行金属膏的焊接。

4. 过孔的金属化

使用硬化勾线笔进行过孔金属化操作。勾线笔硬化处理：用新勾线笔蘸取低黏封装胶，然后擦去多余部分，用紫外线手电筒照射使胶体固化，胶体固化后方可正常使用。使用勾线笔蘸取足量金属膏，将勾线笔笔尖插入过孔，直至勾线笔的尖端在电路板背面露出；重复上一步骤 3～5 次，直至勾线笔拔出后过孔被金属膏完全填满；在电路板的另一面，按上述步骤再次完成过孔的填塞。

5. 质检

（1）物料检查。检查线路上安装完成的元件是否和图纸文件要求一致。如果元件安装错误，则可以用镊子取下元件。清除元件下的 704 胶和 UV 高黏封装胶后，重新固定焊接。

（2）线路目检。使用 UV 手电筒检查线路和焊盘是否有中空、断线、短路等情况。出现中空、断线可使用勾线笔蘸取金属膏进行修补；出现短路可使用勾线笔蘸取少量酒精快速划过短路点，去除多余金属进行修复。

（3）上电测试。目检合格后，进行电路板上电，测试其功能是否符合电路设计要求。如上电后功能不正常，则需使用万用表测试，定位故障，逐一排除问题。测试过程中万用表笔点过的位置需用勾线笔蘸取金属膏进行修补。上电确认电路板功能正常后，再进行下一道工序。

12.4.3 封装工艺

1. 封装流程

刚性电路封装流程如图 12.4.7 所示。

图 12.4.7　刚性电路封装流程

2. 施胶

将功能正常的电路板上方的铜柱拆除，保留下方的铜柱进行支撑。有液体金属线路的一面朝上。施胶前将电路板放置于封胶模具上，保持电路板水平放置。

胶瓶平行往复移动，将 UV 高黏封装胶均匀浇在电路板的表面（禁止在非密封元件上方倒胶），使胶液完全覆盖电路板的表面，目视检查是否存在气泡，如有可用镊子轻轻戳破或者拨到电路板的边缘。静置 2min，完成胶水流平。

3. UV 固化

用封胶模具托着电路板放入光固化箱，固化 120s。对于单层板，将电路板翻面后，重复施胶和固化的步骤，完成第二面电路板的封装。

4. 质检

封装完成的电路板外观目测检查合格后，进行上电功能检测，测试其功能是否正常。

如果上电测试时功能不正常，则需使用紫外线手电筒检查线路及焊点是否有断线、短路及虚焊等异常情况。定位故障后，用维修刀切割局部的胶面，然后慢慢拉起胶层的一角，将其捏住后把整片切割后的胶层快速撕下。根据焊接工艺流程，完成电路板的修补。电路板恢复正常后，可根据上述封装工艺，重新将维修区域进行封装。

12.5 可拉伸电路制作工艺

12.5.1 制板工艺

1. 可拉伸电路制板流程

可拉伸电路制板流程如图 12.5.1 所示。

图 12.5.1　可拉伸电路制板流程

2. 激光打印

打开 SMART 800，单击 "可拉伸电路制作" 按钮，进入打印界面。单击 "打开文件" 按钮，打开相应格式的电路文件，根据需要进行排版和布局。确认需要打印的电路层和丝印层设置正确后，将可拉伸基材放入打印机，单击 "打印" 按钮，完成基材的打印过程。

3. 金属印刷

完成打印后，单击 "印刷" 按钮，切换到印刷界面。根据软件提示，将基材放置在印刷平台上。关闭设备外盖，单击 "确认" 按钮后启动印刷。

4. 剪板

（1）金属印刷完成后的电路板，用剪板机裁剪成图纸需要的尺寸。

（2）去除纸基底，在电路板边缘轻轻撕扯一个小口。将基材的纸基底和布基底分离。将纸基底整片撕下来，仅保留液体金属电路所在的弹性布基底供后续使用。

5. 局部硬化

（1）点胶。在 LED 临摹板上放一张空白的打印纸，然后将电路板平铺在白纸上，液体金属电路面朝下。挤出适量的 UV 低黏封装胶。通过背光判断电路元件的位置，用勾线笔蘸取 UV 低黏封装胶，涂抹在电路板上的元件位置，将该位置打湿。打湿的范围应可以完全覆盖元件的所有焊盘。

（2）光固化。用打印纸托着电路板，放入光固化箱，固化 120s。

6. 质检

液体金属线路面朝上，将电路板放在临摹板上，通过背光检查金属印刷是否有断线、致密性差等问题，如有问题，需在焊接前使用勾线笔蘸取金属膏进行修补。

12.5.2 焊接工艺

1. 电路焊接流程

可拉伸电路焊接流程如图 12.5.2 所示。

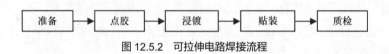

图 12.5.2　可拉伸电路焊接流程

2. 点胶、浸镀和贴装

使用铜柱，完成电路板的支撑。贴片元件的点胶、浸镀和贴装工艺参照柔性电路焊接工艺。贴片元件全部贴装完成后，再进行下一道工序。

3. 质检

（1）物料检查。检查线路上安装完成的元件是否和图纸文件要求一致。如果元件贴装错误，则可以用镊子取下元件。清除元件下的 704 胶后，重新贴装。

（2）线路目检。将电路板放在 LED 临摹板上，通过背光检查线路和焊盘是否有中空、断线、短路等情况。出现中空、断线可使用勾线笔蘸取金属膏进行修补；出现短路可使用勾线笔蘸取少量酒精快速划过短路点，去除多余金属进行修复。

（3）上电测试。目检合格后，进行电路板上电，测试其功能是否符合电路设计要求。如果上电后功能不正常，则需使用万用表测试，定位故障，逐一排除问题。测试过程中万用表笔点过的位置，需用勾线笔蘸取金属膏进行修补。上电确认电路板功能正常后，再进行下一道工序。

12.5.3　封装工艺

1. 封装流程

可拉伸电路封装流程如图 12.5.3 所示。

图 12.5.3　可拉伸电路封装流程

2. 固定电路

将电路板平铺在封胶模具上，液体金属电路面朝上。使用纸胶带，将电路板的边缘固定在封胶模具上。

3. 调胶灌封

（1）调胶。将一次性杯子放在电子天平上，按"去皮"键。取出黏性拉伸封装胶的 A、B 组分和非黏拉伸封装胶的 A、B 组分，打开盖子，按 1∶1∶1∶1 的质量比，先后将两种胶的 A、B 组分倒入一次性杯子，并用搅拌棒搅拌均匀（同一方向搅拌），一般搅拌 2min 即可，如图 12.5.4 所示。

（2）电路灌封。将调好的胶由内向外均匀地浇灌在电路板的表面（禁止在非密封元件上方灌胶），让胶水完全覆盖住整个电路板。等待胶面自然流平，30~60min 后，胶水固化，完成灌封。若将电路板放入 50℃烘箱，可将固化时间缩短至 15min。胶水固化后，手指轻压胶水表面会感到有黏性，但是不会导致胶水发生不可逆的变形，如图 12.5.5 所示。

4. 去黏加强

（1）调胶。将一次性杯子放在电子天平上，按"去皮"键。取出无黏拉伸封装胶的 A、B 组分，打开盖子，按 1∶1 的质量比，先后将 A、B 组分倒入一次性杯子，用搅拌棒搅拌均匀（同一方向搅拌），一般搅拌 2min 即可。

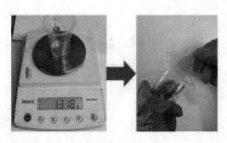

图 12.5.4　调胶

图 12.5.5　电路灌封

（2）表面去黏。将无黏拉伸封装胶均匀倒在封装好的电路板表面，再封装一层，将黏性去除。

（3）元件加强。对于黏性封装胶未能完全包裹的元件，需使用无黏封装胶将元件露出的部分进一步包裹，直至元件被封装胶完全覆盖。等待 30～60min，胶水即可固化。若将电路板放入 50℃ 烘箱，可将固化时间缩短至 15min。

5.　修剪清理

（1）使用维修刀，沿着纸胶带靠近电路板的边缘，将封装胶层切开。

（2）从封胶模具上取下整个电路板。

（3）使用剪板机对电路板进行边缘修剪，去除无封装胶的部分。

（4）将封装模具上残留的胶带和封装胶去除，以备下次重复使用，如图 12.5.6 所示。

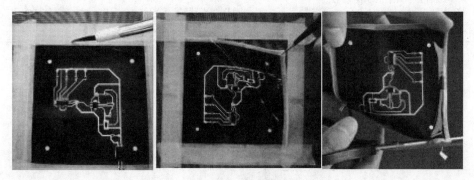

图 12.5.6　修剪清理

6.　质检

（1）电路板外观目测检查合格后，进行上电功能检测，测试其功能是否正常。

（2）电路维修。若电路板出现故障，可将其放在 LED 临摹板上，检查线路及焊点是否有断线、短路及虚焊等异常情况。定位故障后，用维修刀切割局部的胶面，然后将该部分封装胶去除。根据焊接工艺流程，完成电路板的修补。电路板恢复正常后，可根据上述封装工艺，重新将维修区域进行封装。

思考与练习

一、练习题

1. 简述液态金属的特点及应用领域。

2. 简述液态金属打印 PCB 增材制造技术的特点。

3. 液态金属打印 PCB 制作系统主要由哪几部分组成？

4. 液态金属电子电路打印机控制软件的功能是什么？它支持哪些文件格式？

5. 简述 SMART800 的液态金属电子电路打印机控制软件的使用方法。

6. 简要说明柔性电路制板流程与制作方法。

7. 简要说明柔性电路焊接流程与焊接方法。

8. 简要说明柔性电路封装流程与封装方法。

9. 简要说明刚性电路制板流程与制作方法。

10. 简要说明刚性电路焊接流程与焊接方法。

11. 简要说明刚性电路封装流程与封装方法。

12. 简要说明可拉伸电路制板流程与制作方法。

13. 简要说明可拉伸电路焊接流程与焊接方法。

14. 简要说明可拉伸电路封装流程与封装方法。

二、实践练习题

1. 练习 SMART800 的液态金属电子电路打印机控制软件的使用方法。

2. 练习柔性电路的制板方法。

3. 练习柔性电路的焊接方法。

4. 练习柔性电路的封装方法。

第 13 章 综合设计实践项目

本章主要内容

本章将介绍 PCB 设计基础组件知识、PCB 设计方法与原则、PCB 设计流程、PCB 设计环境与工具的使用、PCB 布局与布线规则等主要内容。

本章建议教学学时与要求

本章项目都采用 3+X 模式进行制作。每个项目课内 3 个半天（12 学时），课外 X 学时。每个项目必须制作一个完整的电子作品，并完成设计与制作报告。

13.1 声光控开关制作

声光控开关制作

13.1.1 项目需求和设计

1. 项目需求

声光控楼道灯是一种声光控电子照明设备，它能自动控制公共楼道灯白天关闭、夜间闻声亮灯，具有灵敏、低耗、性能稳定、使用寿命长、节能等特点。该项目要设计一个声光控开关，项目需求说明如下。

（1）用于晚上楼道照明，有足够光线时灯不亮。

（2）晚上没人经过时灯不亮，有人经过发出声响时灯亮，人离开后，灯亮一定的时间再熄灭。

（3）设计的系统需要足够小，性价比高，容易安装。

2. 项目设计

声光控开关的工作原理是利用声音及光线的变化来控制电路实现照明。根据设计需求，设计的声光控开关必须同时具备没有光且有声音两个条件才能开启，因此，设计的电路可以用光敏电阻来检测白天与黑夜，用驻极体话筒检测声音，用与非门作为控制电路，控制可控硅的门极，通过可控硅导通或关断来控制照明灯。由于人离开后，灯还需要点亮一会，因此，还需要设计一个延时电路。另外，由于性价比要高，因此需要一个桥式整流电路外加稳压电路输出 7V 的直流电压供检测与控制电路使用。

由以上分析可知，声光控延时节能电路包括声音检测电路、光检测电路、直流电源电路、控制与保护电路、延时电路及桥式整流电路。其原理框图如图 13.1.1 所示。

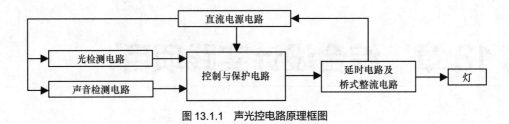

图 13.1.1　声光控电路原理框图

3．项目原理图设计

由声光控原理框图细化完成的电路原理图如图 13.1.2 所示。

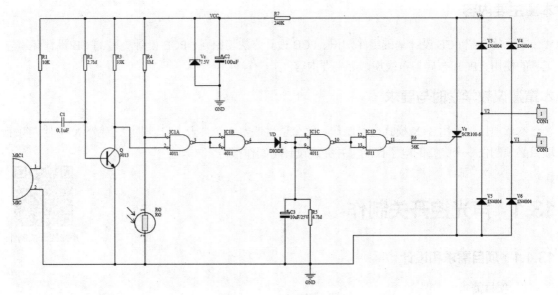

图 13.1.2　声光控电路原理图

电路工作原理如下。

（1）白天光照较强，光敏电阻阻值较小，与非门的 2 脚为低电平，可控硅一直处于截止状态，灯泡不亮。

（2）夜间光照较弱，光敏电阻阻值较大。当 MIC 没有探测出声音时，MIC 仍然不提供电信号，灯泡不亮。当有声音时，MIC 提供电信号，与非门的 1 脚、2 脚都处于高电平，二极管 VD 导通，电容 C3 迅速完成充电，同时可控硅处于导通状态，因此灯泡两端有电压，灯泡点亮。声音结束后，虽然 MIC 不提供电信号，但电容 C3 开始放电，与非门 8 脚、9 脚处于高电平，可控硅继续导通，灯泡两端仍然有电压，灯泡保持明亮。一段时间后，电容 C3 放电完毕，与非门 8 脚、9 脚处于低电平，可控硅截止，灯泡熄灭。

13.1.2　项目原理图绘制

1．创建工程文件

启动 Altium Designer 20，执行"文件（F）"→"新的…（N）"→"项目（J）…"命令（快捷键：F，N，J），此时会弹出图 13.1.3 所示的对话框。

（1）在"LOCATIONS"中选择"Local Projects"。

（2）在"Project Type"中选择"PCB"中的"＜Default＞"。

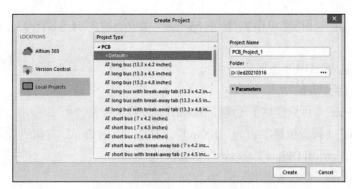

图 13.1.3　"Create Project"对话框

（3）在"Project Name"中填写工程文件名"light"。

（4）在"Folder"中填写设计文件存放的路径"D:\led20210316"，单击"Create"按钮。此时会出现图 13.1.4 所示的界面。

图 13.1.4　新工程界面

2. 创建原理图文件

执行"文件（F）"→"新的...（N）"→"原理图（S）"命令（快捷键：F，N，S），新建一个原理图文件，并自动切换到原理图编辑环境，此时会出现图 13.1.5 所示的原理图编辑器。执行"文件（F）"→"保存为（A）..."命令，将文件保存为"light-ls.SchDoc"。

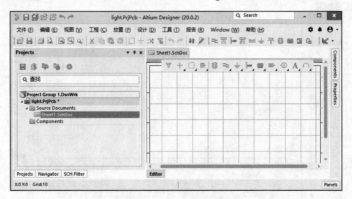

图 13.1.5　原理图编辑器

3. 设置环境

在绘制原理图之前，先要设置设计环境。方法是：在原理图的图纸边框上双击，或单击右下角的"Panels"按钮，在弹出的菜单中执行"Properties"命令，此时会出现图 13.1.6 所示的文档选项设置面板。

在"◢ General"区域中做如下设置。

（1）"Units"设为"mils"。

（2）"Visible Grid"（可见栅格）设为"100mil"，设置为可见"⊙"。

（3）"Snap Grid"（捕捉栅格）设为"100mil"，勾选"Snap Grid"右侧的复选框。

（4）"Snap to Electrical Object Hotspots"，勾选该复选框。

（5）"Snap Distance"（电气栅格）设为"40mil"。

（6）"Sheet Border"，勾选该复选框。其余项采用默认值。

在"◢ Page Options"区域中进行如下设置。

（1）设置"Formatting and Size"为"Standard"。

（2）设置"Sheet Size"（图纸大小）为"A4"。

（3）设置"Orientation"（方向）为"Landscape"（方向水平）。

（4）勾选"Title Block"复选框。其余选项采用默认值。

"Margin and Zones"（边缘和区域）区域中的各项采用默认值。

4．加载元件库

将鼠标指针移到"Components"（元件库）按钮上，在打开的"Components"面板中，单击"≡"按钮，此时会弹出下拉菜单。

（1）执行"File-based Libraries Preferences…"命令，在弹出对话框的"工程"选项卡面板中，单击"添加库（A）…"按钮，即可向当前工程中添加元件库和封装库，如图 13.1.7 所示。

（2）加载元件库后，将鼠标指针移到"Components"（元件库）按钮上并单击，在弹出的菜单中，执行"light.SCHLIB"命令，此时会出现图 13.1.8 所示的库文件面板。

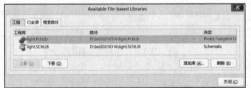

图 13.1.6　文档选项设置面板　　图 13.1.7　添加了元件库与封装库的"工程"选项卡　　图 13.1.8　库文件面板

5. 放置元件与布局

选择"light.SCHLIB",库文件面板中就会出现该元件库的全部元件,选中需要放置的元件。按住鼠标左键,将元件拖到图纸合适的地方即可。然后按照表 13.1.1 所示的元件和封装,继续放置剩下的元件并修改元件属性。

表 13.1.1　声光控电路元件与封装

规格型号 Comment	元件名 Design Item ID	标识符号 Designator	封装中名称 Footprint	元件库中名称 LibRef	数量 Quantity
0.1uF	瓷片电容	C1	RAD4	CAP	1
100uF	电解电容	C2	RB5/8	ELECTRO2	1
10uF/25V	电解电容	C3	RB4/5	ELECTRO2_1	1
4011	与非门	IC1	DIP14	4011	1
CON1	Connector	J1, J2	RAD1	CON1	2
MIC	麦克风	MIC1	RB5/9	MIC	1
9013	NPN 三极管	Q	T3-111	NPN_111	1
10K	电阻	R1	AXIAL0.4	RES2	1
2.7M	电阻	R2	AXIAL0.4	RES2	1
33K	电阻	R3	AXIAL0.4	RES2	1
1M	电阻	R4	AXIAL0.4	RES2	1
4.7M	电阻	R5	AXIAL0.4	RES2	1
56K	电阻	R6	AXIAL0.4	RES2	1
240K	电阻	R7	AXIAL0.4	RES2	1
RG	电阻	RG	RB5/8-D	RG	1
1N4004	二极管	V3, V4, V5, V6	DIODE10	DIODE_1	4
DIODE	二极管	VD	DIODE6	DIODE	1
SCR100-6	可控硅	Vs	T3-111	SCR_111	1
7.5V	稳压管	Vz	DIODE6	DIODE TUNNEL	1

将"捕捉栅格"与"可见栅格"都设置为"100mil",然后选中所有元件,再将所有元件都对齐到栅格上。图 13.1.9 所示是声光控开关电路元件与布局图。

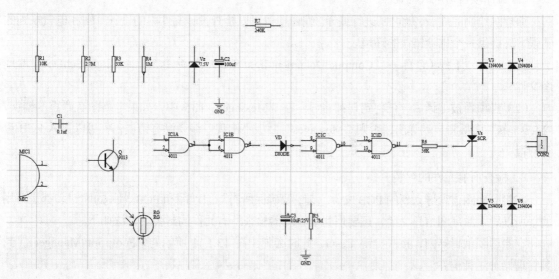

图 13.1.9　声光控开关电路元件布局图

6. 布线

执行"放置（<u>P</u>）"→"线（<u>W</u>）"命令，完成所有元件的连线。然后放置网络标签。网络标签有 VCC、V+、V1、V2 和 GND 等，这里电源（VCC）和地（GND）网络与集成电路 CD4011 的电源和地的连接是通过网络标签连接的，它们被隐藏。仔细检查原理图设计，要求没有任何错误。绘制完成的原理图如图 13.1.10 所示。

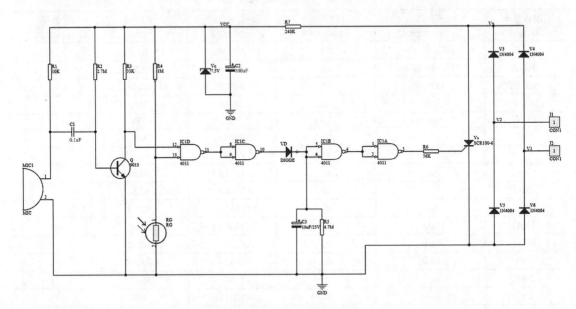

图 13.1.10　绘制完成的原理图

注意　　在原理图布局时，要综合考虑 PCB 布局与布线的情况，在不影响原理图功能的情况下，可以调整部分单元接线位置，使 PCB 布线简洁易懂。这里主要调整了与非门单元位置及光检测与声音检测两个输入信号到与非门的引脚位置。

7. 编译项目与电气检查

原理图绘制完成后，就可以进行编译。编译项目可以检查设计文件中的设计草图和电气规则的错误，并提供一个排除错误的环境。

（1）执行"工程（<u>C</u>）"→"Compile Document light.ScbDoc"命令，编译"light.ScbDoc"原理图文件。

（2）当项目被编译后，任何错误都将显示在"Messages"面板中，如果电路图有严重的错误，"Messages"面板将自动弹出，否则"Messages"面板不出现。编译没有错误，就可以进入 PCB 设计阶段。

8. 检查所有元件的封装

在将原理图信息导入新的 PCB 文件之前，要确保所有与原理图和 PCB 相关的库封装都是可用的。所以导入原理图信息之前，还要用封装管理器检查所有元件的封装。方法如下。

在原理图编辑器内，按快捷键 T，G，此时会弹出图 13.1.11 所示的"Footprint Manager"（封装管理器）对话框。

在该对话框的元件列表（Componene List）区域，显示了原理图内的所有元件。从第一个元件开始逐个检查元件的封装，方法如下。

（1）在元件列表区域，单击第一个元件所在行。

（2）"Footprint Manager"对话框的右上位置会显示封装的名称。如果封装存在，则右下方的窗口中会显示封装符号。

（3）在对话框右侧的封装管理编辑框内，单击"验证（V）"按钮，此时右边的"在...发现"列中将显示封装符号的存放路径与库文件名。

（4）单击第二个元件所在行，用上述检查方法进行检查，直到检查完列表中的所有元件。单击"关闭"（Close）按钮，关闭"Footprint Manager"对话框。

（5）如果在检查过程中没有显示封装符号，或者显示的符号不正确，可以利用右侧的"添加（A）..."*"移除（R）"*"编辑（E）"按钮，编辑当前选中元件的封装。

检查完原理图中所有元件的封装，并确认符合要求后，就可以进入 PCB 设计阶段。

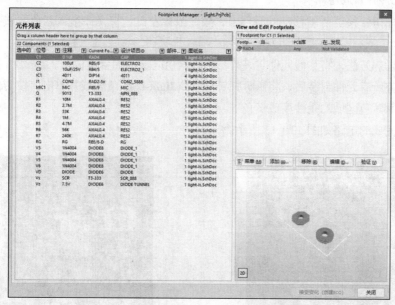

图 13.1.11 "Footprint Manager"对话框

13.1.3 PCB 设计

1. 创建 PCB 文件并保存

执行"文件（F）"→"新的...（N）"→"PCB（P）"命令（快捷键：F，N，P），创建 PCB 文件。按快捷键 F，A，将新 PCB 文件命名为"led-pcb1"（扩展名为.PcbDoc）并保存。

2. 设置设计环境

（1）按 Q 键将坐标单位切换为"mm"。

（2）在 PCB 工作区，按 G 键，在弹出的菜单中执行"1.000mm"命令，设置步进距离为 1mm。

3. 确定电路板的尺寸

电路板尺寸使用机械层（Mechanical 1），画的是所要设计的 PCB 外框；布线区域使用禁止布线层（Keep-Out Layer），画的是所要设计的 PCB 内框。

（1）在画 PCB 外框之前，先要在 PCB 区域的左下方设置图纸的参考原点坐标。

（2）设置电路板尺寸，将当前层切换到 Mechanical 1，绘制 51mm×50mm 的 PCB 外框。

（3）切换到 Keep-Out Layer，绘制 50mm×49mm 的布线框，画完边框线的效果如图 13.1.12 所示。

注意　　由于此电路板有安装盒，不需要安装孔，因此不用放置螺孔钉。

4. 加载网络表

编译原理图后，将形成的网络表加载到 PCB 文件中，执行"设计（<u>D</u>）"→ "Import changes from led.PrjPcb"命令，完成加载。

5. 放置元件并布局电路

（1）将鼠标指针移至所需移动的元件上，按住鼠标左键，将元件拖入紫色区域中的合适位置即可。

（2）用同样的方法，将其他元件封装符号拖入紫色区域中的合适位置。

（3）放置完所有元件封装后，将鼠标指针移动到 light-ls 红色区域并单击，按 Delete 键即可删除该区域，同时紫色区域的元件变成黄色。

（4）布局完成的电路如图 13.1.13 所示。

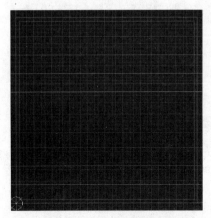

图 13.1.12　画完边框线的效果

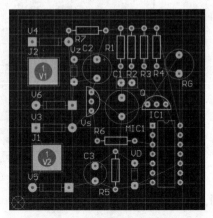

图 13.1.13　PCB 初步布局图

6. 设置设计规则

布局完成后，在自动布线之前，要进行布线规则的设置。执行"设计（<u>D</u>）"→ "规则（<u>R</u>）"命令（快捷键：D，R），此时会弹出"PCB 规则及约束编辑器"对话框，如图 13.1.14 所示。按照对话框中的内容与下面的要求填写设置内容。

（1）将安全距离（"Clearance"）设置为默认值（0.5mm）。

（2）将网络"V1""V2"设置为 4mm，"VCC""V+"和"GND"的线宽都设置为 1.5mm。

（3）其他网络（"All"）的线宽都设置为 1mm。

（4）将布线层设置为单面布线。双击"Routing Layers"，在展开的子项中，单击"RoutingLayers"，在右侧区域中，勾选"Bottom Layer"复选框，不勾选"Top Layer"复选框。

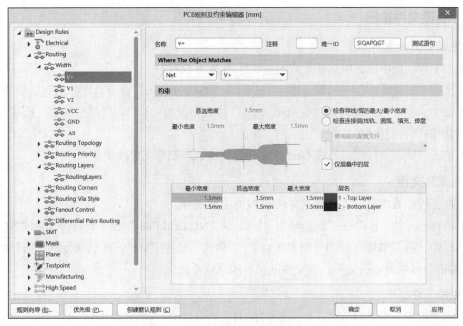

图 13.1.14　"PCB 规则及约束编辑器"对话框

7. 自动布线和手动修改布线

（1）单击"✐"按钮，将关键导线布置好。

（2）执行"自动布线"命令。执行"布线（U）"→"自动布线（A）"（Auto Route）→"全部（A）..."（All）命令（快捷键：U，A，A），此时会弹出图 13.1.15 所示对话框。勾选"锁定已有布线"复选框。再单击"Route All"按钮，对全电路自动布线。布线过程中，将保留已有布线，继续完成没有布置的导线。

（3）单击"✐"按钮，进行交互式布线，重新绘制不适合的线段。修改后的 PCB 布线如图 13.1.16 所示。

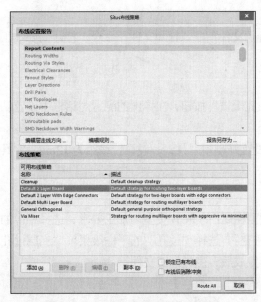

图 13.1.15　"Situs 布线策略"对话框

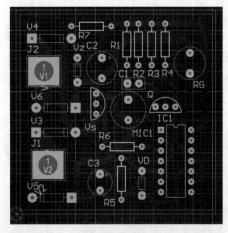

图 13.1.16　修改后的声光控开关 PCB 布线

13.1.4 制造文件输出

1. 生成 Gerber 文件

（1）在工程面板中，选中需要生成制造文件的 PCB 文件。

（2）执行"文件（<u>F</u>）"→"制造输出（<u>F</u>）"→"Gerber Files"命令，在弹出对话框的"通用"选项卡界面中，将"单位"设为"毫米（<u>M</u>）"，"格式"设为"4:4"。再单击"层"选项卡，勾选"出图"列中的所有复选框。

（3）单击"确定"按钮，完成 Gerber 文件的生成，即制造文件的生成。

2. 生成孔文件

（1）将工程面板中需要生成制造文件的 PCB 文件选中。

（2）执行"文件（<u>F</u>）"→"制造输出（<u>F</u>）"→"NC Drill Files"命令，在弹出的"NC Drill 设置"对话框中，将"单位"设为"毫米（<u>M</u>）"，"格式"设为"4:4"，其他保持默认值即可。单击"确定"按钮即可生成钻孔文件，该文件以文本的格式存放。

3. 生成元件清单

（1）将工程面板中需要生成元件清单的 PCB 文件选中。

（2）执行"报告（<u>R</u>）"→"Bill of Materials"命令，在弹出对话框的"Export Option Data"区域中，设置"File Format"为"MS-Excel（*.xls,*.xlsx）"。设置"Template（模板）"为"NoTemplate"。勾选"Add to Project"复选框，即把生成的电子表格加入工程项目中。单击"Export…"按钮，即可生成数据文件。单击"OK"按钮，关闭对话框。生成的数据文件是电子表格格式。

上面生成的制造文件都存放在"D:\led20210316\light\Project Outputs for led"目录下。

13.1.5 PCB 制作

1. 启动设备与软件

打开设备电源和气泵阀门，单击"主轴电源"按钮。打开 Create-DCM，连接机床。

2. 载入加工文件

打开要加工的 PCB 图形的 Gerber 文件。执行"文件"→"打开文件"命令，打开需要加工的 Gerber 文件。单击"底层"按钮。

3. 配置刀具

执行"配置"→"加工配置"命令。单击"钻孔配置"按钮，在弹出的配置对话框中设置钻孔刀具。配置过程中，孔径可以归类配置。

单击"隔离配置"按钮，在弹出的对话框中设置好雕刻刀具，一般设置线距为 12mil，刀具直径可设置为 0.24mm。

4. 生成加工文件

打开功能菜单，单击"生成 G 代码"按钮，根据加工的 PCB 类型与加工要求，选择相应的文件。如果是单层板，选择"底层隔离"或"底层镂空"，选择"过孔"的下一级菜单"底层过孔"，选择"锚定点"的下一级菜单"两孔文件"，选择完成后，生成加工文件。

5. 设置钻孔加工零点

（1）单击"✊"按钮，打开"控制台"对话框。

（2）单击"回原点"按钮，等待机器回到机械原点后，再单击"回零点"按钮，平台回到以前设置的零点位置。

（3）将要加工的覆铜板放入加工平台的合适位置，并贴上纸胶布。

（4）打开控制台的主轴气阀，安装钻孔的第一把刀具后关闭气阀，并完成对刀。

6. 加工钻孔

零点设置完成后，单击"📧·"按钮，发送当前 G 代码到雕刻机中。雕刻机将会加工发送的加工文件。以此类推，加工所有钻孔。

7. 雕刻线路

（1）开启主轴气阀，安装铣刀，关闭气阀。

（2）启动主轴电机，慢慢降低 z 轴，进行试刻，直到刀具能在覆铜板表面刻画一条很浅的划痕，此时，单击"Z 清零"按钮。

（3）单击发送自定义文件，选择底层镂空文件，换上合适的铣刀，勾选底层镂空，单击"▶"按钮进行加工。加工完成的声光控开关的 PCB 如图 13.1.17 所示。

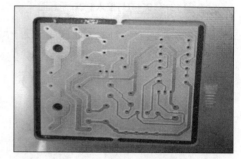

图 13.1.17　加工完成的声光控开关的 PCB

13.1.6　安装与调试

1. 元件安装

将需要安装的元件挑选好，用万用表测量各元件的质量。焊接时注意先焊接无极性的阻容元件，电阻采用卧装，电容采用直立装，紧贴电路板，焊接有极性的元件（如电解电容、话筒、整流二极管、三极管、单向可控硅等元件）时千万不要装反，保证极性的正确，否则电路不能正常工作甚至烧毁元件。焊接完成的声光控开关如图 13.1.18 所示。

图 13.1.18　焊接完成的声光控开关

2. 电路调试

调试前，先将焊好的电路板对照印刷电路图认真核对一遍，不要有错焊、漏焊、短路、元件相碰等现象发生。将电灯按图 13.1.19 所示的方法接入 PCB 中。

将该电路接入 220V 交流电路中，一定要注意安全。通电后，人体不允许接触 PCB 的任何部分，防止触电。电路调试时先将光敏电阻的光挡住，用手轻拍驻极体话筒，这时灯亮。如果用光照射光敏电阻，再用手重拍驻极体，这时电灯不亮，说明制作成功，制作完成的声光控开关如图 13.1.20 所示。若不成功，请仔细检查有无虚假错焊和拖锡短路现象。

调试中可能会出现以下故障，应根据具体情况进行检修。

（1）晚上声音小时灯不亮，当声音很大时灯才亮。这是声音信号输入电路灵敏度降低所致。其原因可能是话筒 MIC 灵敏度降低，可适当减小电阻 R1 的阻值以提高 MIC 的灵敏度，也可以降低三极管 T1 的静态工作点。

（2）晚上灯经常误触发而发光。这一般是声音信号输入电路灵敏度太高所致。可以对该部分电路的元件进行调整（与上述调整相反）。

（3）白天有声音时灯会亮。可以适当增大电阻 R4 的阻值，降低与非门 1 的 1 端输入电平等。

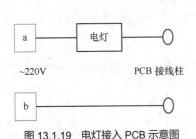

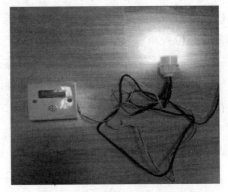

图 13.1.19　电灯接入 PCB 示意图　　　　图 13.1.20　制作完成的声光控开关

（4）晚上有声音时灯也不亮。在有声音信号时，测量与非门 1 的 2 端是否为高电平，在无光时测量与非门 1 的 1 端是否为高电平。若不是高电平，则说明故障在相应的输入电路；若都是高电平，说明输入信号正确，应检查集成电路 IC 的逻辑关系是否正确。

（5）白天和晚上灯均长亮。其原因一般是双向可控硅被击穿。检修时，断电后用万用表的电阻挡测量两个阳极之间的电阻，若在 1kΩ 以下，则说明双向可控硅已经被击穿，应更换。

（6）灯点亮的延时时间不合适。若灯亮的延时时间缩短，有可能是电容 C3 漏电或者是容量减小所致，可用一个相同的电容测试。若延时时间不够，可适当增大电阻 R5 的阻值，或者增大电容 C3 的容量；反之，减小电阻 R5 的阻值或者电容 C3 的容量即可。

13.2　机器狗制作

13.2.1　项目需求和设计

1. 项目需求

机器狗是一种由声、光和磁进行控制的电动玩具。本项目设计一个声、光和磁控的机器狗，项目需求说明如下。

（1）有声音，机器狗行走。

（2）有光，机器狗行走。

（3）磁铁靠近，机器狗行走。

制作该玩具需完成从电路原理设计、PCB 设计制造直到元件检测、焊接、安装、调试的产品设计制造全过程，以培养工程实践能力，同时了解声控、光控、磁控的电路控制原理。

2. 项目设计

机器狗主要由声控电路、光控电路、磁控电路、单稳态触发电路、电机驱动电路等组成。声控、光控、磁控电路的传感器分别为麦克风、光敏三极管、干簧管。它们可将声、光、磁信号转变为电信号，为单稳态电路提供触发信号。信号经功率放大后驱动电机运转，带动机器狗运动。机器狗电路原理框图如图 13.2.1 所示。

3. 项目原理图设计

图 13.2.1 所示为机器狗电路原理框图。机器狗使用 555 构成单稳态触发器，由麦克风、Q1、

Q2 等组成声控触发电路，由 LED 发射管、S2 光接收管、S3 干簧管组成光控、磁控触发电路，由 555、R6、C2、C5 组成单稳态触发电路，由 Q4、Q5 组成电机驱动电路。

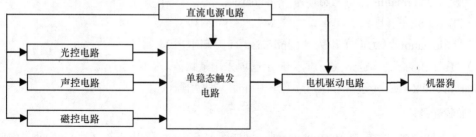

图 13.2.1　机器狗电路原理框图

机器狗工作原理是：声控、光控和磁控等检测电路的输出端都耦合到 U2（555 芯片）的 2 脚，所以在 3 种不同的控制方法下，都以低电平触发，控制电机转动，从而控制机器狗行走或者停止。即拍手即走，光照即走，磁铁靠近即走，但都是持续一段时间就会停止，直到再满足其中某一条件时才继续行走。

当 U2 的 3 脚输出高电平时会驱动电机工作，同时二极管 D2 导通，将信号直接加到三极管 Q3 的基极上使其导通，三极管 Q2 基极的电位变为低电位，该三极管进而被截止；U2 的 2 脚输入端由低电平跳为高电平，U2 处于复位状态。

13.2.2　项目原理图绘制

1. 创建工程文件

启动 Altium Designer 20，执行"文件（F）"→"新的…（N）"→"项目（J）…"命令，在弹出的对话框中进行如下设置。

（1）在"LOCATIONS"中选择"Local Projects"。

（2）在"Project Type"中选择"PCB"中的"＜Default＞"。

（3）设置"Project Name"为"dog"。

（4）设置"Folder"为"D:\led20210316"，单击"Create"按钮。

2. 创建原理图文件

执行"文件（F）"→"新的…（N）"→"原理图（S）"命令，新建一个原理图文件，系统会自动切换到原理图编辑环境，保存文件为"dog-m.SchDoc"。

3. 设置环境

在原理图的图纸边框上双击，或单击右下角的"Panels"按钮，在弹出的菜单中，执行"Properties"命令。在文档选项设置面板中设置环境参数。

在"◢ General"区域中进行如下设置。

（1）"Units"设为"mils"。

（2）"Visible Grid"（可见栅格）设为"100mil"，设置为可见"◉"。

（3）"Snap Grid"（捕捉栅格）设为"100mil"，勾选"Snap Grid"右侧的复选框。

（4）"Snap to Electrical Object Hotspots"，勾选该复选框。

（5）"Snap Distance"（电气栅格）设为"40mil"。

（6）"Sheet Border"，勾选该复选框。其余项采用默认值。

在"▲ Page Options"区域中进行如下设置。

（1）设置"Formatting and Size"为"Standard"。

（2）"Sheet Size"（图纸大小）设为"A4"。

（3）"Orientation"（方向）设为"Landscape"（方向水平）。

（4）"Title Block"，勾选该复选框。其余选项采用默认值。

"Margin and Zones"（边缘和区域）区域中的各项采用默认值。

4. 加载元件库

将鼠标指针移到右上角的"Components"（元件库）按钮上，在出现的"Components"库面板中，单击"≡"按钮上，在弹出的菜单中执行"File-based Libraries Preferences…"命令，在弹出对话框的"工程"选项卡界面中，单击"添加库（A）…"按钮，即可向当前工程中添加元件库"dog.SchLib"。

5. 放置元件与布局

将鼠标指针移到右上角的"Components"（元件库）面板顶部的"▼"按钮上并单击，在弹出的下拉列表中，选中"dog.SchLib"。在它的下面就会出现该元件库的全部元件。选中需要放置的元件，按住鼠标左键，将元件拖到图纸中合适的地方即可。然后按照表 13.2.1 所示的元件和封装，继续放置剩下的元件并修改元件属性。

表 13.2.1　机器狗电路元件与封装

规格型号 Comment	元件名 Design Item ID	标识符号 Designator	封装中名称 Footprint	元件库中名称 LibRef	数量 Quantity
Battery	电池插座	BT1	BAT-2	Battery	1
1uF	电解电容	C1, C3	RB5/8	Cap Pol1	2
10nF	瓷片电容	C2	RAD4	Cap Pol1	1
47uF	电解电容	C4	RB5/8	Cap Pol1	1
470uF	电解电容	C5	RB5/8	Cap Pol1	1
220uF	电解电容	C6	RB5/8	Cap Pol1	1
1N4001	二极管	D1	DIODE8	Diode	1
1N4148	二极管	D2	DIODE8	Diode	1
p-con	开关插座	K1	RAD2-5	p-con	1
发射管	红外发射管	LED	LED-0	LED0	1
Motor	马达	M1	RAD2-5	Motor	1
9014	三极管	Q1, Q2, Q3, Q4, Q5	T3-333	NPN_888	5
4.7K	电阻	R	AXIAL0.4	RES2	1
1M	电阻	R1, R10	AXIAL0.4	RES2	2
150K	电阻	R2, R3	AXIAL0.4	RES2	2
4.7K	电阻	R4, R5, R9	AXIAL0.4	RES2	3
10K	电阻	R6	AXIAL-0.4	RES2	1
10K	电阻	R7	AXIAL0.4	RES2	1
100	电阻	R8	AXIAL0.4	RES2	1
麦克风	麦克风	S1	RAD2-5	MIC	1
接收管	接收管	S2	RAD2-5	JISLED	1
干簧管	干簧管	S3	RAD2-5	干簧管	1
555	555	U2	DIP8	555	1

6. 布局与布线

（1）将"捕捉栅格"与"可见栅格"都设置为"100mil"，然后选中所有元件，再将所有元件都对齐到栅格上。

（2）执行"放置（P）"→"线（W）"命令（快捷键：P，W），完成所有元件的连线。然后放置网络标签。网络标签有 VCC 和 GND 等，这里电源（VCC）和地（GND）网络与集成电路 CD4011 的电源和地是通过网络标签连接的，它们被隐藏。仔细检查原理图设计，要求保证没有任何错误。绘制完成的原理图如图 13.2.2 所示。

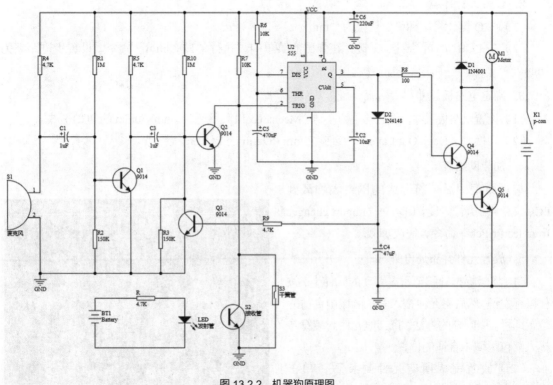

图 13.2.2　机器狗原理图

> 在 PCB 布局时，考虑到红外检测的接收管（S2）、磁检测（S3）和声音检测传感器（S1）、马达（Motor）和开关（K1）都在机器狗的机体上面，都是通过导线与 PCB 相应的端口相连，所以在原理图中，选取 PCB 上的封装时都用插座（RAD2-5）代替了传感器、马达和开关。

7. 编译项目与电气检查

原理图绘制完成后，执行"工程（C）"→"Compile Document light.ScbDoc"命令，编译"dog-m.ScbDoc"原理图文件。如果编译没有错误，就可以进入 PCB 设计阶段。

8. 检查所有元件的封装

在将原理图信息导入新的 PCB 文件之前，要确保所有与原理图和 PCB 相关的库封装都是可用的。所以导入原理图之前，还要用封装管理器检查所有元件的封装。

"Footprint Manager"对话框的元件列表（Componene List）区域中显示了原理图内的所有元件。

从第一个元件开始逐个检查元件的封装。对原理图中所有元件的封装进行检查，并确认符合要求后，就可以进入 PCB 设计阶段。

13.2.3　PCB 设计

1. 创建 PCB 文件并保存

执行"文件（<u>F</u>）"→"新的…（<u>N</u>）"→"PCB（<u>P</u>）"命令（快捷键：F，N，P），创建 PCB 文件。按快捷键 F，A。将新 PCB 文件命名为"dog-p.PcbDoc"，并保存。

2. 设置设计环境

（1）按 Q 键，将坐标单位切换为"mm"。

（2）在 PCB 工作区，按 G 键，在弹出的菜单中，执行"1.000mm"命令，设置步进距离为 1mm。

3. 确定电路板尺寸

（1）设置电路板尺寸，将当前层切换到"Mechanical 1"，绘制 51mm×50mm 的 PCB 外框。

（2）切换到"Keep Out Layer"，绘制 75mm×59mm 的 PCB 布线框。

4. 加载网络表

编译原理图后，将形成的网络表加载到 PCB 文件中，执行"设计（<u>D</u>）"→"Import changes from led.PrjPcb"命令，完成加载。

5. 放置元件并布局电路

（1）将鼠标指针移至所需移动的元件上，按住鼠标左键，然后将元件拖入紫色区域中合适的位置即可。用同样的方法，将其他元件封装符号拖入紫色区域中合适的位置。

（2）放置完成所有元件封装后，单击"dog-m"红色区域并按 Delete 键，即可删除该区域，同时，紫色区域的元件变成黄色。布局完成的机器狗 PCB 电路如图 13.2.3 所示。

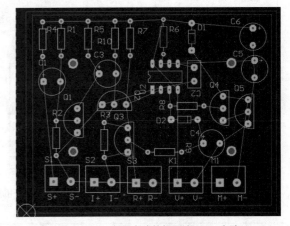

图 13.2.3　布局完成的机器狗 PCB 电路

注意　电池插座（BT1）的封装 BAT-2、电阻（R）和发光二射管（LED）构成的电路都放在机器狗的机体上，不需要在 PCB 上绘制，因此，在导入网络表后，要将它们的元件从 PCB 中删掉。

6. 设置设计规则

执行"设计（<u>D</u>）"→"规则（<u>R</u>）"命令（快捷键：D，R），在弹出的图 13.2.4 所示的"PCB 规则及约束编辑器"对话框中进行如下设置。

（1）将安全距离（"Clearance"）设置为默认值（0.5mm）。

（2）网络（"all"）的线宽设置为：最小宽度 0.6mm，首选宽度 0.8mm，最大宽度 1mm。

（3）将布线层设置为单面布线。勾选"Bottom Layer"复选框，不勾选"Top Layer"复选框。

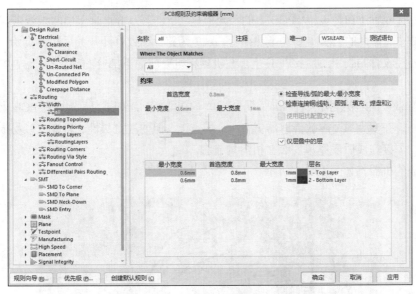

图 13.2.4　"PCB 规则及约束编辑器"对话框

7. 自动布线和手动修改布线

（1）单击"![img]"按钮，将关键导线布置好。

（2）执行"自动布线"命令。执行"布线（<u>U</u>）"
→"自动布线（<u>A</u>）"（Auto Route）→"全部（A）…"
（All）命令（快捷键：U，A，A），在弹出的对话
框中勾选"锁定已有布线"复选框。再单击"Route
All"按钮，对全电路自动布线。布线过程中，将
保留已有布线，继续完成没有布置的导线。

（3）单击"![img]"按钮，进行交互式布线，重
新绘制不合适的线段。修改后的 PCB 布线如图
13.2.5 所示。

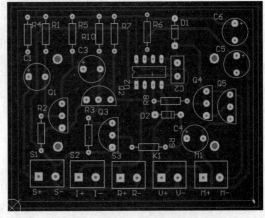

图 13.2.5　修改后的电子狗 PCB 布线

13.2.4　项目制作

1. 制作 PCB

参考 12.4 节刚性电路制作工艺，制作 PCB 与焊接元件。

2. 整机装配

整机装配与调试具体步骤如下。

（1）电动机。打开机壳，电动机（黑色）已固定在机壳底部。将音乐片负极和电源负极连接线
的电源一端焊接，并接到电动机负端，将电动机负端焊到 PCB（M–），再从 PCB 上的"电动机+"
（M+）引一根线到电动机正端。

（2）电源。从 PCB 上的"电源–"（V–）引一根线到电池负极，"电源+"（V+）与"电机+"（M+）
相连，不用单独再接。

（3）磁控。从 PCB 上的"磁控+""磁控–"（R+、R–）引两根线，分别搭焊在干簧管（磁敏传
感器）两端，将干簧管放在机器狗的后部，贴紧机壳，便于控制。干簧管没有极性。

（4）红外接收管（白色）。从 PCB 上的"光控+""光控–"（I+、I–）引两根线搭焊到红外接收管的两个引脚上，搭焊的引脚上要套上热缩管，以免短路，导致打开开关后机器狗始终运动。应注意的是，红外接收管的长引脚应接在 I–上。在机器狗机壳前面下部分的壳上打个 $\phi 5$ 的孔，将红外接收管固定住。

（5）声控部分。屏蔽线两头脱线，一端分正负（中间为正，外围为负）焊到 PCB 上的 S+、S–，另一端分别贴焊在麦克风（声敏传感器）的两个焊点上，但要注意极性，且麦克风易损坏，焊接时间不要过长。焊接完成后麦克风安装在机器狗前胸。

连接完成的机器狗如图 13.2.6 所示。

图 13.2.6　连接完成的机器狗

3．调试

通电前检查元件焊接及连线是否有误，以免造成短路，烧毁电动机发生危险。尤其注意要在装入电池前测量"电源–"和"电源+"之间是否短路，并注意电池极性。

调试时，可以参考表 13.2.2 所示的机器狗电路核心元件静态参考电压值调整电路的参数。按照如下步骤进行调试。

（1）PCB 组装好元件后，可以先只连接红外接收管进行测试，这样可以排除声控对其产生的干扰。

表 13.2.2　机器狗电路元件静态参考电压值

代号	型号	静态参考电压		
		E	B	C
Q1	9014	0V	0.5V	4V
Q2	9014D	0V	0.6V	3.6V
Q3	9014	0V	0.4V	0.5V
Q4	9014	0V	0V	4.5V
Q5	8050	0V	0V	4.5V
IC1	555	1：0	2：3.8V	3：0
		4：4.5V	5：3V	6：0
		7：0	8：4.5V	

（2）如果在白天光线强的情况下，电动机是"走"的状态，用手握住红外接收管，如果电动机"停"，则无问题。

（3）对声控进行测试时，可以先用黑色胶带把红外接收管包起来以免产生干扰，由于声控极其灵敏，因此可以在安静的环境中进行测试，无声音时电动机处于"停"状态，有声音时电动机处于"走"状态，过一段时间又停止。

（4）磁控测试时拿一块磁铁靠近干簧管然后拿走，电动机处于"走"的状态，过一段时间电动机回到"停"状态。分别测试没有问题后再进行组装。

4. 组装

机器狗经过简单测试后，开始组装机壳，注意螺钉不宜拧得过紧，以免塑料外壳损坏。组装完成之后再对整体进行测试，分别用声控、光控、磁控实现机器狗的"走—停"状态。即当麦克风接收到声音时，电动机会开始工作。当干簧管接收到磁变时，即当磁铁靠近时，电动机也会开始工作。当光敏接收管接收到光线时，电动机也会开始工作，一段时间后会自动停止。如果测试符合上述实验结果，则表明该机器狗制作成功。

13.3　电子琴制作

13.3.1　项目需求和设计

1. 项目需求

设计与制作一个包含 7 个按键的简易电子琴。要求如下。

（1）使用单片机最小系统。

（2）设置 7 个按键。

（3）制作电子琴，并能实现按下按键后发出指定声调的效果。

通过制作该电路，了解 SMART 800 打印机的操作方法及 SMT 贴片工艺，激发动手的兴趣，提升动手能力，激发创新设计灵感。

2. 项目设计

电子琴主要由按键电路、频率发生电路、驱动电路和扬声器组成。核心电路是频率发生电路，它接收不同按键的输入信号产生不同的频率信号，频率信号经过功率放大后，驱动扬声器发出声音。电子琴电路原理框图如图 13.3.1 所示。

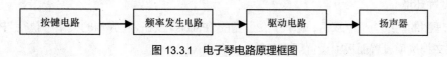

图 13.3.1　电子琴电路原理框图

13.3.2　项目原理图设计

电子琴主要是由以 STC15W201S 单片机为控制单元的单片机电路、7 个按键组成的按键电路、蜂鸣器组成的扬声电路及电源电路所组成。具体原理图如图 13.3.2 所示。7 个按键连接单片机主控制模块，每个按键代表一个音符。单片机识别到不同的按键按下后，给蜂鸣器发送不同频率的 PWM 波，以此产生不同音调的声音。

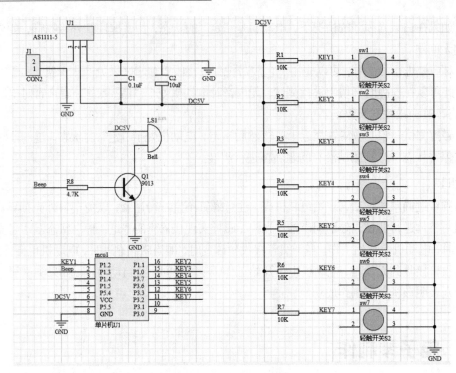

图 13.3.2　电子琴原理图

13.3.3　项目原理图绘制

1. 创建工程文件

启动 Altium Designer 20，执行"文件（F）"→"新的…（N）"→"项目（J）…"命令，在弹出的对话框中进行如下设置。

（1）在"LOCATIONS"中选择"Local Projects"。

（2）在"Project Type"中选择"PCB"中的"＜Default＞"。

（3）设置"Project Name"为"key"。

（4）设置"Folder"为"D:\led20210316"，单击"Create"按钮。

2. 创建原理图文件

执行"文件（F）"→"新的…（N）"→"原理图（S）"命令，新建一个原理图文件，系统会自动切换到原理图编辑环境，并保存文件为"key-m.SchDoc"。

3. 设置环境

在原理图的图纸边框上双击，或单击右下角的"Panels"按钮，在弹出的菜单中执行"Properties"命令。在文档选项设置面板中设置环境参数。

在"◢ General"区域中做如下设置。

（1）设置"Units"为"mils"。

（2）设置"Visible Grid"（可见栅格）为"100mil"，设置为可见"◉"。

（3）设置"Snap Grid"（捕捉栅格）为"100mil"，勾选"Snap Grid"右侧的复选框。

（4）"Snap to Electrical Object Hotspots"，勾选该复选框。

（5）设置"Snap Distance"（电气栅格）为"40mil"。

（6）"Sheet Border"，勾选该复选框。其余项采用默认值。

在 " ◢ Page Options " 区域中做如下设置。

（1）设置 "Formatting and Size" 为 "Standard"。

（2）"Sheet Size"（图纸大小）设为 "A4"。

（3）"Orientation"（方向）设为 "Landscape"（方向水平）。

（4）"Title Block"，勾选该复选框。其余选项采用默认值。

"Margin and Zones"（边缘和区域）区域中的各项采用默认值。

4．加载元件库

将鼠标指针移到右上角的 "Components"（元件库）按钮上，在打开的 "Components" 面板中，单击 " ≡ " 按钮，在弹出的菜单中执行 "File-based Libraries Preferences…" 命令，在弹出的对话框的 "工程" 选项卡界面中，单击 "添加库（A）…" 按钮，即可向当前工程中添加元件库 "dzq.SchLib" 和 "key-p.PcbLib"。

5．放置元件与布局

单击 "Components"（元件库）面板上端的 " ▾ " 按钮，在弹出的下拉列表中，选中 "dzq.SchLib"。它的下面就会出现该元件库的全部元件。选中需要放置的元件，按住鼠标左键，将元件拖到图纸合适的地方即可。然后按照表 13.3.1 所示的元件和封装，继续放置剩下的元件并修改元件属性。

表 13.3.1　电子琴电路元件与封装

规格型号 Comment	元件名 Design Item ID	标识符号 Designator	封装中名称 Footprint	元件库中名称 LibRef	数量 Quantity
0.1uF	瓷片电容	C1	0805	C-SMT	1
10uF	电解电容	C2	0805	C-SMT_1	1
CON2	贴片接插件	J1	CON-SMT	CON2-SMT	1
Bell	蜂鸣器	LS1	buz	Bell	1
单片机 U1	单片机	mcu1	SOP16	stc15w20	1
9013	NPN 三极管	Q1	9013	9013	1
10K	电阻	R1, R2, R3, R4, R5, R6, R7	0805	RES2-SMT	7
4.7K	电阻	R8	0805	RES2_smt	1
0	0 欧电阻	R9	0805		1
轻触开关 S2	开关	sw1, sw2, sw3, sw4, sw5, sw6, sw7	贴片轻触开关	key	7
AS1111-5	稳压芯片	u1	SOT230P700X180-4N	AS1111-5	1

6．布局与布线

将 "捕捉栅格" 与 "可见栅格" 都设置为 "100mil"，然后选中所有元件，再将所有元件都对齐到栅格上。执行 "放置（P）" → "线（W）" 命令（快捷键：P，W），完成所有元件的连线。仔细检查原理图设计，保证没有任何错误。绘制完成的原理图如图 13.3.2 所示。

7．编译项目与电气检查

原理图绘制完成后，执行 "工程（C）" → "Compile Document key-m.ScbDoc" 命令，编译 "key-m.ScbDoc" 原理图文件。如果编译没有错误，就可以进入 PCB 设计阶段。

8．检查所有元件的封装

在将原理图信息导入新的 PCB 文件之前，要确保所有与原理图和 PCB 相关的库封装都是可用的。所以导入原理图之前，还要用封装管理器检查所有元件的封装。

该对话框的"元件列表"区域显示了原理图内的所有元件。从第一个元件开始逐个检查元件的封装。对原理图中所有元件的封装进行检查，并确认符合要求后，就可以进入 PCB 设计阶段。

13.3.4　PCB 设计

1. 创建 PCB 文件并保存

执行"文件（F）"→"新的...（N）"→"PCB（P）"命令（快捷键：F，N，P），创建新的 PCB 文件，将其重命名为"key-p.PcbDoc"并保存。

2. 设置设计环境与电路板尺寸

（1）按 Q 键，将坐标单位切换为"mm"。

（2）在 PCB 工作区，按 G 键，在弹出菜单中执行"0.5mm"命令，设置步进距离为 0.1mm。

（3）切换到"Keep-Out Layer"，绘制 78mm×55mm 的 PCB 布线框。

3. 加载网络表

编译原理图后，将形成的网络表加载到 PCB 文件中，执行"设计（D）"→"Import changes from key.PrjPcb"命令，完成加载。

4. 放置元件并布局电路

（1）将鼠标指针放在所需移动的元件上，按住鼠标左键，然后将元件拖入紫色区域中合适的位置即可。用同样的方法，将其他元件封装符号拖入紫色区域中合适的位置。

（2）放置完成所有元件封装后，单击"key-m"红色区域并按 Delete 键，即可删除该区域，同时，紫色区域的元件变成黄色。布局完成的电路如图 13.3.3 所示。

注意

（1）贴片元件一般布置在 TOP Layer，在设计单层板时，要在 TOP Layer 走线。

（2）由于是单层板布线，连到 MCU1 芯片的 7 脚上的地线，被其他导线阻隔，无法连通。这里增加一个 0 欧姆的电阻 R9 进行桥接，解决了连通问题。

5. 设置设计规则

执行"设计（D）"→"规则（R）"命令（快捷键：D，R），在弹出的"PCB 规则及约束编辑器"对话框中进行以下设置。

（1）将安全距离（"Clearance"）设置为默认值（0.5mm）。

（2）网络（"all"）的线宽设置为：最小宽度 0.6mm，首选宽度 0.8mm，最大宽度 1mm。

（3）将布线层设置为单面布线。勾选"Top Layer"复选框，不勾选"Bottom Layer"复选框。

6. 自动布线和手动修改布线

（1）单击"🖉"按钮，将关键导线布置好。

（2）执行"布线（U）"→"自动布线（A）"（Auto Route）→"全部（A）..."（All）命令（快捷键：U，A，A），在弹出的对话框中勾选"锁定已有布线"复选框。单击"Route All"按钮，对全电路自动布线。布线过程中，将保留已有布线，继续完成没有布置的导线。

（3）单击"🖉"按钮，进行交互式布线，重新绘制不适合的线段。修改后的 PCB 布线如图 13.3.4 所示。

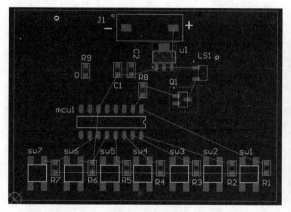

图 13.3.3　布局完成的电子琴 PCB 电路

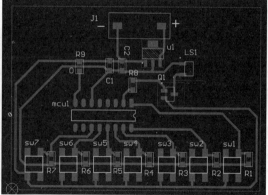

图 13.3.4　修改后的电子琴 PCB 布线

13.3.5　项目制作

1. 制作 PCB 与焊接元件

（1）参考 12.3 节柔性电路制作工艺制作柔性 PCB，电路印刷完成后，目测检查电路是否印刷饱满，若不饱满，则需用液态金属笔进行填补。

（2）电路检查完毕后，在交叉点连通处布上镀银铜丝，再将 0 欧姆电阻点胶后放置在交叉点中断处。

（3）跨线处理完后，使用点胶针在已编程的单片机芯片及其他元件的底部点上速干胶，将其放置在液态金属电路的元件焊点。

（4）元件放置完成后，使用液态金属笔对元件引脚进行填补，使引脚充分接触液态金属。

（5）引脚填补完成后，可接上 5V 直流电源，观察电路是否正常工作。如果不能正常工作，就需要使用万用表对液态金属电路进行检测调试，对电路进行检查与修补。

（6）确保电路正常工作后，SB 导线剥线后将正负极分别焊接在铜箔带上。将焊接好的铜箔带剪裁成合适大小，再将其分别贴在液态金属电路对应引脚处。最后用液态金属笔将电路与铜箔带导通。

（7）上电确认电路正常工作后，对电路进行封胶保护。

（8）制作完成的电子琴如图 13.3.5 所示。从左到右依次按下按键可以使电子琴依次发出 Do、Re、Mi、Fa、Sol、La、Xi 共 7 种音调。

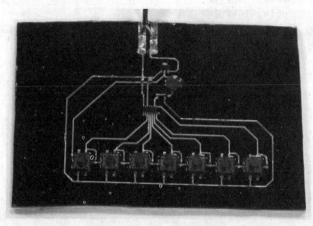

图 13.3.5　制作完成的电子琴

2. 电子琴参考程序

本实验中程序已经烧录进单片机中。电子琴单片机程序如下。

```c
#include <STC15F2K60S2.H>
void delay(uint32 i)                                    //延时函数，根据需要输入不同的参数
{uint8 j=0,p=0;                                          //延时时间不同
 for(j=0;j<120;j++)
  {for(p=i;p>0;p--); } }


void main()                                             //主函数，检查 7 个按键，不同按键按下后
                                                        //控制蜂鸣器发生的引脚输出的 PWM 波形频率
{uint16 k=0,h=0;
 while(1)
  {if(P32==0)                                           //如果 P32 检测到按键按下，发 Do 音
    {delay(100);
     if(P32==0)                                         //再次检测，排除机械抖动
       {for(k=(50);k>0;k--)
          {P13=0;                                       //P13 引脚是控制蜂鸣器的引脚
           delay(23);                                   //通过输出 PWM 来控制蜂鸣器
           P13=1;  delay(23); } } }                     //改变频率来改变音调
   if(P33==0)                                           //如果 P33 检测到按键按下，发 Re 音
     {delay(100);
      if(P33==0)                                        //再次检测，排除机械抖动
        {for(k=(70);k>0;k--)
          {P13=0; delay(20);
           P13=1;delay(20); } } }
   if(P36==0)                                           //如果 P36 检测到按键按下，发 Mi 音
     {delay(100);
      if(P36==0)
        {for(k=(91);k>0;k--)
          {P13=0;  delay(17);
           P13=1;  delay(17); } } }
   if(P37==0)                                           //如果 P37 检测到按键按下，发 Fa 音
     {delay(100);
      if(P37==0)
        {for(k=(121);k>0;k--)
          {P13=0;  delay(14);
           P13=1;  delay(14); } } }
   if(P10==0)                                           //如果 P10 检测到按键按下，发 Sol 音
     {delay(100);
      if(P10==0)
        {for(k=(168);k>0;k--)
          {P13=0;  delay(11);
           P13=1;  delay(11); } } }
   if(P11==0)                                           //如果 P11 检测到按键按下，发 La 音
     {delay(100);
      if(P11==0)
        {for(k=(250);k>0;k--)
          {P13=0;  delay(8);
           P13=1;  delay(8); } } }
   if(P12==0)                                           //如果 P12 检测到按键按下，发 Xi 音
     {delay(100);
```

```
if(P12==0)
  {for(k=(430);k>0;k--)
     {P13=0;  delay(5);
      P13=1;  delay(5); } } } }
```

思考与练习

1. 简述声光控开关的工作原理。

2. 如果要使灯亮的延时时间缩短或延长，需要调节哪些参数？如何调节？

3. 简要说明二极管的作用。

4. 简要说明声光控开关如何控制电灯的开与关。

5. 在声光控开关电路中，能用与门电路代替与非门电路吗？为什么？

6. 简述 R7 在声光控开关电路中的作用。

7. 简述机器狗电路中 555 的工作原理，它是如何控制电动机工作的？

8. 怎么更改机器狗的走、停时间？

9. 简要说明 D1、D2 在机器狗电路的作用。

10. Q1、Q2 在机器狗电路中起什么作用？

11. Q4、Q5 组成的复合管在机器狗电路中起什么作用？

12. 简述 C1 在机器狗电路中的作用。

13. 图 13.3.2 所示的电子琴原理图中，芯片（mcu1）有什么作用？

14. 图 13.3.2 所示的电子琴原理图中，电容 C1 和 C2 的作用是什么？

15. 图 13.3.2 所示的电子琴原理图中，三极管 Q1 有什么作用？

16. 按照图 13.3.2 所示的电子琴原理图制作的电子琴功能仍不完全，可以通过什么手段去改进？

参考文献

[1] 王伟. Altium Designer 15 应用与 PCB 设计实例[M]. 北京：国防工业出版社，2016.

[2] CAD/CAM/CAE 技术联盟. Altium Designer 16 电路设计与仿真从入门到精通[M]. 北京：清华大学出版社，2017.

[3] 黄智伟. Altium Designer 原理图与 PCB 设计[M]. 北京：人民邮电出版社，2016.

[4] 张义和. Altium Designer 应用电子设计认证之 PCB 绘图师[M]. 北京：清华大学出版社，2017.

[5] 刘超，包建荣，俞优姝. Altium Designer 原理图与 PCB 设计精讲教程[M]. 北京：机械工业出版社，2017.

[6] 李小坚. Protel DXP 电路设计与制版实用教程[M]. 北京：人民邮电出版社，2009.